REPORT ON FOREST RESOURCES INVENTORY FOR
KEY STATE-OWNED FOREST REGIONS IN
INNER MONGOLIA & NORTHEAST CHINA

东北内蒙古重点国有林区

森林资源调查报告

国家林业和草原局

中国林業出版社
CFPH China Forestry Publishing House

图书在版编目（C I P）数据

东北内蒙古重点国有林区森林资源调查报告 / 国家林业和草原局编 .
-- 北京 : 中国林业出版社 , 2020.7
ISBN 978-7-5219-0679-0

Ⅰ . ①东… Ⅱ . ①国… Ⅲ . ①国有林－林区－森林资源调查－调查报告－东北地区 ②国有林－林区－森林资源调查－调查报告－内蒙古
Ⅳ . ① S757.2

中国版本图书馆 CIP 数据核字 (2020) 第 123711 号

审图号 : GS （2020） 4772 号

REPORT ON FOREST RESOURCES INVENTORY FOR
KEY STATE-OWNED FOREST REGIONS IN
INNER MONGOLIA & NORTHEAST CHINA

东北内蒙古重点国有林区
森林资源调查报告

出　版　中国林业出版社（100009　北京市西城区德胜门内大街刘海胡同 7 号）
http://www.forestry.gov.cn/lycb.html　**电　话**　(010) 83143575
发　行　中国林业出版社
印　刷　北京博海升彩色印刷有限公司
版　次　2020 年 11 月第 1 版
印　次　2020 年 11 月第 1 次
开　本　889mm × 1194mm　1/16
印　张　19.25
字　数　400 千字
定　价　330.00 元

东北内蒙古重点国有林区

森林资源调查报告

前 言 PREFACE

森林是陆地生态系统的主体，是人类赖以生存和发展不可或缺的自然资源，是保障国家生态安全的根基。丰富的森林资源不仅能够为经济社会发展和人们生产生活提供丰足的物质产品，而且能够提供优质的生态产品，满足人们对优美生态环境的需要，是建设生态文明和美丽中国的基础保障。

东北内蒙古重点国有林区（以下简称“重点国有林区”）是我国重要的生态安全屏障和森林资源培育战略基地。中华人民共和国成立以来，重点国有林区的森林资源经历了由开发利用到保护恢复的发展过程，累计生产木材 10.62 亿立方米，为国家经济建设作出了重大贡献。21 世纪以来，特别是党的十八大以来，重点国有林区采取强有力的保护措施，加大生态建设力度，从严控制工程建设使用重点国有林区林地，全面停止木材商业性采伐，加强森林经营，实现了由木材生产为主向生态保护为主的历史性转变，重点国有林区森林资源得到恢复和发展。

为贯彻落实中共中央、国务院印发的《国有林区改革指导意见》（中发〔2015〕6 号），深入推进重点国有林区森林可持续经营，国家林业局决定，从 2016 年至 2018 年，用 3 年时间完成重点国有林区 87 个森工企业局和 25 个经营所、实验林场等 112 个森林经营单位的森林资源规划设计调查。调查工作由局森林资源管理司统一组织，各重点国有林区主管部门组织完成调查任务，局调查规划设计院负责技术质量管理和成果汇总。调查总面积 31.36 万平方公里，调查小班总数 255 万个，参与调查工作的技术人员 2000 余人，投入工作量 67 万个人工日。

针对重点国有林区森林资源特点和森林经营要求，依据《森林资源规划设计调查技术规程》（GB/T 26424—2010），制定并严格执行了《东北内蒙古重点国有林区森林资源规划设计调查技术规定》《东北内蒙古重点国有林区森林资源规划设计调查补充技术规定》，实施承担单位自检、管理局级检查和国家级检查“三级检查”和“首件必检”制度,加强了质量管理,调查质量总体上达到了“优秀”等级。

调查结果显示:重点国有林区森林面积2728万公顷,森林蓄积30.07亿立方米,每公顷蓄积110.62立方米。其中,天然林面积2542万公顷,蓄积27.91亿立方米;人工林面积186万公顷,蓄积2.16亿立方米。与2008年资源数据相比,森林面积增加118万公顷,森林蓄积增加6.57亿立方米,每公顷蓄积增加20.48立方米,森林资源步入了快速恢复发展时期。

习近平总书记指出:“要着力提高森林质量,坚持保护优先、自然修复为主,坚持数量和质量并重、质量优先。”今后,重点国有林区应深入贯彻习近平生态文明思想,对天然林资源实行最严格的保护,并加大生态修复力度,扎实推进森林经营,提升森林质量,增强森林功能,着力培育健康稳定、优质高效的森林生态系统,为振兴东北打下坚实的生态基础,为国家生态安全和木材安全作出新的贡献。

李树铭

2020年10月

CONTENTS 目录

第一部分

总　论

第一章
林区基本情况

重点国有林区是我国北方地区的重要天然屏障，也是我国主要的木材资源战略储备基地，对于维护区域生态平衡、国家粮食和木材资源安全，保障当地经济社会和谐发展具有重要的战略意义。重点国有林区森林面积占全国的11%，森林蓄积占全国的17%，天然林面积占全国的16%，天然林蓄积占全国的20%。

第一节　林区经营范围

重点国有林区地处我国黑龙江省、吉林省和内蒙古自治区东部，西至呼伦贝尔草原边缘，北至漠河最北端，东至乌苏里江畔的完达山，南至中朝边界的鸭绿江畔，东经119° 36′ 26″～134° 05′ 00″，北纬41° 37′～53° 33′ 25″。重点国有林区位置见图1-1。

重点国有林区包括内蒙古、吉林省、黑龙江和黑龙江大兴安岭重点国有林区，经营总面积32.79万平方公里，其中内蒙古重点国有林区10.68万平方公里，吉林省重点国有林区3.66万平方公里，黑龙江重点国有林区10.10万平方公里，黑龙江大兴安岭重点国有林区8.35万平方公里。本次森林资源规划设计调查（即二类调查）面积31.36万平方公里，涉及87个森工企业局和25个经营所、实验林场等112个单位（简称“调查单位”），具体名单见表1-1。

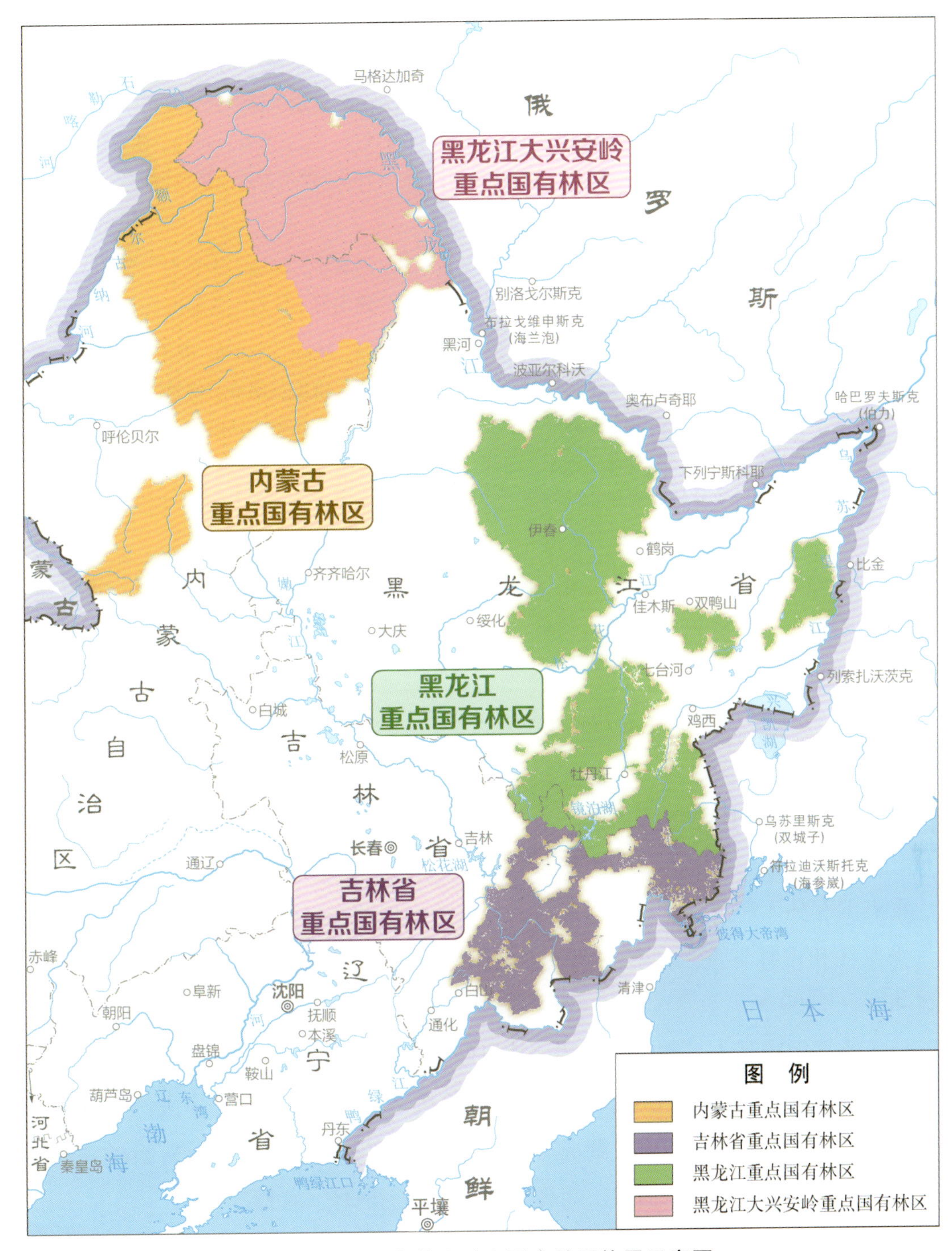

图 1-1　东北内蒙古重点国有林区位置示意图

表 1-1　东北内蒙古重点国有林区二类调查单位

统计单位	调查单位
内蒙古重点国有林区	阿尔山、绰尔、绰源、乌尔旗汉、库都尔、图里河、伊图里河、克一河、甘河、吉文、阿里河、大杨树、毕拉河、金河、阿龙山、满归、得耳布尔、莫尔道嘎、根河等 19 个林业局，北部原始林区管理局（包括奇乾、乌玛、永安山 3 个规划局），诺敏、北大河 2 个森林经营所，汗马、额尔古纳、毕拉河等 3 个自然保护区，共计 27 个单位
吉林省重点国有林区	黄泥河、敦化、大石头、白河、和龙、八家子、汪清、大兴沟、天桥岭、珲春、临江、湾沟、三岔子、松江河、泉阳、露水河、红石、白石山共计 18 个林业局
黑龙江重点国有林区	大海林、柴河、东京城、穆棱、绥阳、海林、林口、八面通、桦南、双鸭山、鹤立、鹤北、东方红、迎春、清河、双丰、铁力、桃山、朗乡、南岔、金山屯、美溪、乌马河、翠峦、友好、上甘岭、五营、红星、新青、汤旺河、乌伊岭、山河屯、苇河、亚布力、方正、兴隆、绥棱、通北、沾河、带岭 40 个林业局和江山娇实验林场、丽林实验林场、丰林自然保护区、肇东实验林场、平山实验林场、青梅林场、长岗实验林场、西林区、伊春区，共计 49 个单位
黑龙江大兴安岭重点国有林区	松岭、新林、塔河、呼中、阿木尔、图强、西林吉、十八站、韩家园、加格达奇 10 个林业局，呼中、南瓮河、双河、北极村、岭峰、盘中、多布库尔和绰纳河 8 个国家级自然保护区，共计 18 个单位

第二节　自然地理环境

重点国有林区涉及东北东部山地与大兴安岭山地两个自然地理单元。

黑龙江和吉林省重点国有林区位于我国东北东部山地的小兴安岭和长白山山系，海拔 400 ~ 1000 米。重点国有林区水资源丰富，松花江、乌苏里江、图们江、鸭绿江、绥芬河等水系密布其中。属温带大陆性季风区，年降水量 600 ~ 1000 毫米，年平均气温 2 ~ 6℃，无霜期 90 ~ 140 天。土壤以暗棕壤为主，还有黑土、白浆土、草甸土、沼泽土等。地带性植被为温带针阔混交林，主要针叶树种有红松、落叶松、云杉、冷杉等，主要阔叶树种有蒙古栎、水曲柳、胡桃楸、黄波罗、枫桦、紫椴等。

内蒙古和黑龙江大兴安岭重点国有林区位于大兴安岭山地，地形平缓，沟谷宽阔，海拔 400 ~ 1500 米。主要河流有额尔古纳河和嫩江。属寒温带、中温带气候，冬季严寒漫长，年均降水量 400 ~ 550 毫米，年均气温 −4 ~ −2℃，无霜期 70 ~ 120 天。土壤有棕色针叶林土、暗棕壤、草甸土、黑土、沼泽土、泥炭土和石质土等。地带性植被为寒温带针叶林，包括落叶松林和樟子松林，主要树种有兴安落叶松、樟子松、兴安白桦、黑桦、山杨、蒙古栎等。

第三节　社会经济状况

重点国有林区是我国重要的木材生产基地，中华人民共和国成立以来，累计生产木材10.62亿立方米，约占全国木材产量的30%。2017年重点国有林区林业总产值928.74亿元，从业人员49.38万人，在岗职工31.53万人，在岗职工人均工资38520元。据统计，2017年全国非私营单位在岗职工人均工资76121元，全国林业系统在岗职工人均工资53060元。重点国有林区在岗职工人均工资水平只有全国非私营单位在岗职工人均工资水平的一半，只有全国林业系统在岗职工人均工资水平的73%。目前重点国有林区在岗职工收入主要来源于天然林资源保护工程中央财政投入的资金。各林区主要社会经济指标见表1-2。

表1-2　各林区主要社会经济指标

统计单位	累计生产木材（万立方米）	在岗职工（人）	在岗职工年平均工资（元）	2017年林业总产值（万元）
合　计	106250	315285	—	9287426
内蒙古森工集团	18708	42886	50003	571045
吉林森工集团	24851	19154	40433	1226815
长白山森工集团		22695	47399	702189
龙江森工集团	53792	186005	34070	5874828
大兴安岭林业集团	8899	44545	40701	912549

注：数据来源于《中国林业统计年鉴》。

第二章 森林资源状况

第一节　森林资源概述

重点国有林区森林面积2727.47万公顷。活立木蓄积306951.10万立方米，森林蓄积300697.84万立方米，森林生物量256866.90万吨，森林碳储量124631.42万吨。天然林面积2541.64万公顷、蓄积279064.36万立方米，人工林面积185.83万公顷、蓄积21633.48万立方米。各林区森林资源主要结果见表2-1。

表2-1　各林区森林资源主要结果

万公顷、万立方米

统计单位	森林面积	活立木蓄积	森林蓄积	天然林面积	人工林面积	天然林蓄积	人工林蓄积
合　计	2727.47	306951.10	300697.84	2541.64	185.83	279064.36	21633.48
内蒙古重点国有林区	845.62	93201.26	90653.15	798.65	46.97	85838.85	4814.30
吉林省重点国有林区	324.47	51508.90	51379.56	289.90	34.57	46719.30	4660.26
黑龙江重点国有林区	868.50	103299.60	101147.24	782.99	85.51	90071.92	11075.32
黑龙江大兴安岭重点国有林区	688.88	58941.34	57517.89	670.10	18.78	56434.29	1083.60

一、各类林地面积

林地面积3112.97万公顷，其中，乔木林地2718.18万公顷，灌木林地22.01万公顷，未成林造林地3.12万公顷，苗圃地0.60万公顷，疏林地3.14万公顷，无立木林地144.46万公顷，宜林地206.00万公顷，林业辅助生产用地15.46万公顷。林地各地类面积构成见图2-1（图中的其他林地包括未成林造林地、苗圃地、疏林地、林业辅助生产用地）。

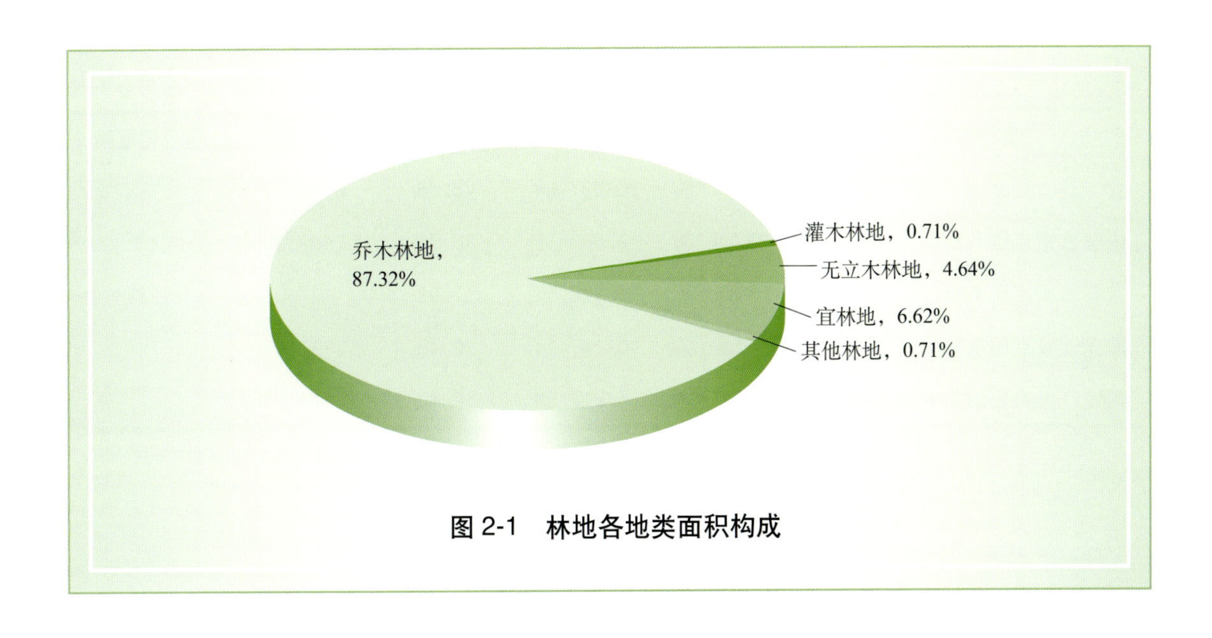

图 2-1　林地各地类面积构成

林地中，公益林地面积 2096.58 万公顷、占 67.35%，商品林地面积 1016.39 万公顷、占 32.65%。国家级公益林面积 805.13 万公顷，其中一级国家级公益林 289.98 万公顷、占 36.02%，二级国家级公益林 515.15 万公顷、占 63.98%。各林区公益林地与商品林地面积见表 2-2。

表 2-2　各林区公益林地与商品林地面积

万公顷

统计单位	公益林地				商品林地
	合　计	其中：国家级公益林			
		小　计	一　级	二　级	
合　计	2096.58	805.13	289.98	515.15	1016.39
内蒙古重点国有林区	712.42	251.92	106.27	145.65	264.57
吉林省重点国有林区	184.74	110.09	33.65	76.44	155.94
黑龙江重点国有林区	773.77	234.00	41.12	192.88	230.93
黑龙江大兴安岭重点国有林区	425.65	209.12	108.94	100.18	364.95

二、各类林木蓄积

活立木蓄积 306951.10 万立方米，其中，森林蓄积 300697.84 万立方米、占 97.96%，疏林蓄积 78.66 万立方米、占 0.03%，散生木蓄积 6174.27 万立方米、占 2.01%，四旁树蓄积 0.33 万立方米。各林区林木蓄积见表 2-3。

表 2-3　各林区林木蓄积

万立方米

统计单位	活立木蓄积	森林蓄积	疏林蓄积	散生木蓄积	四旁树蓄积
合　计	306951.10	300697.84	78.66	6174.27	0.33
内蒙古重点国有林区	93201.26	90653.15	48.79	2499.32	
吉林省重点国有林区	51508.90	51379.56	1.99	127.02	0.33
黑龙江重点国有林区	103299.60	101147.24	20.40	2131.96	
黑龙江大兴安岭重点国有林区	58941.34	57517.89	7.48	1415.97	

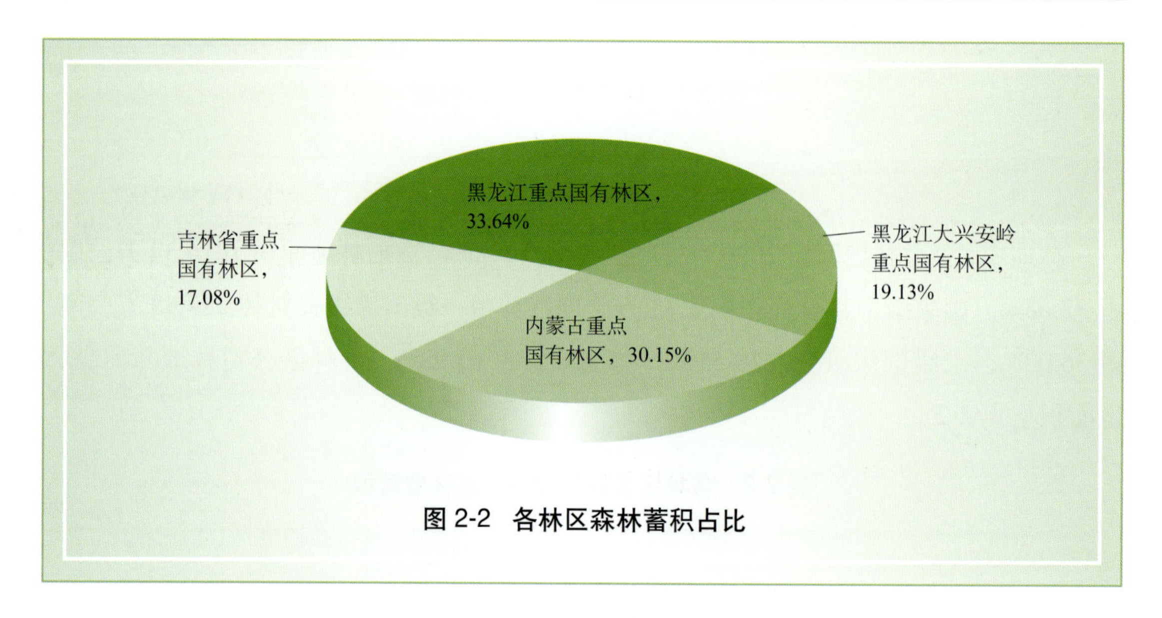

图 2-2　各林区森林蓄积占比

三、森林面积蓄积

森林面积 2727.47 万公顷，森林蓄积 300697.84 万立方米。森林面积中，乔木林 2718.18 万公顷、占 99.66%，特殊灌木林（简称“特灌林”）9.29 万公顷、占 0.34%。各林区森林面积蓄积见表 2-4。

表 2-4　各林区森林面积蓄积

万公顷、万立方米

统计单位	森林面积			森林蓄积
	合　计	乔木林	特灌林	
合　计	2727.47	2718.18	9.29	300697.84
内蒙古重点国有林区	845.62	836.59	9.03	90653.15
吉林省重点国有林区	324.47	324.21	0.26	51379.56
黑龙江重点国有林区	868.50	868.50		101147.24
黑龙江大兴安岭重点国有林区	688.88	688.88		57517.89

按起源分，森林面积中，天然林2541.64万公顷、占93.19%，人工林185.83万公顷、占6.81%。森林蓄积中，天然林279064.36万立方米、占92.81%，人工林21633.48万立方米、占7.19%。

按林种分，森林面积中，防护林1322.32万公顷、占48.48%，特用林504.06万公顷、占18.48%，用材林900.89万公顷、占33.03%，经济林0.20万公顷、占0.01%。各林区森林分林种面积见表2-5。

表2-5 各林区森林分林种面积

万公顷

统计单位	合 计	防护林	特用林	用材林	经济林
合 计	2727.47	1322.32	504.06	900.89	0.20
内蒙古重点国有林区	845.62	443.99	159.43	242.20	
吉林省重点国有林区	324.47	97.49	81.85	144.93	0.20
黑龙江重点国有林区	868.50	462.56	215.83	190.11	
黑龙江大兴安岭重点国有林区	688.88	318.28	46.95	323.65	

（一）乔木林面积蓄积

乔木林面积2718.18万公顷，蓄积300697.84万立方米。

1. 起源结构

按起源分，乔木林面积中，天然乔木林2532.62万公顷、占93.17%，人工乔木林185.56万公顷、占6.83%。乔木林蓄积中，天然乔木林279064.36万立方米、占92.81%，人工乔木林21633.48万立方米、占7.19%。各林区乔木林分起源面积蓄积见表2-6。

表2-6 各林区乔木林分起源面积蓄积

万公顷、万立方米

统计单位	乔木林		天然乔木林		人工乔木林	
	面 积	蓄 积	面 积	蓄 积	面 积	蓄 积
合 计	2718.18	300697.84	2532.62	279064.36	185.56	21633.48
内蒙古重点国有林区	836.59	90653.15	789.63	85838.85	46.96	4814.30
吉林省重点国有林区	324.21	51379.56	289.90	46719.30	34.31	4660.26
黑龙江重点国有林区	868.50	101147.24	782.99	90071.92	85.51	11075.32
黑龙江大兴安岭重点国有林区	688.88	57517.89	670.10	56434.29	18.78	1083.60

2. 林种结构

按林种分，乔木林面积中，防护林 1316.06 万公顷、占 48.42%，特用林 501.23 万公顷、占 18.44%，用材林 900.89 万公顷、占 33.14%，经济林只有 0.004 万公顷。乔木林蓄积中，防护林 140649.45 万立方米、占 46.77%，特用林 62328.87 万立方米、占 20.73%，用材林 97719.44 万立方米、占 32.50%，经济林只有 0.08 万立方米。乔木林各林种面积蓄积构成见图 2-3。

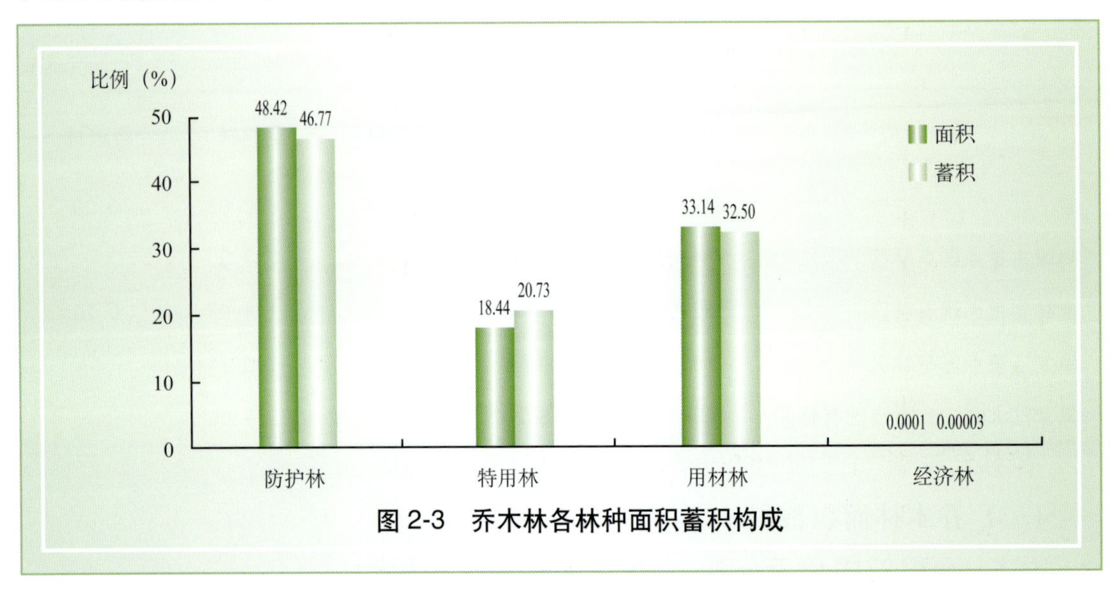

图 2-3　乔木林各林种面积蓄积构成

3. 龄组结构

按龄组分，乔木林中，幼龄林面积 329.74 万公顷、占 12.13%，蓄积 18924.51 万立方米、占 6.29%；中龄林面积 1528.53 万公顷、占 56.23%，蓄积 164968.85 万立方米、占 54.86%；近熟林、成熟林和过熟林（简称“近成过熟林”）面积合计 859.91 万公顷、占 31.64%，蓄积合计 116804.48 万立方米、占 38.85%。乔木林各龄组面积蓄积见表 2-7。

表 2-7　乔木林各龄组面积蓄积

万公顷、万立方米、%

龄组	面积		蓄积	
	数量	比例	数量	比例
合计	2718.18	100.00	300697.84	100.00
幼龄林	329.74	12.13	18924.51	6.29
中龄林	1528.53	56.23	164968.85	54.86
近熟林	518.62	19.08	68940.99	22.93
成熟林	285.67	10.51	39364.36	13.09
过熟林	55.62	2.05	8499.13	2.83

乔木林中，幼龄林和中龄林（简称“中幼林”）面积 1858.27 万公顷、占 68.36%，近成过熟林面积 859.91 万公顷、占 31.64%。黑龙江和黑龙江大兴安岭重点国有林区的中幼林面积比例较大，分别为 79.41% 和 78.35%。吉林省重点国有林区的近成过熟林面积比例较大，为 67.30%。各林区中幼林和近成过熟林面积蓄积见表 2-8。

表 2-8 各林区中幼林和近成过熟林面积蓄积

万公顷、万立方米、%

统计单位	中幼林				近成过熟林			
	面积	比例	蓄积	比例	面积	比例	蓄积	比例
合　计	1858.27	68.36	183893.36	61.15	859.91	31.64	116804.48	38.85
内蒙古重点国有林区	522.76	62.49	51710.95	57.04	313.83	37.51	38942.20	42.96
吉林省重点国有林区	106.03	32.70	13899.90	27.06	218.18	67.30	37479.66	72.94
黑龙江重点国有林区	689.72	79.41	75995.56	75.14	178.78	20.59	25151.68	24.86
黑龙江大兴安岭重点国有林区	539.76	78.35	42286.95	73.52	149.12	21.65	15230.94	26.48

4. 树种结构

按林分类型分，乔木林中，纯林面积 1123.02 万公顷、占 41.32%，蓄积 112718.62 万立方米、占 37.49%；混交林面积 1595.16 万公顷、占 58.68%，蓄积 187979.22 万立方米、占 62.51%。纯林面积中，针叶纯林占 57.83%，阔叶纯林占 42.17%。混交林面积中，针叶混交林占 6.08%，针阔混交林占 39.17%，阔叶混交林占 54.75%。乔木林各林分类型面积蓄积见表 2-9。

表 2-9 乔木林各林分类型面积蓄积

万公顷、万立方米、%

林分类型		面　积		蓄　积	
		数　量	比　例	数　量	比　例
合　计		2718.18	100.00	300697.84	100.00
纯　林	小　计	1123.02	41.32	112718.62	37.49
	针叶纯林	649.39	23.89	70149.57	23.33
	阔叶纯林	473.63	17.43	42569.05	14.16
混交林	小　计	1595.16	58.68	187979.22	62.51
	针叶混交林	96.95	3.56	12288.24	4.08
	针阔混交林	624.91	22.99	73214.29	24.35
	阔叶混交林	873.30	32.13	102476.69	34.08

按优势树种统计，乔木林中，面积排名前15位的为落叶松、白桦、蒙古栎、山杨、椴树、枫桦、冷杉、水曲柳、胡桃楸、红松、云杉、槭树、榆树、黑桦、樟子松，面积合计2669.68万公顷、占乔木林面积的98.22%，蓄积合计295698.32万立方米、占乔木林蓄积的98.34%。乔木林主要优势树种面积蓄积见表2-10。

表2-10 乔木林主要优势树种面积蓄积

万公顷、万立方米、%

树种	面积		蓄积	
	数量	比例	数量	比例
落叶松	989.96	36.42	107545.12	35.77
白桦	677.60	24.93	63511.71	21.12
蒙古栎	253.03	9.31	28858.25	9.60
山杨	114.21	4.20	12618.33	4.20
椴树	112.95	4.16	16090.96	5.35
枫桦	97.34	3.58	12418.97	4.13
冷杉	81.87	3.01	11391.79	3.79
水曲柳	70.81	2.61	8983.65	2.99
胡桃楸	57.64	2.12	8124.74	2.70
红松	53.90	1.98	7829.69	2.60
云杉	48.12	1.77	5844.64	1.94
槭树	34.55	1.27	4319.19	1.44
榆树	27.94	1.03	3103.36	1.03
黑桦	26.28	0.97	1978.77	0.66
樟子松	23.48	0.86	3079.15	1.02
15个树种合计	2669.68	98.22	295698.32	98.34

以红松、云杉、水曲柳、胡桃楸、黄波罗、椴树、枫桦等珍贵树种为优势树种的乔木林面积合计为444.77万公顷、占乔木林面积的16.36%，蓄积合计为59802.44万立方米、占乔木林蓄积的19.89%。

（二）特灌林面积

特灌林在内蒙古和吉林省重点国有林区有分布，面积9.29万公顷、占森林面积的0.34%，其中天然特灌林9.02万公顷，人工特灌林0.27万公顷。特灌林面积中，防护林6.26

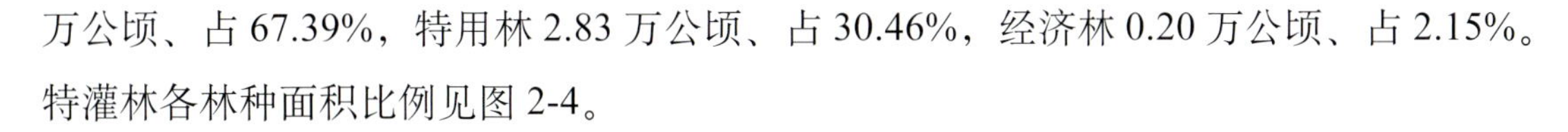

万公顷、占67.39%，特用林2.83万公顷、占30.46%，经济林0.20万公顷、占2.15%。特灌林各林种面积比例见图2-4。

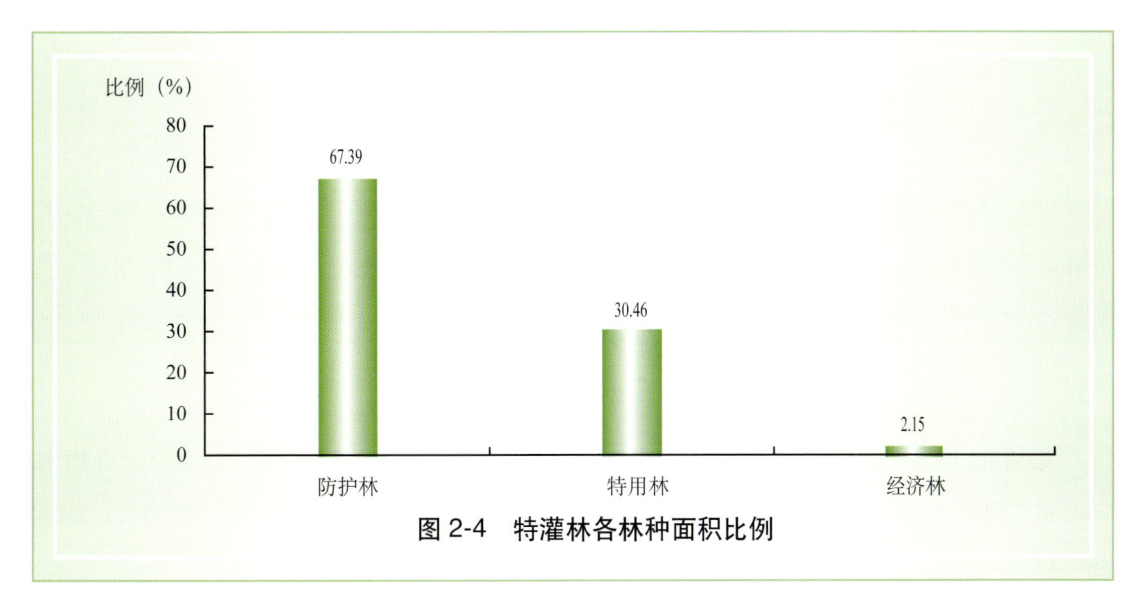

图 2-4　特灌林各林种面积比例

特灌林的树种主要为柴桦和偃松，二者面积合计7.82万公顷、占特灌林面积的84.18%，分布在内蒙古重点国有林区。

按覆盖度分，覆盖度30%～49%的特灌林面积2.08万公顷、占22.39%，50%～69%的面积4.05万公顷、占43.60%，70%以上的面积3.16万公顷、占34.01%。

第二节　森林资源构成

森林按主导功能分为公益林和商品林，按起源分为天然林和人工林。重点国有林区的森林按主导功能分，公益林面积比例较大，为66.96%；按起源分，以天然林为主，面积占93.19%。

一、公益林和商品林

森林面积中，公益林1826.38万公顷、占66.96%，商品林901.09万公顷、占33.04%。森林蓄积中，公益林202978.32万立方米、占67.50%，商品林97719.52万立方米、占32.50%。各林区公益林和商品林面积蓄积见表2-11。

表 2-11 各林区公益林和商品林面积蓄积

万公顷、万立方米、%

统计单位	公益林				商品林			
	面积	比例	蓄积	比例	面积	比例	蓄积	比例
合 计	1826.38	66.96	202978.32	67.50	901.09	33.04	97719.52	32.50
内蒙古重点国有林区	603.42	71.36	64553.62	71.21	242.20	28.64	26099.53	28.79
吉林省重点国有林区	179.34	55.27	28401.36	55.28	145.13	44.73	22978.20	44.72
黑龙江重点国有林区	678.39	78.11	78906.85	78.01	190.11	21.89	22240.39	21.99
黑龙江大兴安岭重点国有林区	365.23	53.02	31116.49	54.10	323.65	46.98	26401.40	45.90

（一）公益林

公益林面积 1826.38 万公顷，其中防护林 1322.32 万公顷、占 72.40%，特用林 504.06 万公顷、占 27.60%。公益林面积中，乔木林 1817.29 万公顷、占 99.50%，特灌林 9.09 万公顷、占 0.50%。公益林蓄积 202978.32 万立方米，每公顷蓄积 111.69 立方米。各林区公益林面积蓄积见表 2-12。

表 2-12 各林区公益林面积蓄积

万公顷、万立方米、立方米／公顷

统计单位	公益林面积			公益林蓄积			公益林每公顷蓄积
	合计	防护林	特用林	合计	防护林	特用林	
合 计	1826.38	1322.32	504.06	202978.32	140649.45	62328.87	111.69
内蒙古重点国有林区	603.42	443.99	159.43	64553.62	44429.89	20123.73	108.60
吉林省重点国有林区	179.34	97.49	81.85	28401.36	15276.40	13124.96	158.42
黑龙江重点国有林区	678.39	462.56	215.83	78906.85	53983.67	24923.18	116.31
黑龙江大兴安岭重点国有林区	365.23	318.28	46.95	31116.49	26959.49	4157.00	85.20

1. 起源结构

按起源分，公益林面积中，天然林 1697.88 万公顷、占 92.96%，人工林 128.50 万公顷、占 7.04%。公益林蓄积中，天然林 188279.87 万立方米、占 92.76%，人工林 14698.45 万立方米、占 7.24%。

2. 龄组结构

按龄组分，乔木公益林面积中，幼龄林 214.76 万公顷、占 11.82%，中龄林 1013.61 万公顷、占 55.77%，近成过熟林 588.92 万公顷、占 32.41%。乔木公益林各龄组面积蓄积见表 2-13。

表 2-13 乔木公益林各龄组面积蓄积

万公顷、万立方米、%

龄组	面积		蓄积	
	数量	比例	数量	比例
合计	1817.29	100.00	202978.32	100.00
幼龄林	214.76	11.82	12096.84	5.96
中龄林	1013.61	55.77	110502.18	54.44
近熟林	344.44	18.95	45880.73	22.60
成熟林	200.56	11.04	27767.88	13.68
过熟林	43.92	2.42	6730.69	3.32

3. 树种结构

按林分类型分，乔木公益林中，纯林面积 758.93 万公顷、占 41.76%，蓄积 78205.19 万立方米、占 38.53%；混交林面积 1058.36 万公顷、占 58.24%，蓄积 124773.13 万立方米、占 61.47%。纯林面积中，针叶纯林占 57.99%，阔叶纯林占 42.01%。混交林面积中，针叶混交林占 6.10%，针阔混交林占 37.55%，阔叶混交林占 56.35%。乔木公益林各林分类型面积蓄积见表 2-14。

表 2-14 乔木公益林各林分类型面积蓄积

万公顷、万立方米、%

林分类型		面积		蓄积	
		数量	比例	数量	比例
合计		1817.29	100.00	202978.32	100.00
纯林	小计	758.93	41.76	78205.19	38.53
	针叶纯林	440.09	24.22	49005.34	24.14
	阔叶纯林	318.84	17.54	29199.85	14.39
混交林	小计	1058.36	58.24	124773.13	61.47
	针叶混交林	64.55	3.55	8508.02	4.19
	针阔混交林	397.45	21.87	47140.43	23.22
	阔叶混交林	596.36	32.82	69124.68	34.06

按优势树种统计，乔木公益林中，面积排名前 15 位的为落叶松、白桦、蒙古栎、椴树、山杨、枫桦、冷杉、水曲柳、红松、胡桃楸、云杉、槭树、黑桦、榆树、樟子松，面积合计 1784.85 万公顷、占乔木公益林面积的 98.21%，蓄积合计 199931.31 万立方米、占乔木公益林蓄积的 98.50%。乔木公益林主要优势树种面积蓄积见 2-15。

表 2-15　乔木公益林主要优势树种面积蓄积

万公顷、万立方米、%

树　种	面　积		蓄　积	
	数　量	比　例	数　量	比　例
落叶松	651.16	35.83	72575.21	35.76
白桦	416.01	22.89	39494.91	19.46
蒙古栎	202.43	11.14	22924.19	11.29
椴树	76.87	4.23	10668.42	5.26
山杨	75.52	4.15	8399.65	4.14
枫桦	70.76	3.89	8832.33	4.35
冷杉	56.62	3.12	7805.39	3.85
水曲柳	48.28	2.66	5936.04	2.92
红松	39.72	2.19	5828.00	2.87
胡桃楸	34.61	1.90	4696.71	2.31
云杉	32.55	1.79	3955.99	1.95
槭树	22.69	1.25	2749.99	1.35
黑桦	20.78	1.14	1556.82	0.77
榆树	19.79	1.09	2122.28	1.05
樟子松	17.06	0.94	2385.38	1.17
15 个树种合计	1784.85	98.21	199931.31	98.50

（二）商品林

商品林面积 901.09 万公顷，其中，用材林 900.89 万公顷、占 99.98%，经济林 0.20 万公顷、占 0.02%。商品林面积中，乔木林 900.89 万公顷、占 99.98%，特灌林 0.20 万公顷、占 0.02%。商品林蓄积 97719.52 万立方米，每公顷蓄积 108.47 立方米。各林区商品林面积蓄积见表 2-16。

表 2-16　各林区商品林面积蓄积

万公顷、万立方米、立方米／公顷

统计单位	商品林面积			商品林蓄积			商品林每公顷蓄积
	合　计	用材林	经济林	合　计	用材林	经济林	
合　计	901.09	900.89	0.20	97719.52	97719.44	0.08	108.47
内蒙古重点国有林区	242.20	242.20		26099.53	26099.53		107.76
吉林省重点国有林区	145.13	144.93	0.20	22978.20	22978.20		158.55
黑龙江重点国有林区	190.11	190.11	0.004	22240.39	22240.31	0.08	116.99
黑龙江大兴安岭重点国有林区	323.65	323.65		26401.40	26401.40		81.57

1. 起源结构

按起源分，商品林面积中，天然林 843.76 万公顷、占 93.64%，人工林 57.33 万公顷、占 6.36%。商品林蓄积中，天然林 90784.49 万立方米、占 92.90%，人工林 6935.03 万立方米、占 7.10%。

2. 龄组结构

按龄组分，用材林中，幼龄林面积 114.98 万公顷，蓄积 6827.60 万立方米；中龄林面积 514.92 万公顷，蓄积 54466.66 万立方米；近熟林面积 174.18 万公顷，蓄积 23060.26 万立方米；成熟林面积 85.11 万公顷，蓄积 11596.48 万立方米；过熟林面积 11.70 万公顷，蓄积 1768.44 万立方米。用材林各龄组面积蓄积见表 2-17。

表 2-17　用材林各龄组面积蓄积

万公顷、万立方米、%

龄　组	面　积		蓄　积	
	数　量	比　例	数　量	比　例
合　计	900.89	100.00	97719.44	100.00
幼龄林	114.98	12.76	6827.60	6.98
中龄林	514.92	57.16	54466.66	55.74
近熟林	174.18	19.33	23060.26	23.60
成熟林	85.11	9.45	11596.48	11.87
过熟林	11.70	1.30	1768.44	1.81

可采资源（指用材林中可及度为“即可及”和“将可及”的成过熟林）面积 94.64 万公顷、占用材林面积的 10.51%，蓄积 13091.66 万立方米、占用材林蓄积的 13.40%。

3. 树种结构

按林分类型分，乔木商品林中，纯林面积 364.09 万公顷、占 40.41%，蓄积 34513.43 万立方米、占 35.32%；混交林面积 536.80 万公顷、占 59.59%，蓄积 63206.09 万立方米、占 64.68%。纯林面积中，针叶纯林占 57.49%，阔叶纯林占 42.51%。混交林面积中，针叶混交林占 6.04%，针阔混交林占 42.37%，阔叶混交林占 51.59%。乔木商品林各林分类型面积蓄积见表 2-18。

表 2-18 乔木商品林各林分类型面积蓄积

万公顷、万立方米、%

林分类型		面积		蓄积	
		数量	比例	数量	比例
合计		900.89	100.00	97719.52	100.00
纯林	小计	364.09	40.41	34513.43	35.32
	针叶纯林	209.30	23.23	21144.23	21.64
	阔叶纯林	154.79	17.18	13369.20	13.68
混交林	小计	536.80	59.59	63206.09	64.68
	针叶混交林	32.40	3.60	3780.22	3.87
	针阔混交林	227.46	25.25	26073.86	26.68
	阔叶混交林	276.94	30.74	33352.01	34.13

按优势树种统计，乔木商品林中，面积排名前15位的为落叶松、白桦、蒙古栎、山杨、椴树、枫桦、冷杉、胡桃楸、水曲柳、云杉、红松、槭树、榆树、樟子松、黑桦，面积合计884.83万公顷、占商品林面积的98.22%，蓄积合计95767.01万立方米、占商品林蓄积的98.00%。乔木商品林主要优势树种面积蓄积见表2-19。

表 2-19 乔木商品林主要优势树种面积蓄积

万公顷、万立方米、%

树种	面积		蓄积	
	数量	比例	数量	比例
落叶松	338.80	37.61	34969.91	35.79
白桦	261.59	29.04	24016.80	24.58
蒙古栎	50.60	5.62	5934.06	6.07
山杨	38.69	4.29	4218.68	4.32
椴树	36.08	4.01	5422.54	5.55
枫桦	26.58	2.95	3586.64	3.67
冷杉	25.25	2.80	3586.40	3.67
胡桃楸	23.03	2.56	3428.03	3.51
水曲柳	22.53	2.50	3047.61	3.12
云杉	15.57	1.73	1888.65	1.93
红松	14.18	1.57	2001.69	2.05
槭树	11.86	1.32	1569.20	1.60
榆树	8.15	0.90	981.08	1.00
樟子松	6.42	0.71	693.77	0.71
黑桦	5.50	0.61	421.95	0.43
15个树种合计	884.83	98.22	95767.01	98.00

二、天然林和人工林

森林面积中，天然林 2541.64 万公顷、占 93.19%，人工林 185.83 万公顷、占 6.81%。森林蓄积中，天然林 279064.36 万立方米、占 92.81%，人工林 21633.48 万立方米、占 7.19%。各林区天然林和人工林面积蓄积见表 2-20。

表 2-20 各林区天然林和人工林面积蓄积

万公顷、万立方米、%

统计单位	天然林				人工林			
	面积	比例	蓄积	比例	面积	比例	蓄积	比例
合　计	2541.64	93.19	279064.36	92.81	185.83	6.81	21633.48	7.19
内蒙古重点国有林区	798.65	94.45	85838.85	94.69	46.97	5.55	4814.30	5.31
吉林省重点国有林区	289.90	89.35	46719.30	90.93	34.57	10.65	4660.26	9.07
黑龙江重点国有林区	782.99	90.15	90071.92	89.05	85.51	9.85	11075.32	10.95
黑龙江大兴安岭重点国有林区	670.10	97.27	56434.29	98.12	18.78	2.73	1083.60	1.88

（一）天然林

天然林面积 2541.64 万公顷，其中乔木林 2532.62 万公顷、占 99.65%，特灌林 9.02 万公顷、占 0.35%。天然林蓄积 279064.36 万立方米，每公顷蓄积 110.19 立方米。各林区天然林面积蓄积见表 2-21。

表 2-21 各林区天然林面积蓄积

万公顷、万立方米、立方米 / 公顷

统计单位	天然林面积			天然林蓄积	天然林每公顷蓄积
	合　计	乔木林	特灌林		
合　计	2541.64	2532.62	9.02	279064.36	110.19
内蒙古重点国有林区	798.65	789.63	9.02	85838.85	108.71
吉林省重点国有林区	289.90	289.90		46719.30	161.16
黑龙江重点国有林区	782.99	782.99		90071.92	115.04
黑龙江大兴安岭重点国有林区	670.10	670.10		56434.29	84.22

1. 林种结构

按林种分，天然林面积中，防护林 1221.05 万公顷、占 48.04%，特用林 476.83 万公顷、占 18.76%，用材林 843.76 万公顷、占 33.20%，经济林仅有 0.003 万公顷。天然林中，公益林与商品林的面积、蓄积之比均为 67∶33。各林区天然林分森林类别面积蓄积见表 2-22。

表 2-22　各林区天然林分森林类别面积蓄积

万公顷、万立方米

统计单位	合　计		公益林		商品林	
	面积	蓄积	面积	蓄积	面积	蓄积
合　计	2541.64	279064.36	1697.88	188279.87	843.76	90784.49
内蒙古重点国有林区	798.65	85838.85	567.11	61075.94	231.54	24762.91
吉林省重点国有林区	289.90	46719.30	165.51	26629.82	124.39	20089.48
黑龙江重点国有林区	782.99	90071.92	609.71	69969.43	173.28	20102.49
黑龙江大兴安岭重点国有林区	670.10	56434.29	355.55	30604.68	314.55	25829.61

天然乔木林中，防护林比例最大，面积 1214.81 万公顷、占 47.97%，蓄积 129044.27 万立方米、占 46.24%。用材林比例次之，面积 843.76 万公顷、占 33.31%，蓄积 90784.41 万立方米、占 32.53%。天然乔木林各林种面积蓄积见表 2-23。

表 2-23　天然乔木林各林种面积蓄积

万公顷、万立方米、%

林　种	面　积		蓄　积	
	数　量	比　例	数　量	比　例
合　计	2532.62	100.00	279064.36	100.00
防护林	1214.81	47.97	129044.27	46.24
特用林	474.05	18.72	59235.60	21.23
用材林	843.76	33.31	90784.41	32.53
经济林	0.003	0.0001	0.08	0.00003

2. 龄组结构

按龄组分，天然乔木林中，幼龄林面积 277.77 万公顷，蓄积 15287.47 万立方米；中龄林面积 1444.24 万公顷，蓄积 154527.06 万立方米；近熟林面积 484.37 万公顷，蓄积 63804.63 万立方米；成熟林面积 272.08 万公顷，蓄积 37180.63 万立方米；过熟林面积 54.16 万公顷，蓄积 8264.57 万立方米。天然乔木林各龄组面积蓄积见表 2-24。

表 2-24　天然乔木林各龄组面积蓄积

万公顷、万立方米、%

龄　组	面　积		蓄　积	
	数　量	比　例	数　量	比　例
合　计	2532.62	100.00	279064.36	100.00
幼龄林	277.77	10.97	15287.47	5.48
中龄林	1444.24	57.03	154527.06	55.37
近熟林	484.37	19.12	63804.63	22.87
成熟林	272.08	10.74	37180.63	13.32
过熟林	54.16	2.14	8264.57	2.96

天然乔木林中，中幼林面积1722.01万公顷、占68.00%，近成过熟林面积810.61万公顷、占32.00%。黑龙江重点国有林区和黑龙江大兴安岭重点国有林区的天然中幼林面积比例较大，分别为79.85%和77.89%，天然次生林总体处于较低的演替阶段。吉林省重点国有林区的天然近成过熟林面积比例较大，为70.50%，天然次生林总体处于较高的演替阶段。各林区天然中幼林和近成过熟林面积蓄积见表2-25。

表2-25 各林区天然中幼林和近成过熟林面积蓄积

万公顷、万立方米、%

统计单位	中幼林				近成过熟林			
	面积	比例	蓄积	比例	面积	比例	蓄积	比例
合　计	1722.01	68.00	169814.53	60.85	810.61	32.00	109249.83	39.15
内蒙古重点国有林区	489.39	61.97	48789.14	56.84	300.24	38.03	37049.71	43.16
吉林省重点国有林区	85.50	29.50	11601.31	24.83	204.40	70.50	35117.99	75.17
黑龙江重点国有林区	625.20	79.85	68136.32	75.64	157.79	20.15	21935.60	24.36
黑龙江大兴安岭重点国有林区	521.92	77.89	41287.76	73.16	148.18	22.11	15146.53	26.84

3. 树种结构

按林分类型分，天然乔木林中，纯林面积1004.45万公顷、占39.66%，蓄积99267.74万立方米、占35.57%；混交林面积1528.17万公顷、占60.34%，蓄积179796.62万立方米、占64.43%。在纯林中，针叶纯林占53.29%，阔叶纯林占46.71%。在混交林中，针叶混交林占5.63%，针阔混交林占37.31%，阔叶混交林占57.06%。天然乔木林各林分类型面积蓄积见表2-26。

表2-26 天然乔木林各林分类型面积蓄积

万公顷、万立方米、%

林分类型		面　积		蓄　积	
		数　量	比　例	数　量	比　例
合　计		2532.62	100.00	279064.36	100.00
纯　林	小　计	1004.45	39.66	99267.74	35.57
	针叶纯林	535.27	21.13	57099.83	20.46
	阔叶纯林	469.18	18.53	42167.91	15.11
混交林	小　计	1528.17	60.34	179796.62	64.43
	针叶混交林	86.07	3.40	10997.50	3.94
	针阔混交林	570.16	22.51	66481.03	23.82
	阔叶混交林	871.94	34.43	102318.09	36.67

按优势树种统计，天然乔木林中，面积排名前15位的为落叶松、白桦、蒙古栎、山杨、椴树、枫桦、冷杉、水曲柳、胡桃楸、云杉、红松、槭树、榆树、黑桦、樟子松，面积合计2499.09万公顷、占天然乔木林面积的98.68%，蓄积合计275759.94万立方米、占天然乔木林蓄积的98.82%。天然乔木林主要优势树种面积蓄积见表2-27。

表2-27 天然乔木林主要优势树种面积蓄积

万公顷、万立方米、%

树种	面积		蓄积	
	数量	比例	数量	比例
落叶松	857.56	33.86	91774.06	32.89
白桦	677.55	26.75	63506.56	22.76
蒙古栎	253.03	9.99	28858.25	10.34
山杨	112.56	4.45	12439.61	4.46
椴树	112.30	4.44	16003.70	5.73
枫桦	97.34	3.84	12418.97	4.45
冷杉	81.65	3.22	11359.62	4.07
水曲柳	69.18	2.73	8783.98	3.15
胡桃楸	55.56	2.20	7841.32	2.81
云杉	39.39	1.56	5145.06	1.84
红松	36.53	1.44	5820.16	2.09
槭树	34.47	1.36	4308.18	1.54
榆树	27.42	1.08	3031.27	1.09
黑桦	26.28	1.04	1978.77	0.71
樟子松	18.27	0.72	2490.43	0.89
15个树种合计	2499.09	98.68	275759.94	98.82

（二）人工林

人工林面积185.83万公顷，其中，乔木林185.56万公顷（其中人天混[①]66.65万公顷、占35.92%）、占99.85%，特灌林0.27万公顷、占0.15%。人工林蓄积21633.48万立方米（其中人天混蓄积8025.63万立方米、占37.10%），每公顷蓄积116.58立方米。各林区人工林面积蓄积见表2-28。

①根据《东北内蒙古重点国有林区森林资源规划设计调查技术规定》，人天混指天然或人工起源的林木蓄积（或株数）比例均达不到65%的森林、灌木林。下同。

表 2-28 各林区人工林面积蓄积

万公顷、万立方米、立方米 / 公顷

统计单位	人工林面积				人工林蓄积		人工林每公顷蓄积
	合 计	乔木林		特灌林	合 计	其中：人天混	
		小 计	其中：人天混				
合 计	185.83	185.56	66.65	0.27	21633.48	8025.63	116.58
内蒙古重点国有林区	46.97	46.96	8.41	0.01	4814.30	740.37	102.52
吉林省重点国有林区	34.57	34.31	14.66	0.26	4660.26	2089.20	135.83
黑龙江重点国有林区	85.51	85.51	40.28		11075.32	5003.10	129.52
黑龙江大兴安岭重点国有林区	18.78	18.78	3.30		1083.60	192.96	57.70

1. 林种结构

按林种分，人工林面积中，防护林 101.27 万公顷、占 54.50%，特用林 27.23 万公顷、占 14.65%，用材林 57.13 万公顷、占 30.74%，经济林 0.20 万公顷、占 0.11%。人工林中，公益林与商品林的面积之比为 69 : 31，蓄积之比 68 : 32。各林区人工林分森林类别面积蓄积见表 2-29。

表 2-29 各林区人工林分森林类别面积蓄积

万公顷、万立方米

统计单位	合 计		公益林		商品林	
	面 积	蓄 积	面 积	蓄 积	面 积	蓄 积
合 计	185.83	21633.48	128.50	14698.45	57.33	6935.03
内蒙古重点国有林区	46.97	4814.30	36.31	3477.68	10.66	1336.62
吉林省重点国有林区	34.57	4660.26	13.83	1771.54	20.74	2888.72
黑龙江重点国有林区	85.51	11075.32	68.68	8937.42	16.83	2137.90
黑龙江大兴安岭重点国有林区	18.78	1083.60	9.68	511.81	9.10	571.79

人工乔木林中，防护林比例较大，面积 101.25 万公顷、占 54.56%，蓄积 11605.18 万立方米、占 53.64%。人工乔木林各林种面积蓄积见表 2-30。

表 2-30　人工乔木林各林种面积蓄积

万公顷、万立方米、%

林种		面积		蓄积	
		数量	比例	数量	比例
合计		185.56	100.00	21633.48	100.00
防护林		101.25	54.56	11605.18	53.64
特用林		27.18	14.65	3093.27	14.30
用材林		57.13	30.79	6935.03	32.06
经济林		0.0008		0.0046	
其中：人天混	合计	66.65	100.00	8025.63	100.00
	防护林	36.04	54.07	4177.71	52.06
	特用林	9.82	14.74	1158.46	14.43
	用材林	20.79	31.19	2689.46	33.51

2. 龄组结构

按龄组分，人工乔木林中，幼龄林面积 51.97 万公顷，蓄积 3637.04 万立方米；中龄林面积 84.29 万公顷，蓄积 10441.79 万立方米；近熟林面积 34.25 万公顷，蓄积 5136.36 万立方米；成熟林面积 13.59 万公顷，蓄积 2183.73 万立方米；过熟林面积 1.46 万公顷，蓄积 234.56 万立方米。人工乔木林各龄组面积蓄积见表 2-31。

表 2-31　人工乔木林各龄组面积蓄积

万公顷、万立方米、%

龄组		面积		蓄积	
		数量	比例	数量	比例
合计		185.56	100.00	21633.48	100.00
幼龄林		51.97	28.01	3637.04	16.81
中龄林		84.29	45.42	10441.79	48.27
近熟林		34.25	18.46	5136.36	23.74
成熟林		13.59	7.32	2183.73	10.09
过熟林		1.46	0.79	234.56	1.09
其中：人天混	合计	66.65	100.00	8025.63	100.00
	幼龄林	20.70	31.06	1771.57	22.07
	中龄林	31.46	47.20	4072.02	50.74
	近熟林	10.18	15.27	1516.86	18.90
	成熟林	3.82	5.73	587.89	7.33
	过熟林	0.49	0.74	77.29	0.96

人工乔木林中，中幼林面积 136.26 万公顷、占 73.43%，近成过熟林面积 49.30 万公顷、占 26.57%。黑龙江大兴安岭、黑龙江和内蒙古重点国有林区的中幼林面积比例

均超过 70%。各林区人工中幼林和近成过熟林面积蓄积见表 2-32。

表 2-32 各林区人工中幼林和近成过熟林面积蓄积

万公顷、万立方米、%

统计单位	中幼林				近成过熟林			
	面积	比例	蓄积	比例	面积	比例	蓄积	比例
合 计	136.26	73.43	14078.83	65.08	49.30	26.57	7554.65	34.92
内蒙古重点国有林区	33.37	71.06	2921.81	60.69	13.59	28.94	1892.49	39.31
吉林省重点国有林区	20.53	59.84	2298.59	49.32	13.78	40.16	2361.67	50.68
黑龙江重点国有林区	64.52	75.46	7859.24	70.96	20.99	24.54	3216.08	29.04
黑龙江大兴安岭重点国有林区	17.84	94.99	999.19	92.21	0.94	5.01	84.41	7.79

3. 树种结构

按林分类型分，人工乔木林中，纯林面积 118.57 万公顷、占 63.90%，蓄积 13450.88 万立方米、占 62.18%；混交林面积 66.99 万公顷、占 36.10%，蓄积 8182.60 万立方米、占 37.82%。纯林面积中，针叶纯林占 96.25%，阔叶纯林占 3.75%。混交林面积中，针叶混交林占 16.24%，针阔混交林占 81.73%，阔叶混交林占 2.03%。人工乔木林各林分类型面积蓄积见表 2-33。

表 2-33 人工乔木林各林分类型面积蓄积

万公顷、万立方米、%

林分类型			面积		蓄积	
			数量	比例	数量	比例
合计			185.56	100.00	21633.48	100.00
纯林	小计		118.57	63.90	13450.88	62.18
纯林	针叶纯林		114.12	61.50	13049.74	60.32
纯林	阔叶纯林		4.45	2.40	401.14	1.86
混交林	小计		66.99	36.10	8182.60	37.82
混交林	针叶混交林		10.88	5.86	1290.74	5.97
混交林	针阔混交林		54.75	29.51	6733.26	31.12
混交林	阔叶混交林		1.36	0.73	158.60	0.73
其中：人天混	合计		66.65	100.00	8025.63	100.00
其中：人天混	纯林	小计	8.00	12.00	730.19	9.10
其中：人天混	纯林	针叶纯林	6.75	10.13	684.85	8.53
其中：人天混	纯林	阔叶纯林	1.25	1.87	45.34	0.57
其中：人天混	混交林	小计	58.65	88.00	7295.44	90.90
其中：人天混	混交林	针叶混交林	4.74	7.11	623.40	7.77
其中：人天混	混交林	针阔混交林	52.82	79.25	6546.99	81.57
其中：人天混	混交林	阔叶混交林	1.09	1.64	125.05	1.56

按优势树种统计，人工乔木林中，面积排名前10位的为落叶松、红松、云杉、樟子松、杨树、胡桃楸、水曲柳、椴树、榆树、冷杉，面积合计171.83万公顷、占人工乔木林面积的92.60%，蓄积合计20146.88万立方米、占人工乔木林蓄积的93.13%。人工乔木林主要优势树种面积蓄积见表2-34。

表2-34 人工乔木林主要优势树种面积蓄积

万公顷、万立方米、%

树种	面积		蓄积	
	数量	比例	数量	比例
落叶松	132.40	71.35	15771.06	72.90
红松	17.37	9.36	2009.53	9.29
云杉	8.73	4.70	699.58	3.24
樟子松	5.21	2.81	588.72	2.72
杨树	3.02	1.63	403.38	1.87
胡桃楸	2.08	1.12	283.42	1.31
水曲柳	1.63	0.88	199.67	0.92
椴树	0.65	0.35	87.26	0.40
榆树	0.52	0.28	72.09	0.33
冷杉	0.22	0.12	32.17	0.15
10个树种合计	171.83	92.60	20146.88	93.13

第三节 森林质量状况

森林质量主要通过乔木林单位面积蓄积、单位面积生长量、单位面积株数、平均郁闭度、平均胸径、平均树高等指标反映。重点国有林区乔木林每公顷蓄积110.62立方米，每公顷年均生长量3.50立方米，每公顷株数1069株，平均郁闭度0.63，平均胸径15.4厘米，平均树高14.0米。

一、单位面积蓄积

乔木林每公顷蓄积110.62立方米。按起源分，天然乔木林110.19立方米，人工乔木林116.58立方米。按森林类别分，乔木公益林111.69立方米（其中国家级公益林117.26立方米），乔木商品林108.47立方米。各林区乔木林每公顷蓄积见表2-35。

表 2-35 各林区乔木林每公顷蓄积

立方米 / 公顷

统计单位	合 计	天然林	人工林	公益林	其中：国家级公益林	商品林
合 计	110.62	110.19	116.58	111.69	117.26	108.47
内蒙古重点国有林区	108.36	108.71	102.52	108.60	122.74	107.76
吉林省重点国有林区	158.48	161.16	135.83	158.42	158.19	158.55
黑龙江重点国有林区	116.46	115.04	129.52	116.31	116.39	116.99
黑龙江大兴安岭重点国有林区	83.49	84.22	57.70	85.20	86.46	81.57

按龄组分，幼龄林 57.39 立方米，中龄林 107.93 立方米，近熟林 132.93 立方米，成熟林 137.80 立方米，过熟林 152.81 立方米。天然乔木林与人工乔木林、乔木公益林与乔木商品林各龄组每公顷蓄积见图 2-5、图 2-6。

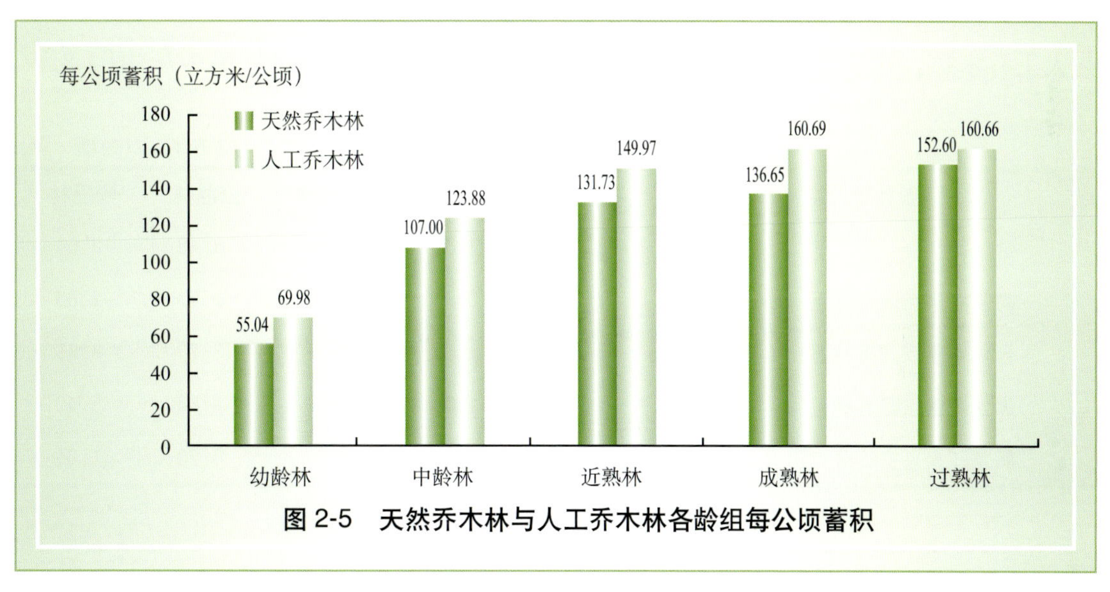

图 2-5 天然乔木林与人工乔木林各龄组每公顷蓄积

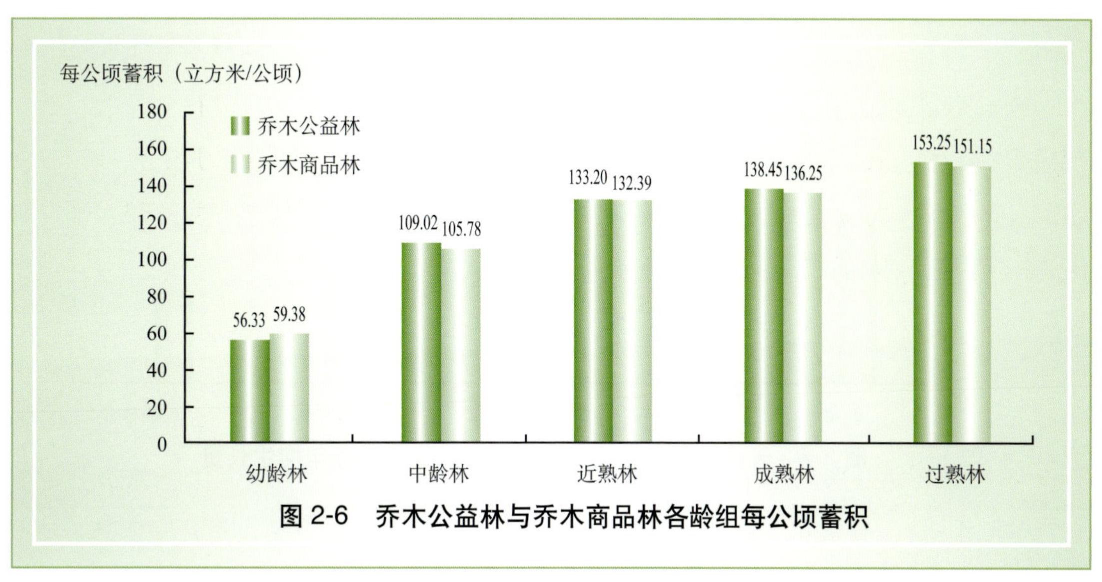

图 2-6 乔木公益林与乔木商品林各龄组每公顷蓄积

分优势树种的乔木林面积排前15位的，其每公顷蓄积从大到小依次是红松145.26立方米、椴树142.46立方米、胡桃楸140.96立方米、冷杉139.14立方米、樟子松131.14立方米、枫桦127.58立方米、水曲柳126.87立方米、槭树125.01立方米、云杉121.46立方米、蒙古栎114.05立方米、榆树111.07立方米、山杨110.48立方米、落叶松108.64立方米、白桦93.73立方米、黑桦75.30立方米。

二、单位面积生长量

乔木林每公顷年均生长量3.50立方米。按起源分，天然乔木林3.42立方米，人工乔木林5.33立方米。按森林类别分，乔木公益林3.48立方米，乔木商品林3.54立方米。按龄组分，幼龄林4.50立方米，中龄林3.76立方米，近熟林3.19立方米，成熟林2.81立方米，过熟林2.33立方米。各林区乔木林每公顷年均生长量见表2-36。天然乔木林与人工乔木林、乔木公益林与乔木商品林各龄组每公顷年均生长量见图2-7、图2-8。

表2-36　各林区乔木林每公顷年均生长量

立方米／（公顷·年）

统计单位	合　计	天然林	人工林	公益林	商品林
合　计	3.50	3.42	5.33	3.48	3.54
内蒙古重点国有林区	2.90	2.84	5.35	2.93	2.83
吉林省重点国有林区	5.54	5.52	5.76	3.70	6.99
黑龙江重点国有林区	4.17	4.08	5.59	3.80	5.40
黑龙江大兴安岭重点国有林区	2.48	2.44	3.87	3.70	1.09

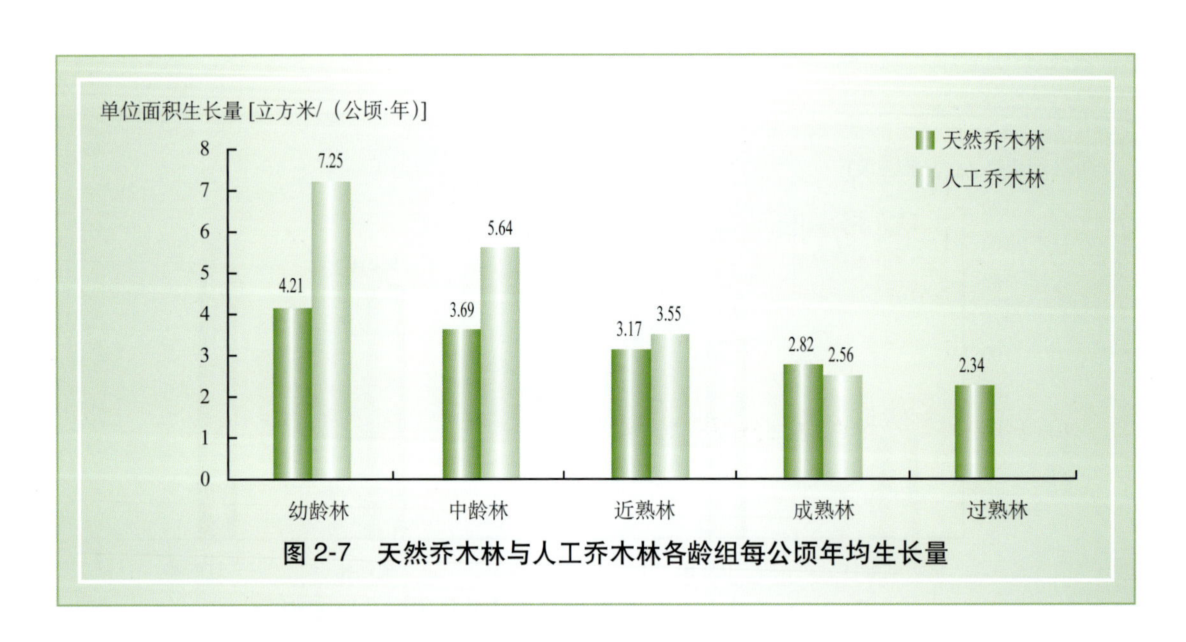

图2-7　天然乔木林与人工乔木林各龄组每公顷年均生长量

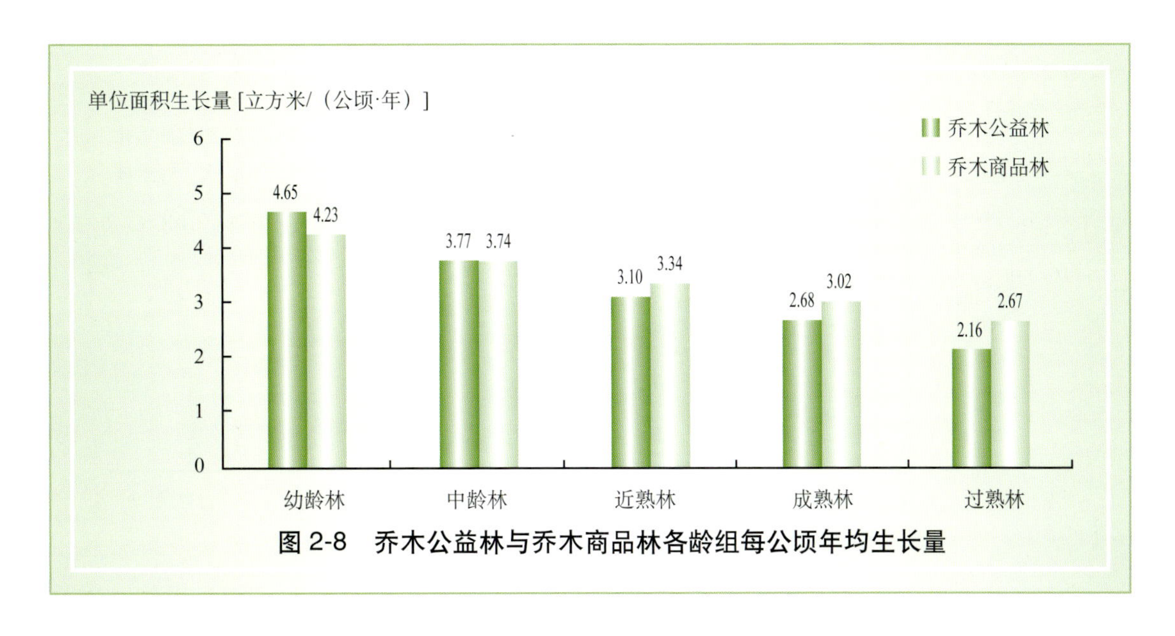

图 2-8　乔木公益林与乔木商品林各龄组每公顷年均生长量

分优势树种的乔木林面积排前 10 位的，其每公顷年均生长量从大到小依次是椴树 6.09 立方米、红松 5.99 立方米、杨树 4.57 立方米、云杉 4.54 立方米、胡桃楸 3.47 立方米、樟子松 3.35 立方米、栎类 3.17 立方米、水曲柳 3.03 立方米、桦木 3.02 立方米、落叶松 2.82 立方米。

三、单位面积株数

乔木林平均每公顷株数 1069 株。按起源分，天然乔木林平均每公顷 1053 株，人工乔木林平均每公顷 1281 株。各林区乔木林每公顷株数见表 2-37。

表 2-37　各林区乔木林每公顷株数

株／公顷

统计单位	合　计	天然乔木林	人工乔木林
合　计	1069	1053	1281
内蒙古重点国有林区	1111	1099	1323
吉林省重点国有林区	827	783	1198
黑龙江重点国有林区	982	952	1259
黑龙江大兴安岭重点国有林区	1241	1236	1425

按龄组分，乔木林平均每公顷株数，幼龄林 1599 株，中龄林 1126 株，近熟林 829 株，成熟林 688 株，过熟林 547 株。天然林与人工林各龄组每公顷株数见图 2-9。

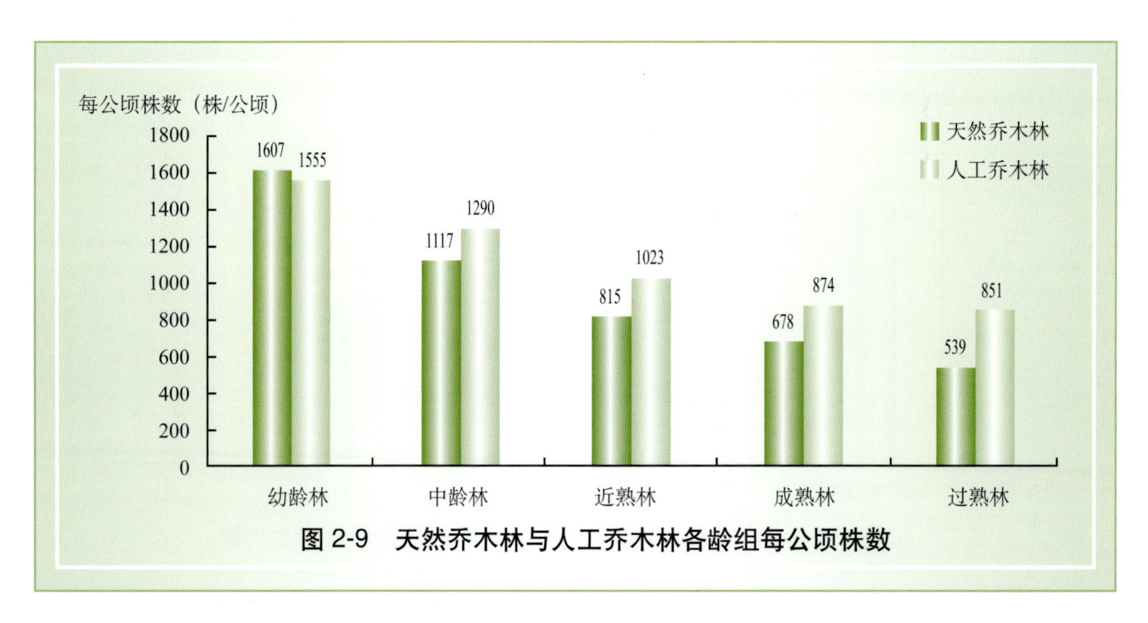

图 2-9　天然乔木林与人工乔木林各龄组每公顷株数

乔木林每公顷株数不足 1000 株的面积 1450.00 万公顷、占 53.34%，林分密度整体上比较稀疏。乔木林每公顷株数等级面积见表 2-38。

表 2-38　乔木林每公顷株数等级面积

万公顷

每公顷株数等级	合　计	幼龄林	中龄林	近熟林	成熟林	过熟林
合　计	2718.18	329.74	1528.53	518.62	285.67	55.62
500 株以下	317.51	11.73	88.46	86.10	99.79	31.43
500 ~ 1000 株	1132.49	59.75	623.98	296.98	134.78	17.00
1000 ~ 1500 株	788.82	94.63	539.36	109.65	39.53	5.65
1500 ~ 2000 株	298.90	79.44	187.90	20.84	9.45	1.27
2000 株以上	180.46	84.19	88.83	5.05	2.12	0.27

四、平均郁闭度

乔木林平均郁闭度 0.63。其中，天然乔木林平均郁闭度 0.63，人工乔木林平均郁闭度 0.66。各林区乔木林平均郁闭度见表 2-39。

表 2-39　各林区乔木林平均郁闭度

统计单位	合　计	天然乔木林	人工乔木林
合　计	0.63	0.63	0.66
内蒙古重点国有林区	0.66	0.67	0.65
吉林省重点国有林区	0.67	0.67	0.70
黑龙江重点国有林区	0.62	0.61	0.67
黑龙江大兴安岭重点国有林区	0.58	0.58	0.59

乔木林中，郁闭度 0.20 ~ 0.39 的面积 80.90 万公顷、占 2.98%，郁闭度 0.40 ~ 0.69 的面积 1685.26 万公顷、占 62.00%，郁闭度 0.70 以上的面积 952.02 万公顷、占 35.02%。乔木林各龄组郁闭度等级面积见表 2-40。

表 2-40 乔木林各龄组郁闭度等级面积

万公顷、%

龄 组	面积合计	0.20～0.39		0.40～0.69		0.70 以上	
		面 积	比 例	面 积	比 例	面 积	比 例
合 计	2718.18	80.90	2.98	1685.26	62.00	952.02	35.02
幼龄林	329.74	30.03	9.11	209.20	63.44	90.51	27.45
中龄林	1528.53	32.73	2.14	973.47	63.69	522.33	34.17
近熟林	518.62	9.04	1.74	297.38	57.34	212.20	40.92
成熟林	285.67	7.26	2.54	176.66	61.84	101.75	35.62
过熟林	55.62	1.84	3.31	28.55	51.33	25.23	45.36

五、平均胸径

乔木林平均胸径 15.4 厘米。按起源分，天然乔木林 15.5 厘米，人工乔木林 13.5 厘米。各林区乔木林平均胸径见表 2-41。

表 2-41 各林区乔木林平均胸径

厘米

统计单位	合 计	天然乔木林	人工乔木林
合 计	15.4	15.5	13.5
内蒙古重点国有林区	15.4	15.6	12.5
吉林省重点国有林区	19.8	20.3	15.3
黑龙江重点国有林区	16.1	16.3	14.6
黑龙江大兴安岭重点国有林区	12.3	12.4	7.5

乔木林中，小径组和中径组林木面积 2629.59 万公顷、占 96.74%，蓄积 285607.09 万立方米、占 94.99%，大径组和特大径组林木面积 88.59 万公顷、占 3.26%，蓄积 15090.75 万立方米、占 5.01%。乔木林各径级组面积蓄积见表 2-42。

表 2-42　乔木林各径级组面积蓄积

万公顷、万立方米、%

径级组	面积		蓄积	
	数量	比例	数量	比例
合计	2718.18	100.00	300697.84	100.00
小径组（6 ~ 12 厘米）	732.94	26.96	52604.77	17.50
中径组（14 ~ 24 厘米）	1896.65	69.78	233002.32	77.49
大径组（26 ~ 36 厘米）	85.21	3.14	14294.05	4.75
特大径组（38 厘米以上）	3.38	0.12	796.70	0.26

六、平均树高

乔木林平均树高为 14.0 米。按起源分，天然乔木林 14.1 米，人工乔木林 12.5 米。各林区乔木林平均树高见表 2-43。

表 2-43　各林区乔木林平均树高

米

统计单位	合计	天然乔木林	人工乔木林
合计	14.0	14.1	12.5
内蒙古重点国有林区	14.5	14.7	11.5
吉林省重点国有林区	15.9	16.1	13.6
黑龙江重点国有林区	14.0	14.1	13.5
黑龙江大兴安岭重点国有林区	12.5	12.6	8.1

平均树高在 10.0 ~ 20.0 米的乔木林面积 2373.27 万公顷、占 87.31%。乔木林各高度级面积见表 2-44。

表 2-44　乔木林各高度级面积

万公顷、%

高度级	乔木林		天然乔木林		人工乔木林	
	面积	比例	面积	比例	面积	比例
合计	2718.18	100.00	2532.62	100.00	185.56	100.00
5.0 米以下	48.45	1.78	35.76	1.41	12.69	6.84
5.0 ~ 10.0 米	238.65	8.78	204.10	8.06	34.55	18.62
10.0 ~ 15.0 米	1278.13	47.02	1202.13	47.47	76.00	40.96
15.0 ~ 20.0 米	1095.14	40.29	1036.22	40.91	58.92	31.75
20.0 ~ 25.0 米	56.54	2.08	53.16	2.10	3.38	1.82
25.0 ~ 30.0 米	1.27	0.05	1.25	0.05	0.02	0.01
30.0 米以上	0.0028		0.0028			

第四节　森林生态状况

森林生态状况可以通过群落结构、自然度、森林灾害、天然更新情况等特征因子来体现。重点国有林区的天然林以次生林为主，占94.03%。森林中，公益林群落结构相对较完整，完整群落结构的比例为79.46%。遭受中等程度以上灾害的森林面积占3.29%。乔木林中天然更新状况良好的面积占79.66%。

一、群落结构

群落结构是指森林内各种生物在时间和空间上的配置状况。根据森林所具备的乔木层、下木层、地被物层（含草本、苔藓、地衣）的情况，将森林群落结构分为完整结构、较完整结构和简单结构，具有乔木层、下木层、地被物层三个层次的为完整结构，具有乔木层和其他一个植被层（下木层或地被物层）的为较完整结构，只有乔木层的为简单结构。公益林中，具有完整结构的面积1444.02万公顷、占79.46%，具有较完整结构的面积332.55万公顷、占18.30%，简单结构的面积40.72万公顷、占2.24%。公益林中具有完整结构的森林面积比例大。

二、自然度

根据受干扰的情况，按照植被状况与原始顶极群落的差异，或次生群落处于演替中的阶段，将天然乔木林划分为原始林、次生林和残次林三种类型。

在自然状态下生长发育形成的天然林，或人为干扰后通过自然恢复到原始状态的天然林，统称为原始林，面积为148.73万公顷、占天然乔木林面积的5.87%，主要分布在内蒙古与黑龙江大兴安岭林区，以落叶松、白桦、樟子松、红松、蒙古栎、紫椴、冷杉等树种组成的混交林为主，平均年龄100年。原始林分布见图2-10。

原始林经过人为干扰后，形成以地带性非顶极树种为优势、具有稳定的林分结构的森林植被群落，统称为天然次生林，面积2381.30万公顷、占天然乔木林的94.03%。天然次生林中，已形成异龄复层林、通过天然更新或辅以人工促进措施可逐步恢复到接近原生状态的天然次生林，简称“近原生次生林”，面积460.73万公顷、占19.35%，以落叶松、蒙古栎、紫椴、白桦、水曲柳、胡桃楸、黄波罗、冷杉、槭树、红松、榆树、云杉等树种为主，平均年龄85年；原生植被基本消失、由萌生或部分实生林木组成、结构相对复杂的天然次生林，简称“恢复性次生林”，面积1660.67万公顷、占69.74%，以落叶松、白桦、蒙古栎、山杨、枫桦、冷杉等树种为主，平均年龄48年；林分结构相对单纯、质量和利用价值低、天然更新差、需要采取人工措施促进正向演

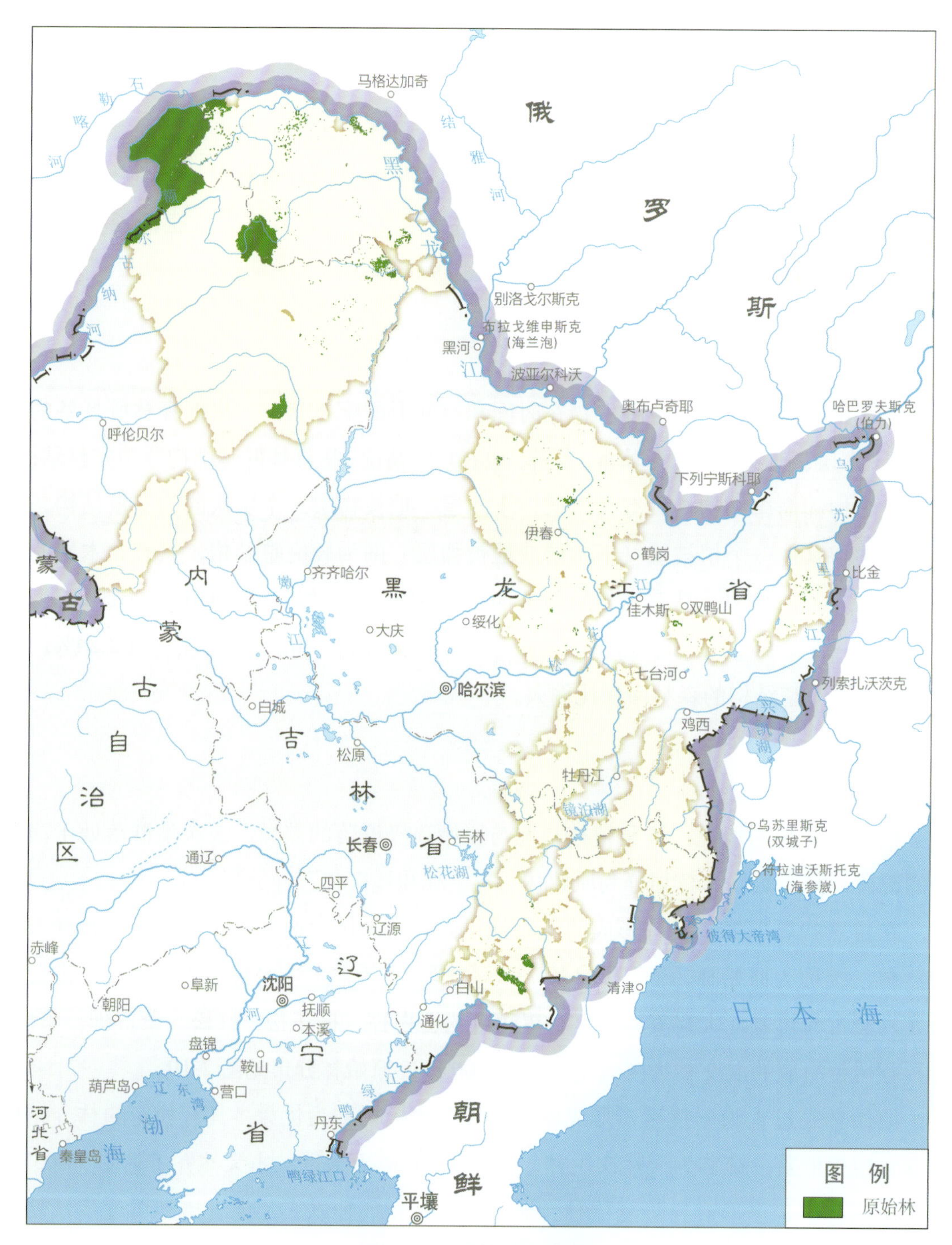

图 2-10　原始林分布图

替的天然次生林，简称“退化次生林”，面积 259.90 万公顷、占 10.91%，以白桦、落叶松、山杨、枫桦等树种为主，平均年龄 65 年。次生林分布见图 2-11。

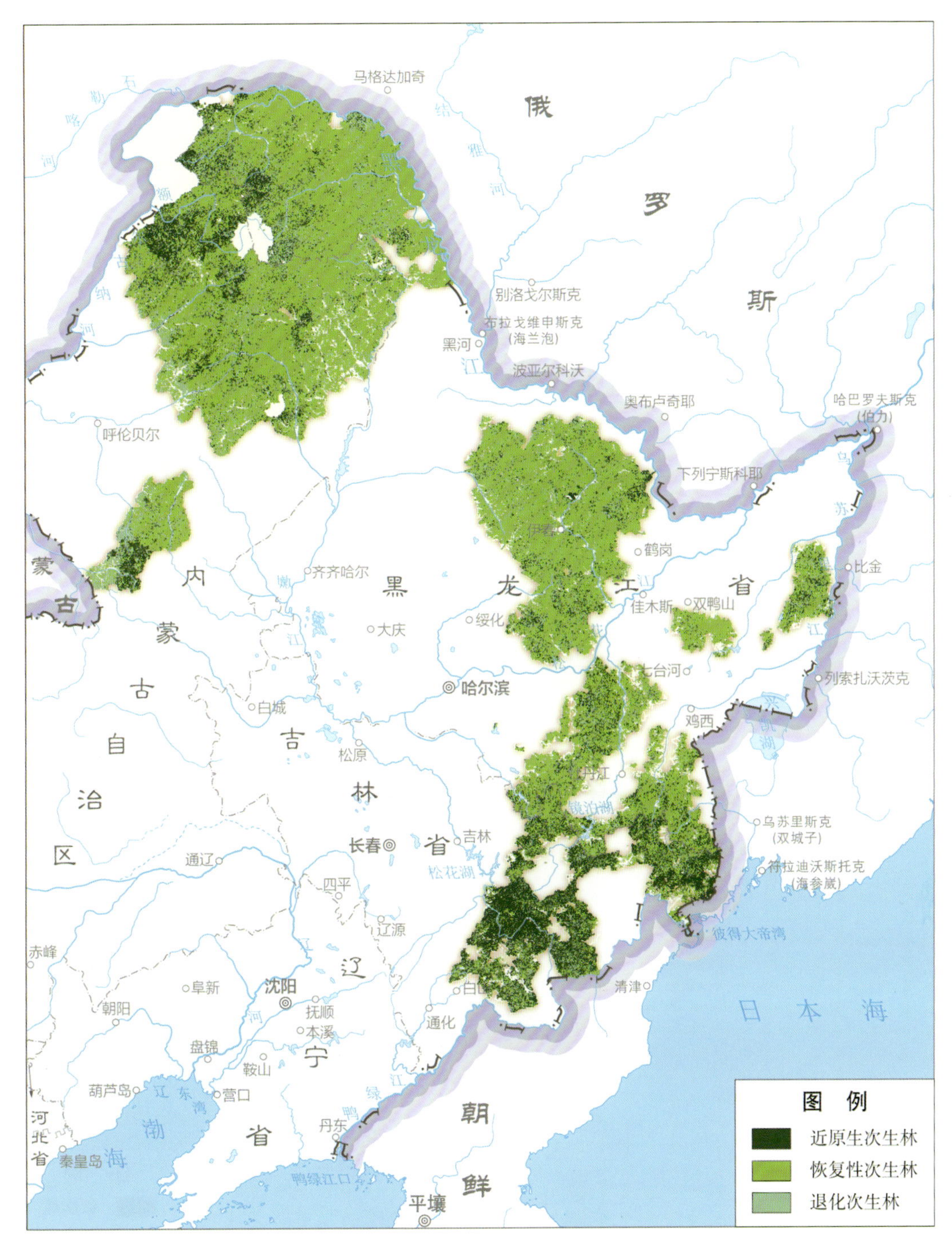

图 2-11 次生林分布图

原生植被经多次高强度人为干扰后形成的结构不完整、生长发育不正常、林相残破的稀疏天然林，统称为残次林，面积 2.59 万公顷、占天然乔木林面积的 0.10%，以白桦、落叶松、蒙古栎为主，平均年龄 52 年。残次林分布见图 2-12。

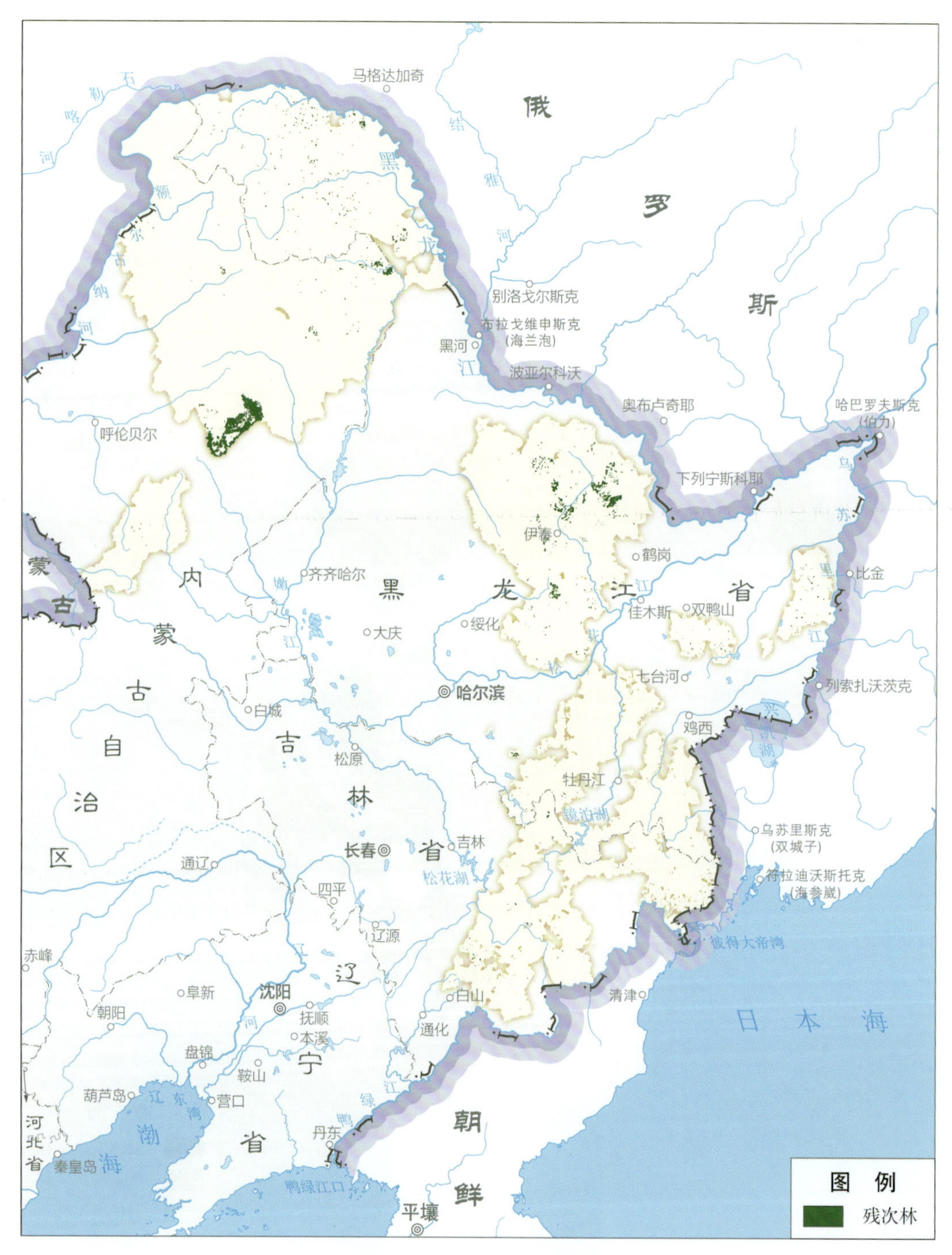

图 2-12　残次林分布图

三、森林灾害

根据森林灾害的成因和受害立木的比例及生长状况，将灾害类型分病害虫害、火灾、气候灾害（风、雪、水、旱）和其他灾害，灾害程度分轻度、中度、重度。重点国有林区有 24.59% 的森林不同程度地受到病害虫害、火灾、气候灾害和其他灾害影响。森林受灾面积中，重度灾害占1.28%，中度灾害占12.12%，轻度灾害占86.60%。受灾面积按灾害类型分，病虫害占53.50%，火灾占1.57%，受风折（倒）和雪压等气候灾害占33.95%，其他灾害占10.98%。遭受病虫害的面积比例较大。

四、天然更新情况

天然更新是林木利用自身繁殖能力，通过天然下种或萌蘖，逐步形成新一代森林的过程。根据单位面积幼苗（树）的株数和高度将林分天然更新状况分为良好、较好、不良三个等级。

乔木林中天然更新状况良好的面积1611.59万公顷、占59.29%，较好的面积553.61万公顷、占20.37%，不良的面积552.98万公顷、占20.34%。内蒙古重点国有林区的乔木林天然更新良好的比例最高，为77.23%。各林区林地天然更新等级面积见表2-45。

表2-45 各林区林地天然更新等级面积

万公顷、%

统计单位	天然更新等级	乔木林		灌木林		其他林地	
		面积	比例	面积	比例	面积	比例
合计	合计	2718.18	100.00	22.01	100.00	353.60	100.00
	良好	1611.59	59.29	2.76	12.54	154.60	43.72
	较好	553.61	20.37	0.66	3.00	78.65	22.24
	不良	552.98	20.34	18.59	84.46	120.35	34.04
内蒙古重点国有林区	合计	836.59	100.00	18.60	100.00	117.42	100.00
	良好	646.08	77.23	2.10	11.30	34.66	29.52
	较好	92.16	11.01	0.35	1.86	32.71	27.86
	不良	98.35	11.76	16.15	86.84	50.05	42.62
吉林省重点国有林区	合计	324.21	100.00	1.10	100.00	11.06	100.00
	良好	186.97	57.67	0.25	22.59	1.76	15.92
	较好	68.60	21.16	0.03	2.72	0.74	6.68
	不良	68.64	21.17	0.82	74.69	8.56	77.40
黑龙江重点国有林区	合计	868.50	100.00	0.90	100.00	127.38	100.00
	良好	432.96	49.85	0.11	12.55	54.15	42.51
	较好	215.59	24.82	0.03	2.99	26.58	20.87
	不良	219.95	25.33	0.76	84.46	46.65	36.62
黑龙江大兴安岭重点国有林区	合计	688.88	100.00	1.41	100.00	97.74	100.00
	良好	345.58	50.17	0.30	21.62	64.03	65.51
	较好	177.26	25.73	0.25	17.42	18.62	19.05
	不良	166.04	24.10	0.86	60.96	15.09	15.44

注：其他林地包括疏林地、无立木林地和宜林地。

五、森林生物量和碳储量

森林生物量是指森林的地上和地下部分干物质总量。重点国有林区森林生物量256866.90万吨，其中，天然林生物量239687.32万吨、占93.31%，人工林生物量17179.58万吨、占6.69%。森林碳储量124631.42万吨，其中，天然林碳储量116284.68万吨、占93.30%，人工林碳储量8346.74万吨、占6.70%。森林分起源和森林类别生物量碳储量见表2-46。

表2-46 各林区森林分起源和森林类别生物量碳储量

万吨

统计单位	森林类别	合 计		天然林		人工林	
		生物量	碳储量	生物量	碳储量	生物量	碳储量
合 计	合 计	256866.90	124631.42	239687.32	116284.68	17179.58	8346.74
	公益林	174373.10	84588.63	162715.94	78924.35	11657.16	5664.28
	商品林	82493.80	40042.79	76971.38	37360.33	5522.42	2682.46
内蒙古重点国有林区	合 计	73994.19	35952.29	70214.92	34115.26	3779.27	1837.03
	公益林	52687.03	25598.88	49955.25	24271.01	2731.78	1327.87
	商品林	21307.16	10353.41	20259.67	9844.25	1047.49	509.16
吉林省重点国有林区	合 计	45731.69	22147.93	41964.95	20319.70	3766.74	1828.23
	公益林	25812.40	12496.02	24379.84	11800.64	1432.56	695.38
	商品林	19919.29	9651.91	17585.11	8519.06	2334.18	1132.85
黑龙江重点国有林区	合 计	88997.36	43144.31	80218.13	38878.14	8779.23	4266.17
	公益林	69913.00	33882.78	62823.86	30437.99	7089.14	3444.79
	商品林	19084.36	9261.53	17394.27	8440.15	1690.09	821.38
黑龙江大兴安岭重点国有林区	合 计	48143.66	23386.89	47289.32	22971.58	854.34	415.31
	公益林	25960.67	12610.95	25556.99	12414.71	403.68	196.24
	商品林	22182.99	10775.94	21732.33	10556.87	450.66	219.07

分优势树种的森林生物量排前15位的为落叶松、白桦、蒙古栎、椴树、枫桦、山杨、冷杉、水曲柳、胡桃楸、红松、云杉、槭树、榆树、樟子松、黑桦，生物量合计为252690.02万吨、占森林生物量的98.37%。主要优势树种生物量碳储量见表2-47。

表 2-47 主要优势树种生物量及碳储量

万吨、%

树 种	生物量	生物量比例	碳储量	碳储量比例
落叶松	83917.65	32.67	40791.80	32.73
白桦	57322.51	22.32	27826.97	22.33
蒙古栎	33850.30	13.18	16259.45	13.05
椴树	12661.59	4.93	6192.23	4.97
枫桦	11199.73	4.36	5436.95	4.36
山杨	9949.67	3.87	4865.56	3.90
冷杉	8876.65	3.46	4314.72	3.46
水曲柳	7387.44	2.88	3566.40	2.86
胡桃楸	6686.33	2.60	3227.98	2.59
红松	6108.83	2.38	2969.44	2.38
云杉	4562.77	1.78	2217.95	1.78
槭树	3400.94	1.32	1663.22	1.33
榆树	2571.72	1.00	1241.53	1.00
樟子松	2405.36	0.93	1169.27	0.94
黑桦	1788.53	0.69	868.23	0.70
合计	252690.02	98.37	122611.70	98.38

第五节 森林资源保护状况

截至 2018 年年底，涉及重点国有林区的国家公园试点 1 处，建立自然保护区 59 处，森林公园 66 处，在保护森林资源、维护生物多样性、改善生态环境质量、维护生态安全等方面发挥了重要作用。

一、国家公园试点涉及范围的森林资源状况

根据中共中央国务院决定，开展了东北虎豹国家公园试点，涉及吉林省重点国有林区的珲春、汪清、天桥岭、大兴沟林业局和黑龙江重点国有林区的绥阳、穆棱、东京城林业局所管辖的 59 个国有林场（所），面积 121.09 万公顷，其中森林面积 118.12 万公顷。

国家公园范围内的森林，以樟子松、红松、云杉、冷杉、紫杉、钻天柳等重点保

护树种和珍贵树种为代表组成的面积15.59万公顷。其中，冷杉林最多，面积8.93万公顷；其次是红松阔叶混交林，面积3.53万公顷；钻天柳林和紫杉林较少，二者合计为49公顷。东北虎豹国家公园试点范围见图2-13。

图2-13 东北虎豹国家公园位置示意图

二、自然保护区内森林资源状况

重点国有林区内有自然保护区 59 处，面积 474.77 万公顷，其中森林面积 343.76 万公顷（图 2-14）。其中，森林生态系统类型的自然保护区 31 处，涉及森林面积 239.12 万公顷；野生动植物类型的自然保护区 16 处，涉及森林面积 62.84 万公顷。

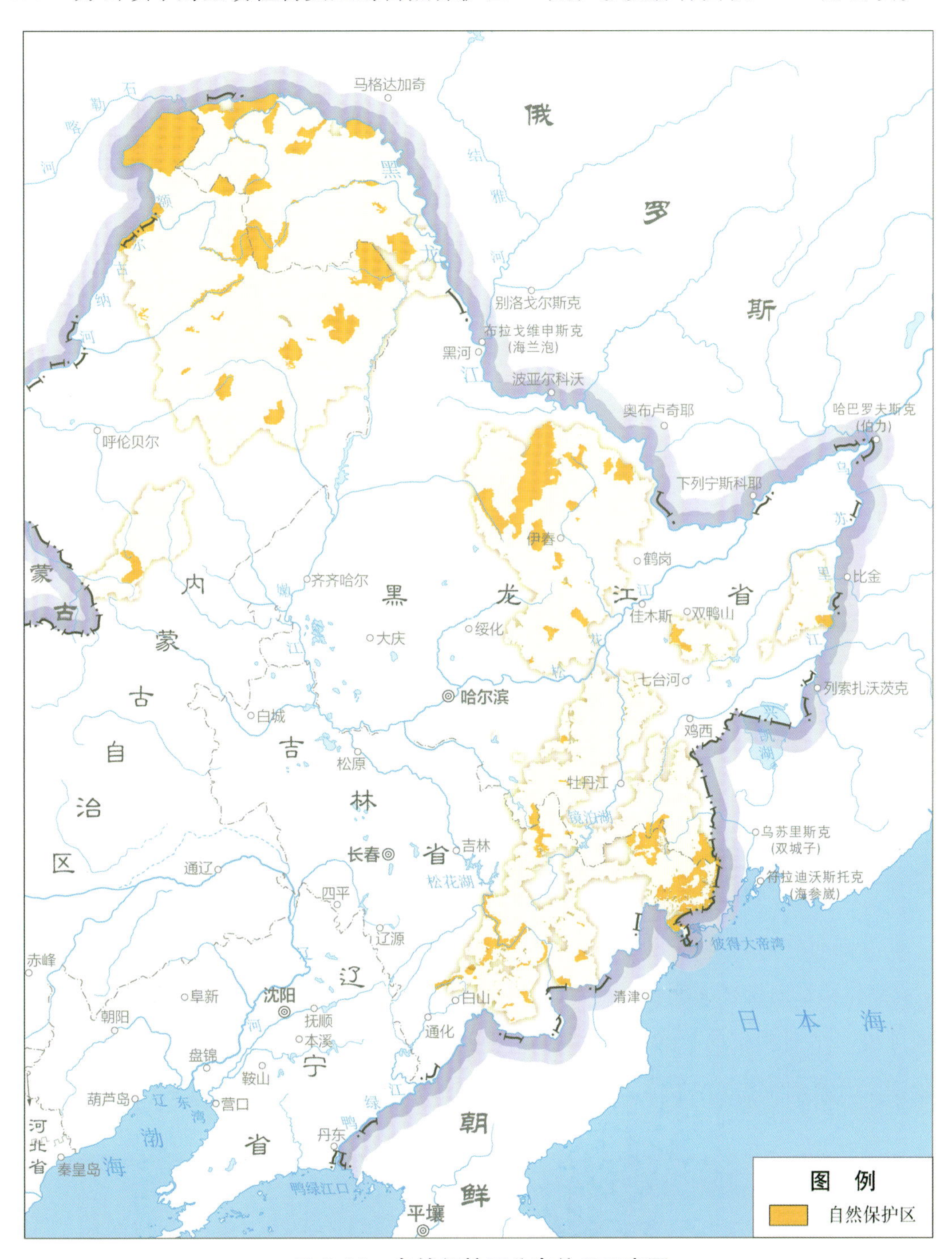

图 2-14　自然保护区分布位置示意图

保护区范围内的森林，以樟子松、红松、云杉、冷杉、长白松、紫杉、钻天柳等重点保护树种和珍贵树种为代表组成的面积 50.17 万公顷。其中，紫椴林最多，面积 12.48 万公顷；其次是云杉林，面积 12.13 万公顷；钻天柳、长白松和紫杉林面积较少，三者合计为 121 公顷。各类型自然保护区涉及的森林面积见表 2-48。

表 2-48　各类型自然保护区涉及的森林面积

处、万公顷

统计单位	级 别	合 计		森林生态系统		湿地生态系统		野生植物		野生动物		地质遗迹	
		数量	森林面积	数量	森林面积	数量	森林面积	数量	森林面积	数量	森林面积	数量	森林面积
合 计	合 计	59	343.76	31	239.12	11	40.86	7	24.90	9	37.94	1	0.94
	国家级	38	196.97	20	132.76	7	21.87	1	3.46	9	37.94	1	0.94
	省 级	21	146.79	11	106.36	4	18.99	6	21.44				
内蒙古重点国有林区	合 计	8	116.60	8	116.60								
	国家级	3	26.84	3	26.84								
	省 级	5	89.76	5	89.76								
吉林省重点国有林区	合 计	15	55.92	7	23.89	1	0.77	2	10.80	4	19.52	1	0.94
	国家级	12	43.83	6	22.60	1	0.77			4	19.52	1	0.94
	省 级	3	12.09	1	1.29			2	10.80				
黑龙江重点国有林区	合 计	24	74.72	7	11.30	9	36.75	3	8.25	5	18.42		
	国家级	15	46.67	3	3.69	6	21.10	1	3.46	5	18.42		
	省 级	9	28.05	4	7.61	3	15.65	2	4.79				
黑龙江大兴安岭重点国有林区	合 计	12	96.52	9	87.33	1	3.34	2	5.85				
	国家级	8	79.63	8	79.63								
	省 级	4	16.89	1	7.70	1	3.34	2	5.85				

重点国有林区自然保护区范围内，国家Ⅰ级重点保护野生植物有紫杉和长白松 2 种，紫杉林和长白松林面积合计约 115 公顷。国家Ⅱ级重点保护树种有水曲柳、黄波罗、紫椴 3 种，水曲柳林面积 3.16 万公顷，黄波罗林面积 0.11 万公顷，紫椴林面积 12.48 万公顷，三者面积合计 15.75 万公顷。

三、森林公园内森林资源状况

重点国有林区内建有森林公园 66 处，面积 230.63 万公顷，其中森林面积 153.61 万公顷。国家级森林公园 46 处，面积 224.41 万公顷，涉及森林面积 147.00 万公顷。

森林公园范围内的森林，以樟子松、红松、云杉、冷杉、水曲柳、黄波罗、紫椴等重点保护树种和珍贵树种为代表组成的面积 47.05 万公顷。冷杉林最多，面积 13.86 万公顷；其次是水曲柳林，面积 10.33 万公顷；樟子松林面积较少，面积 361 公顷。66 处森林公园内有原始林面积 0.65 万公顷。森林公园分布位置见图 2-15。各林区森林公园内的森林面积见表 2-49。

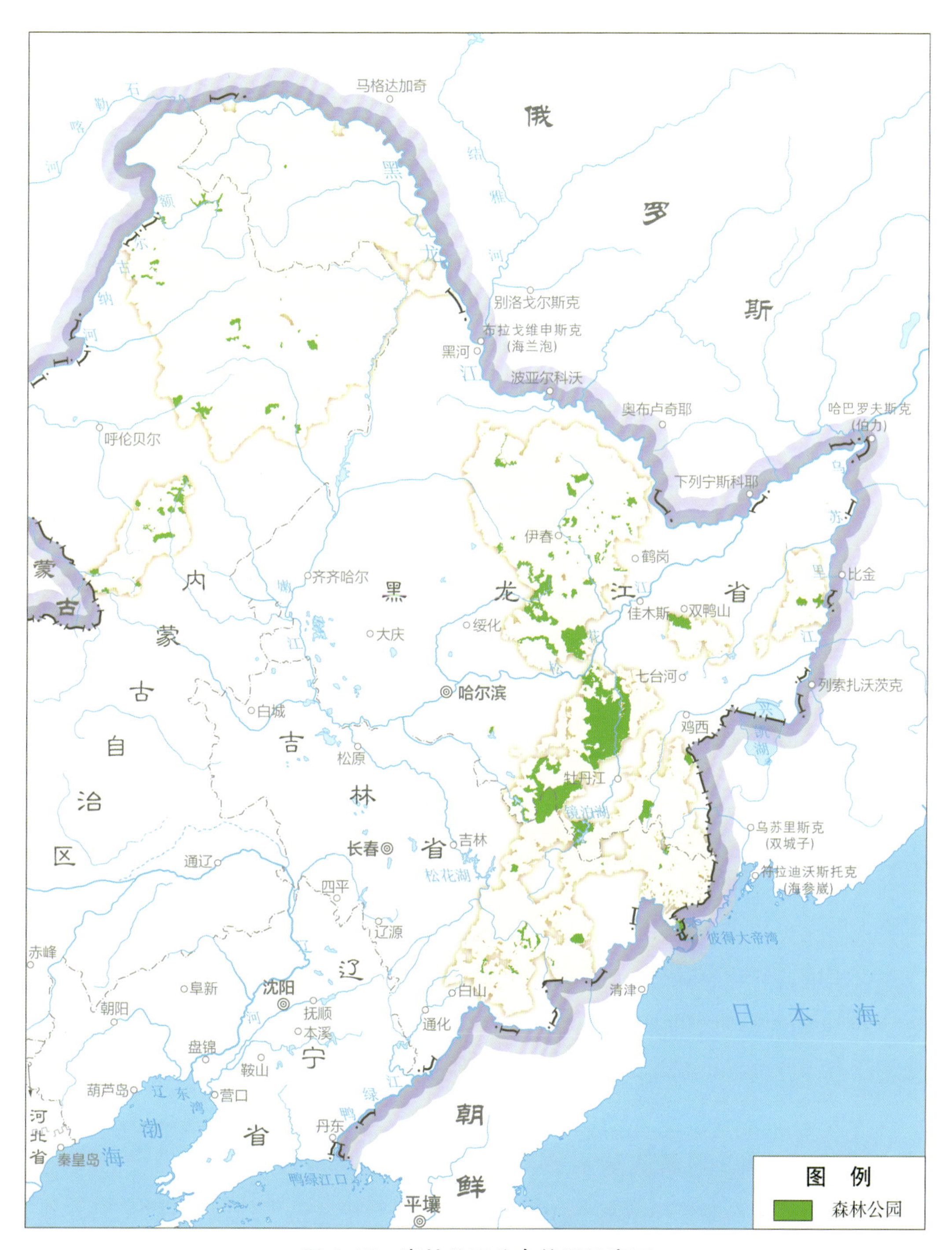

图 2-15　森林公园分布位置示意图

表 2-49　各林区森林公园内的森林面积

处、万公顷

统计单位	合　计		国家级		省　级	
	数量	森林面积	数量	森林面积	数量	森林面积
合　计	66	153.61	46	147.00	20	6.61
内蒙古重点国有林区	9	17.99	9	17.99		
吉林省重点国有林区	13	6.20	10	6.12	3	0.08
黑龙江重点国有林区	41	128.14	25	121.73	16	6.41
黑龙江大兴安岭重点国有林区	3	1.28	2	1.16	1	0.12

第六节　森林资源特点

重点国有林区森林覆盖率高，天然林占优势。近 10 年来，通过严格保护、加大培育经营力度，重点国有林区森林面积稳步增长、森林蓄积快速增加，森林质量提升仍有较大空间。总体呈现以下特点。

一、森林覆盖程度高，可拓展空间有限

重点国有林区森林覆盖程度高，森林覆盖率 80.85%，是全国森林覆盖率 22.96% 的 3.5 倍。林地利用率高，森林面积占林地面积的 87.62%。疏林地、灌木林地、无立木林地、宜林地中适宜人工造林和封山育林的土地只有 253.32 万公顷，可培育森林资源的土地有限。

二、森林蓄积量偏低，林地生产潜力大

乔木林每公顷蓄积小于 50 立方米的面积占 9.55%，50 ～ 90 立方米的面积占 24.17%，90 ～ 130 立方米的面积占 34.96%，130 ～ 170 立方米的面积占 20.53%，170 立方米以上的面积占 10.79%。乔木林每公顷蓄积达到全国天然林平均水平的面积不到 50%，达到世界平均水平的面积不足 1/3，超过 1/3 的中龄林每公顷蓄积不到 90 立方米。林地生产力未得到充分发挥，森林蓄积增长潜力大。

三、天然次生林占绝对优势，原始林消耗殆尽

森林面积中，天然林比例大，占 93.19%。天然林中，次生林面积 2381.30 万公顷、占 94.03%，原始林面积 148.73 万公顷、仅占 5.87%。原始林处于濒危稀有状态，未纳入保护地的原始林还有 34.22 万公顷，保护需求迫切；有 19% 以上的次生林处于初级

演替阶段，需生态修复。重点国有林区的原始林主要分布在大兴安岭地区，内蒙古与黑龙江大兴安岭重点国有林区的原始林面积合计143.15万公顷、占96.25%。

四、落叶松和白桦占优势，珍贵树种比例较低

乔木林面积中，混交林占36.10%，纯林占63.90%，混交林面积比例较小。按优势树种分析，以落叶松和白桦为优势树种的乔木林占比最大，面积1667.56万公顷、占61.35%，蓄积171056.83万立方米、占56.89%。以红松、云杉、水曲柳、胡桃楸、黄波罗、椴树、枫桦等珍贵树种为优势树种的乔木林面积合计为444.77万公顷、占乔木林面积的16.36%，蓄积合计为59802.44万立方米、占乔木林蓄积的19.89%。

五、林木胸径小，森林质量不高

乔木林平均胸径15.4厘米，以中小径阶为主，小径组和中径组林木面积占96.74%，蓄积占94.99%。其中，白桦大径组和特大径组的面积、蓄积占比均不足1%，落叶松大径组和特大径组的面积占比不足3%、蓄积占比不足4%。乔木林每公顷蓄积110.62立方米，不足德国和瑞士的1/3。过密的中幼林面积570.85万公顷、占21.00%，过疏的中龄林和近成过熟林面积205.99万公顷、占7.58%。

第三章
森林资源动态变化

2008—2018 年，10 年间重点国有林区的森林面积、蓄积双增长，乔木林每公顷蓄积提高，森林资源呈现出数量增加、质量提升的良好态势。

第一节　森林面积蓄积变化

森林面积由 2008 年的 2609.23 万公顷增加到 2018 年的 2727.47 万公顷，增加了 118.24 万公顷，年均增加 11.82 万公顷，年均净增率 0.44%。森林蓄积由 2008 年的 235013.34 万立方米增加到 2018 年的 300697.84 万立方米，增加了 65684.50 万立方米，年均增加 6568.45 万立方米，年均净增率 2.45%。其中，天然林面积增加了 154.41 万公顷，年均增加 15.44 万公顷；蓄积增加了 58369.70 万立方米，年均增加 5836.97 万立方米。人工林面积减少 36.17 万公顷，年均减少 3.62 万公顷；蓄积增加了 7314.80 万立方米，年均增加 731.48 万立方米。各林区森林面积蓄积变化见表 3-1。

表 3-1　各林区森林面积蓄积变化

万公顷、万立方米、%

统计单位	项目		本　期	前　期	变化量	年均增量	年均净增率
合　计	森林面积	合　计	2727.47	2609.23	118.24	11.82	0.44
		天然林	2541.64	2387.23	154.41	15.44	0.63
		人工林	185.83	222.00	−36.17	−3.62	−1.78
	森林蓄积	合　计	300697.84	235013.34	65684.50	6568.45	2.45
		天然林	279064.36	220694.66	58369.70	5836.97	2.34
		人工林	21633.48	14318.68	7314.80	731.48	4.07

（续）

统计单位	项目		本期	前期	变化量	年均增量	年均净增率
内蒙古重点国有林区	森林面积	合计	845.62	801.31	44.31	4.43	0.54
		天然林	798.65	759.91	38.74	3.87	0.50
		人工林	46.97	41.40	5.57	0.56	1.27
	森林蓄积	合计	90653.15	68366.52	22286.63	2228.66	2.80
		天然林	85838.85	66338.25	19500.60	1950.06	2.56
		人工林	4814.30	2028.27	2786.03	278.60	8.14
吉林省重点国有林区	森林面积	合计	324.47	313.13	11.34	1.13	0.35
		天然林	289.90	286.37	3.53	0.35	0.12
		人工林	34.57	26.76	7.81	0.78	2.54
	森林蓄积	合计	51379.56	47579.66	3799.90	379.99	0.77
		天然林	46719.30	45194.60	1524.70	152.47	0.33
		人工林	4660.26	2385.06	2275.20	227.52	6.46
黑龙江重点国有林区	森林面积	合计	868.50	838.92	29.58	2.96	0.35
		天然林	782.99	714.16	68.83	6.89	0.92
		人工林	85.51	124.76	−39.25	−3.93	−3.74
	森林蓄积	合计	101147.24	69801.80	31345.44	3134.55	3.67
		天然林	90071.92	60116.85	29955.07	2995.51	3.99
		人工林	11075.32	9684.95	1390.37	139.04	1.34
黑龙江大兴安岭重点国有林区	森林面积	合计	688.88	655.87	33.01	3.30	0.49
		天然林	670.10	626.79	43.31	4.33	0.67
		人工林	18.78	29.08	−10.30	−1.03	−4.30
	森林蓄积	合计	57517.89	49265.36	8252.53	825.25	1.55
		天然林	56434.29	49044.96	7389.33	738.93	1.40
		人工林	1083.60	220.40	863.20	86.32	13.24

第二节　森林结构变化

一、林种结构变化

重点国有林区生态保护意识显著提高。森林面积中，公益林与商品林面积之比由2008年的56∶44调整到2018年的67∶33。其中，防护林面积增加206.61万公顷，比例由42.76%增加到48.48%；特用林面积增加147.99万公顷，比例由13.65%增加到18.48%；用材林面积减少236.12万公顷，比例由43.57%下降到33.03%。各林区林种面积蓄积变化见表3-2。

表 3-2 各林区林种面积蓄积变化

万公顷、万立方米、%

统计单位	项目		本期		前期		变化量	
			数量	比例	数量	比例	数量	比例
合计	森林面积	合计	2727.47	100.00	2609.23	100.00	118.24	0.00
		防护林	1322.32	48.48	1115.71	42.76	206.61	5.72
		特用林	504.06	18.48	356.07	13.65	147.99	4.83
		用材林	900.89	33.03	1137.01	43.57	−236.12	−10.54
		薪炭林			0.04		−0.04	
		经济林	0.20	0.01	0.40	0.02	−0.20	−0.01
	森林蓄积	合计	300697.84	100.00	235013.34	100.00	65684.50	0.00
		防护林	140649.45	46.77	94914.45	40.39	45735.00	6.38
		特用林	62328.87	20.73	33395.11	14.21	28933.76	6.52
		用材林	97719.44	32.50	106697.76	45.40	−8978.32	−12.90
		薪炭林			0.28		−0.28	
		经济林	0.08		5.74		−5.66	
内蒙古重点国有林区	森林面积	合计	845.62	100.00	801.31	100.00	44.31	0.00
		防护林	443.99	52.50	462.68	57.74	−18.69	−5.24
		特用林	159.43	18.86	122.89	15.34	36.54	3.52
		用材林	242.20	28.64	215.74	26.92	26.46	1.72
	森林蓄积	合计	90653.15	100.00	68366.52	100.00	22286.63	0.00
		防护林	44429.89	49.01	38759.52	56.69	5670.37	−7.68
		特用林	20123.73	22.20	12107.90	17.71	8015.83	4.49
		用材林	26099.53	28.79	17499.10	25.60	8600.43	3.19
吉林省重点国有林区	森林面积	合计	324.47	100.00	313.13	100.00	11.34	0.00
		防护林	97.49	30.05	84.44	26.97	13.05	3.08
		特用林	81.85	25.22	18.18	5.80	63.67	19.42
		用材林	144.93	44.67	210.29	67.16	−65.36	−22.49
		经济林	0.20	0.06	0.22	0.07	−0.02	−0.01
	森林蓄积	合计	51379.56	100.00	47579.66	100.00	3799.90	0.00
		防护林	15276.40	29.73	13201.22	27.74	2075.18	1.99
		特用林	13124.96	25.55	2433.97	5.12	10690.99	20.43
		用材林	22978.20	44.72	31944.47	67.14	−8966.27	−22.42

（续）

统计单位	项目		本期		前期		变化量	
			数量	比例	数量	比例	数量	比例
黑龙江重点国有林区	森林面积	合计	868.50	100.00	838.92	100.00	29.58	0.00
		防护林	462.56	53.26	164.65	19.63	297.91	33.63
		特用林	215.83	24.85	118.52	14.13	97.31	10.72
		用材林	190.11	21.89	555.53	66.22	−365.42	−44.33
		薪炭林			0.04		−0.04	
		经济林			0.18	0.02	−0.18	−0.02
	森林蓄积	合计	101147.24	100.00	69801.80	100.00	31345.44	0.00
		防护林	53983.67	53.37	13309.26	19.07	40674.41	34.30
		特用林	24923.18	24.64	10577.34	15.15	14345.84	9.49
		用材林	22240.31	21.99	45909.18	65.77	−23668.87	−43.78
		薪炭林			0.28		−0.28	
		经济林	0.08		5.74	0.01	−5.66	−0.01
黑龙江大兴安岭重点国有林区	森林面积	合计	688.88	100.00	655.87	100.00	33.01	0.00
		防护林	318.28	46.20	403.94	61.59	−85.66	−15.39
		特用林	46.95	6.82	96.48	14.71	−49.53	−7.89
		用材林	323.65	46.98	155.45	23.70	168.20	23.28
	森林蓄积	合计	57517.89	100.00	49265.36	100.00	8252.53	0.00
		防护林	26959.49	46.87	29644.45	60.17	−2684.96	−13.30
		特用林	4157.00	7.23	8275.90	16.80	−4118.90	−9.57
		用材林	26401.40	45.90	11345.01	23.03	15056.39	22.87

二、龄组结构变化

乔木林中，中幼林面积由 2008 年的 1860.96 万公顷减少到 2018 年的 1858.27 万公顷，比例由 71.37% 减少到 68.36%，近成过熟林面积由 746.34 万公顷增加到 859.91 万公顷，比例由 28.63% 增加到 31.64%，中幼林与近成过熟林的面积之比由 71：29 变为 68：32。各林区乔木林分龄组面积蓄积变化见表 3-3。

表 3-3　各林区乔木林分龄组面积蓄积变化

万公顷、万立方米、%

统计单位	项　目		本　期		前　期		变化量	
			数　量	比　例	数　量	比　例	数　量	比　例
合　计	乔木林面积	合　计	2718.18	100.00	2607.30	100.00	110.88	0.00
		幼龄林	329.74	12.13	586.93	22.51	−257.19	−10.38
		中龄林	1528.53	56.23	1274.03	48.86	254.50	7.37
		近熟林	518.62	19.08	358.37	13.75	160.25	5.33
		成熟林	285.67	10.51	305.59	11.72	−19.92	−1.21
		过熟林	55.62	2.05	82.38	3.16	−26.76	−1.11
	乔木林蓄积	合　计	300697.84	100.00	235013.34	100.00	65684.50	0.00
		幼龄林	18924.51	6.29	29070.22	12.37	−10145.71	−6.08
		中龄林	164968.85	54.86	111607.12	47.49	53361.73	7.37
		近熟林	68940.99	22.93	41743.84	17.76	27197.15	5.17
		成熟林	39364.36	13.09	40164.08	17.09	−799.72	−4.00
		过熟林	8499.13	2.83	12428.08	5.29	−3928.95	−2.46
内蒙古重点国有林区	乔木林面积	合　计	836.59	100.00	799.60	100.00	36.99	0.00
		幼龄林	62.90	7.52	86.16	10.77	−23.26	−3.25
		中龄林	459.86	54.97	416.84	52.13	43.02	2.84
		近熟林	154.85	18.51	104.31	13.05	50.54	5.46
		成熟林	125.40	14.99	146.11	18.27	−20.71	−3.28
		过熟林	33.58	4.01	46.18	5.78	−12.60	−1.77
	乔木林蓄积	合　计	90653.15	100.00	68366.52	100.00	22286.63	0.00
		幼龄林	2772.99	3.06	2748.37	4.02	24.62	−0.96
		中龄林	48937.96	53.98	34009.62	49.75	14928.34	4.23
		近熟林	18143.79	20.02	9944.19	14.54	8199.60	5.48
		成熟林	16017.82	17.67	16305.35	23.85	−287.53	−6.18
		过熟林	4780.59	5.27	5358.99	7.84	−578.40	−2.57
吉林省重点国有林区	乔木林面积	合　计	324.21	100.00	312.91	100.00	11.30	0.00
		幼龄林	21.76	6.71	50.90	16.27	−29.14	−9.56
		中龄林	84.27	25.99	76.50	24.45	7.77	1.54
		近熟林	135.38	41.76	83.00	26.52	52.38	15.24
		成熟林	71.03	21.91	78.07	24.95	−7.04	−3.04
		过熟林	11.77	3.63	24.44	7.81	−12.67	−4.18

（续）

统计单位	项目		本期		前期		变化量	
			数量	比例	数量	比例	数量	比例
吉林省重点国有林区	乔木林蓄积	合计	51379.56	100.00	47579.66	100.00	3799.90	0.00
		幼龄林	1736.57	3.38	3350.75	7.04	−1614.18	−3.66
		中龄林	12163.33	23.68	9303.71	19.56	2859.62	4.12
		近熟林	22443.90	43.68	13828.50	29.06	8615.40	14.62
		成熟林	12707.80	24.73	15324.18	32.21	−2616.38	−7.48
		过熟林	2327.96	4.53	5772.52	12.13	−3444.56	−7.60
黑龙江重点国有林区	乔木林面积	合计	868.50	100.00	838.92	100.00	29.58	0.00
		幼龄林	113.27	13.04	284.92	33.97	−171.65	−20.93
		中龄林	576.45	66.37	416.46	49.64	159.99	16.73
		近熟林	147.96	17.04	108.31	12.91	39.65	4.13
		成熟林	28.20	3.25	27.03	3.22	1.17	0.03
		过熟林	2.62	0.30	2.20	0.26	0.42	0.04
	乔木林蓄积	合计	101147.24	100.00	69801.80	100.00	31345.44	0.00
		幼龄林	8610.99	8.52	17048.15	24.42	−8437.16	−15.90
		中龄林	67384.57	66.62	36238.49	51.92	31146.08	14.70
		近熟林	20444.51	20.21	12395.06	17.76	8049.45	2.45
		成熟林	4170.07	4.12	3663.43	5.25	506.64	−1.13
		过熟林	537.10	0.53	456.67	0.65	80.43	−0.12
黑龙江大兴安岭重点国有林区	乔木林面积	合计	688.88	100.00	655.87	100.00	33.01	0.00
		幼龄林	131.81	19.13	164.95	25.15	−33.14	−6.02
		中龄林	407.95	59.22	364.23	55.53	43.72	3.69
		近熟林	80.43	11.68	62.75	9.57	17.68	2.11
		成熟林	61.04	8.86	54.38	8.29	6.66	0.57
		过熟林	7.65	1.11	9.56	1.46	−1.91	−0.35
	乔木林蓄积	合计	57517.89	100.00	49265.36	100.00	8252.53	0.00
		幼龄林	5803.96	10.09	5922.95	12.02	−118.99	−1.93
		中龄林	36482.99	63.43	32055.30	65.07	4427.69	−1.64
		近熟林	7908.79	13.75	5576.09	11.32	2332.70	2.43
		成熟林	6468.67	11.25	4871.12	9.89	1597.55	1.36
		过熟林	853.48	1.48	839.90	1.70	13.58	−0.22

三、树种结构变化

乔木林中，混交林面积比例由2008年的50.59%增加到2018年的58.68%，提高了8.09个百分点，纯林与混交林的面积之比由49：51变为41：59。内蒙古重点国有林区的混交林面积比例增加较多，由2008年的22.94%提高到2018年的37.70%，提高了14.76个百分点。各林区纯林与混交林面积比例变化见表3-4。

表3-4 各林区纯林与混交林面积比例变化

%

统计单位	项目	本期	前期	变化量
合计	纯林	41.32	49.41	-8.09
	混交林	58.68	50.59	8.09
内蒙古重点国有林区	纯林	62.30	77.06	-14.76
	混交林	37.70	22.94	14.76
吉林省重点国有林区	纯林	19.48	26.40	-6.92
	混交林	80.52	73.60	6.92
黑龙江重点国有林区	纯林	20.25	24.98	-4.73
	混交林	79.75	75.02	4.73
黑龙江大兴安岭重点国有林区	纯林	52.66	57.92	-5.26
	混交林	47.34	42.08	5.26

珍贵树种面积增加，红松林面积增加了21.21万公顷，椴树林面积增加了99.43万公顷，水曲柳林、胡桃楸林、黄波罗林的面积共增加121.21万公顷。

第三节 森林质量变化

乔木林每公顷蓄积由2008年的90.14立方米增加到2018年的110.62立方米，增加了20.48立方米。平均郁闭度增加0.03，增至0.63。平均胸径增加2.4厘米，增至15.4厘米。每公顷株数1069株，减少52株。各林区森林质量变化见表3-5。

表 3-5 各林区森林质量变化

统计单位	单位面积蓄积（立方米/公顷）			单位面积株数（株/公顷）			平均郁闭度			平均胸径（厘米）		
	本期	前期	变化量	本期	前期	变化量	本期	前期	变化量	本期	前期	变化量
合 计	110.62	90.14	20.48	1069	1121	−52	0.63	0.60	0.03	15.4	13.0	2.4
内蒙古重点国有林区	108.36	85.50	22.86	1111	1094	17	0.66	0.62	0.04	15.4	13.7	1.7
吉林省重点国有林区	158.48	152.06	6.42	827	1108	−281	0.67	0.77	−0.10	19.8	15.8	4.0
黑龙江重点国有林区	116.46	83.20	33.26	982	1098	−116	0.62	0.60	0.02	16.1	13.6	2.5
黑龙江大兴安岭重点国有林区	83.49	75.11	8.38	1241	1177	64	0.58	0.51	0.07	12.3	11.5	0.8

第四章
森林资源经营潜力分析

第一节　林地质量等级评价

根据与森林植被生长密切相关的地形特征、土壤等自然环境因素，选取林地土层厚度、土壤类型、坡度、坡向、坡位等5项因子，采用层次分析法，对林地质量进行综合评定（评定方法见附件）。

重点国有林区林地面积3112.97万公顷中，质量好的面积546.94万公顷、占17.57%，质量中等的面积2030.15万公顷、占65.22%，质量差的面积535.88万公顷、占17.21%。林地质量等级分布见图4-1。总体上看，吉林省重点国有林区林地质量相对较好，质量中等以上的林地面积比例较大，为89.55%；黑龙江重点国有林区林地质量相对较差，质量差的林地面积比例较大，为25.65%，质量好的林地仅占14.60%。各林区林地质量等级面积构成见表4-1。

表4-1　各林区林地质量等级面积构成

万公顷、%

统计单位	林地面积	林地质量等级					
		好		中		差	
		面积	比例	面积	比例	面积	比例
合　计	3112.97	546.94	17.57	2030.15	65.22	535.88	17.21
内蒙古重点国有林区	976.99	170.60	17.46	677.10	69.30	129.29	13.24
吉林省重点国有林区	340.68	99.40	29.18	205.66	60.37	35.62	10.45
黑龙江重点国有林区	1004.70	146.74	14.60	600.27	59.75	257.69	25.65
黑龙江大兴安岭重点国有林区	790.60	130.20	16.47	547.12	69.20	113.28	14.33

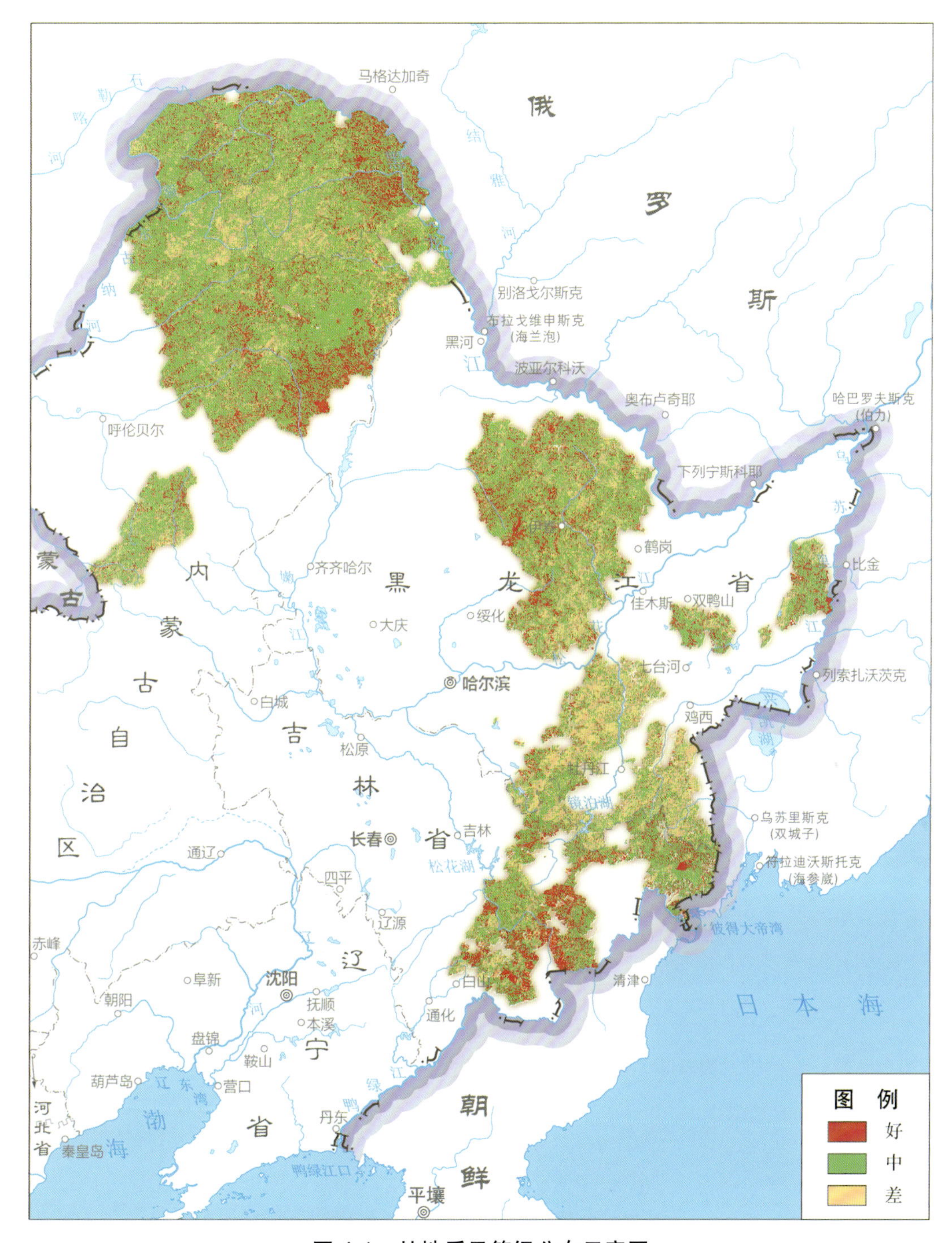

图 4-1　林地质量等级分布示意图

森林面积2727.47万公顷中，林地质量好的面积441.47万公顷、占16.19%，质量中等的面积1823.53万公顷、占66.86%，质量差的面积462.47万公顷、占16.95%。各林区森林面积按林地质量等级划分见表4-2。

表4-2 各林区森林面积按林地质量等级划分

万公顷、%

统计单位	森林面积	林地质量等级					
		好		中		差	
		面积	比例	面积	比例	面积	比例
合　计	2727.47	441.47	16.19	1823.53	66.86	462.47	16.95
内蒙古重点国有林区	845.62	131.44	15.55	609.90	72.12	104.28	12.33
吉林省重点国有林区	324.47	91.96	28.34	200.76	61.87	31.75	9.79
黑龙江重点国有林区	868.50	100.06	11.52	531.72	61.22	236.72	27.26
黑龙江大兴安岭重点国有林区	688.88	118.01	17.13	481.15	69.85	89.72	13.02

第二节　森林经营潜力分析

森林经营潜力特指现实林地生产力与林地生产潜力之间的差距，通常用乔木林单位面积蓄积与林地生产潜力的差值来表示。林地生产潜力，特指生长在一定的地形特征和土壤等自然环境因素组合下的乔木林可能达到的单位面积蓄积。综合考虑林地质量等级以及现实乔木林生长状况，分别林地质量等级确定林地生产潜力。重点国有林区林地质量等级为好的森林经营潜力较大，其潜力为117立方米/公顷；质量等级为中等的森林经营潜力为70立方米/公顷；质量等级为差的森林经营潜力较小，其潜力为36立方米/公顷。各林区不同林地质量等级森林经营潜力见表4-3。

表4-3 各林区不同林地质量等级森林经营潜力

立方米/公顷

统计单位	林地质量等级	林地生产潜力	现实乔木林生产力	森林经营潜力
合　计	合　计	180	111	69
	好	225	108	117
	中	180	110	70
	差	150	114	36

（续）

统计单位	林地质量等级	林地生产潜力	现实乔木林生产力	森林经营潜力
内蒙古重点国有林区	合　计	180	108	72
	好	220	104	116
	中	180	109	71
	差	140	108	32
吉林省重点国有林区	合　计	225	158	67
	好	260	154	106
	中	220	160	60
	差	180	163	17
黑龙江重点国有林区	合　计	195	116	79
	好	240	107	133
	中	200	117	83
	差	160	120	40
黑龙江大兴安岭重点国有林区	合　计	140	83	57
	好	180	76	104
	中	140	84	56
	差	100	90	10

目前，重点国有林区现实乔木林每公顷蓄积达到林地生产潜力80%以上、潜力小的面积564.13万公顷、占20.75%，现实乔木林每公顷蓄积达到林地生产潜力50%～80%、潜力中等的面积1315.82万公顷、占48.41%，现实乔木林每公顷蓄积不足林地生产潜力50%、潜力大的面积838.23万公顷、占30.84%。各林区乔木林分森林经营潜力等级面积见表4-4。

表4-4　各林区乔木林分森林经营潜力等级面积

万公顷、%

统计单位	乔木林面积	森林经营潜力					
		大		中		小	
		面积	比例	面积	比例	面积	比例
合　计	2718.18	838.23	30.84	1315.82	48.41	564.13	20.75
内蒙古重点国有林区	836.59	268.60	32.11	397.94	47.57	170.05	20.32
吉林省重点国有林区	324.21	47.45	14.64	174.04	53.68	102.72	31.68
黑龙江重点国有林区	868.50	296.38	34.13	422.67	48.67	149.45	17.20
黑龙江大兴安岭重点国有林区	688.88	225.80	32.78	321.17	46.62	141.91	20.60

重点国有林区乔木林每公顷蓄积为 110.62 立方米，相当于林地生产潜力平均水平 180 立方米 / 公顷的 61%。如果对现有乔木林，加强森林经营，促进林木生长，使每公顷蓄积达到或接近重点国有林区林地生产潜力的水平，可增加森林蓄积 20 亿立方米左右，森林资源增长的潜力巨大。

第三节　森林经营重点分析

根据重点国有林区的林地利用现状，针对森林资源不同的保护状况和林木生长状况，按照分区施策、分类经营的原则，实施营造林、森林抚育、生态修复等措施，恢复森林植被，调整森林结构，提高森林质量，充分发挥林地生产潜力，逐步建立健康稳定的森林生态系统。

一、营造林

疏林地、一般灌木林地、无立木林地、宜林地等地类中，适宜人工造林和封山育林的面积为 253.32 万公顷。其中，林地质量好的面积 67.97 万公顷、占 26.83%，林地质量中等的面积 151.11 万公顷、占 59.65%，林地质量差的面积 34.24 万公顷、占 13.52%。

可优先安排林地质量好的开展人工造林，对质量中等和差的林地，可实施封山育林，恢复森林植被。各林区适宜造林的各林地质量等级面积见表 4-5。适宜造林地质量等级分布见图 4-2。

表 4-5　各林区适宜造林的各林地质量等级面积

万公顷、%

统计单位	合　计	林地质量等级					
		好		中		差	
		面积	比例	面积	比例	面积	比例
合　计	253.32	67.97	26.83	151.11	59.65	34.24	13.52
内蒙古重点国有林区	23.56	4.63	19.65	14.84	62.99	4.09	17.36
吉林省重点国有林区	8.57	4.72	55.08	2.68	31.27	1.17	13.65
黑龙江重点国有林区	122.06	46.45	38.05	67.68	55.45	7.93	6.50
黑龙江大兴安岭重点国有林区	99.13	12.17	12.28	65.91	66.49	21.05	21.23

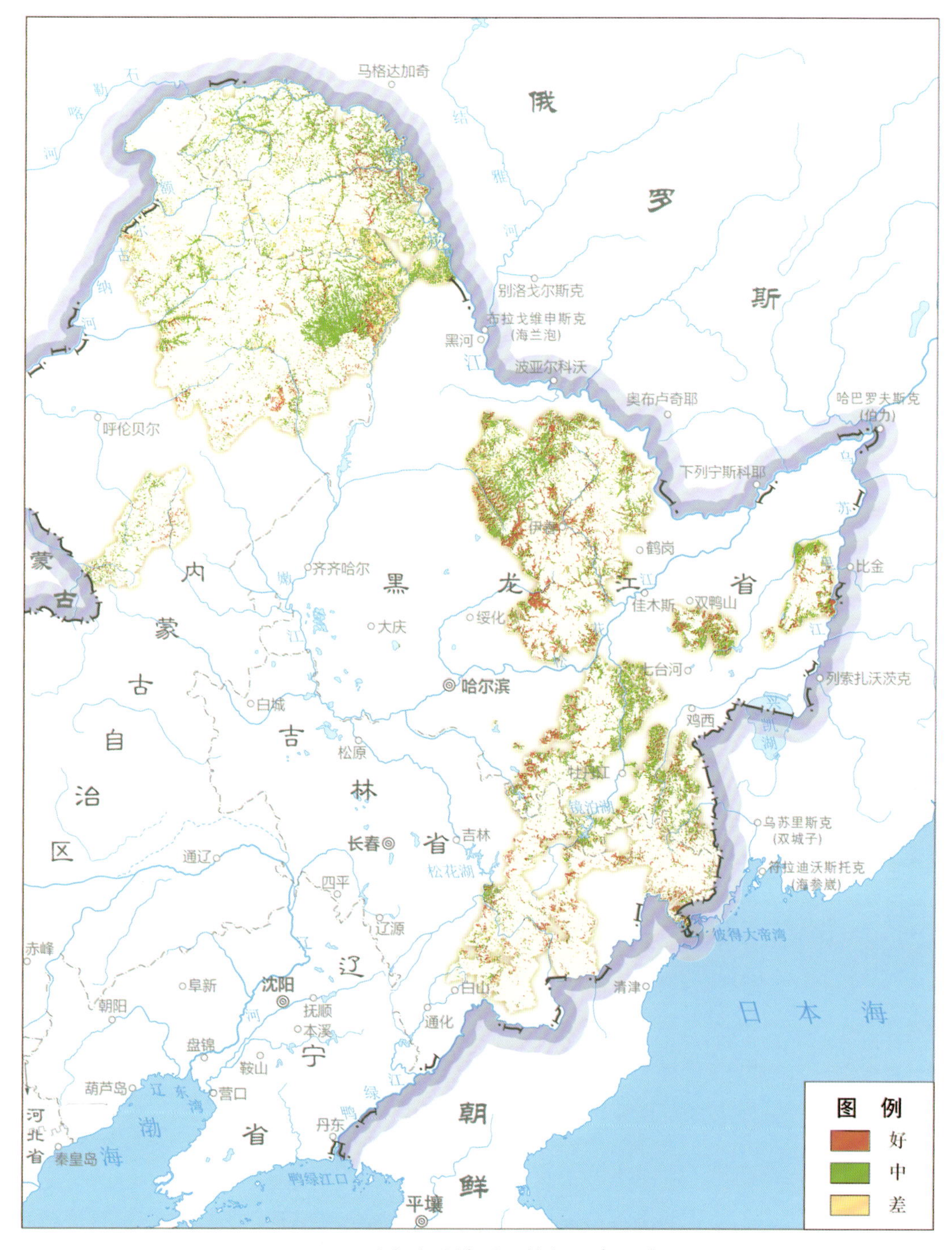

图 4-2 适宜造林地质量等级分布示意图

二、森林抚育

对过密[①]的中幼林宜实施抚育间伐，对天然更新不良、林分稀疏的幼龄林宜采取补植等措施，改善林分状况，促进林木生长。乔木林中，过密的中幼林面积570.85万公顷，其中林地质量好、经营潜力中等以上的面积76.03万公顷、占13.32%。天然更新不良、林分稀疏的幼龄林面积55.77万公顷，其中林地质量好、经营潜力中等以上的面积15.57万公顷、占27.92%。上述两项宜抚育森林面积合计626.62万公顷、占乔木林面积的23.05%。宜抚育森林面积按林地质量等级和经营潜力统计见表4-6，宜抚育森林经营潜力等级分布见图4-3。

表4-6　宜抚育森林面积按林地质量等级和经营潜力统计

万公顷、%

统计单位	林地质量等级	合计		森林经营潜力					
				大		中		小	
		面积	比例	面积	比例	面积	比例	面积	比例
合　计	合计	626.62	100.00	200.89	32.06	302.12	48.21	123.61	19.73
	好	106.29	16.96	47.22	23.51	44.38	14.69	14.69	11.88
	中	408.44	65.18	127.99	63.71	204.06	67.54	76.39	61.80
	差	111.89	17.86	25.68	12.78	53.68	17.77	32.53	26.32
内蒙古重点国有林区	合计	258.38	100.00	82.96	32.11	132.25	51.18	43.17	16.71
	好	47.62	18.43	19.33	23.30	21.49	16.25	6.80	15.75
	中	185.47	71.78	57.50	69.31	97.65	73.84	30.32	70.23
	差	25.29	9.79	6.13	7.39	13.11	9.91	6.05	14.02
吉林省重点国有林区	合计	67.18	100.00	17.13	25.50	36.10	53.74	13.95	20.76
	好	19.49	29.01	6.46	37.71	10.13	28.06	2.90	20.79
	中	41.25	61.40	9.35	54.58	22.94	63.55	8.96	64.23
	差	6.44	9.59	1.32	7.71	3.03	8.39	2.09	14.98
黑龙江重点国有林区	合计	229.67	100.00	64.92	28.27	112.23	48.87	52.52	22.86
	好	23.33	10.16	11.23	17.30	8.76	7.81	3.34	6.36
	中	132.92	57.87	37.59	57.90	67.87	60.47	27.46	52.28
	差	73.42	31.97	16.10	24.80	35.60	31.72	21.72	41.36
黑龙江大兴安岭重点国有林区	合计	71.39	100.00	35.88	50.26	21.54	30.17	13.97	19.57
	好	15.85	22.20	10.20	28.43	4.00	18.57	1.65	11.81
	中	48.80	68.36	23.55	65.64	15.60	72.42	9.65	69.08
	差	6.74	9.44	2.13	5.93	1.94	9.01	2.67	19.11

①参照《森林采伐作业规程》(LY/T 1646—2005)和《森林抚育规程》(GB/T 15781—2015)，对郁闭度0.7以上的天然中幼林和郁闭度在0.8以上的人工中幼林统计为过密林分，对郁闭度0.2～0.4的中龄林和近成过熟林统计为过疏林。

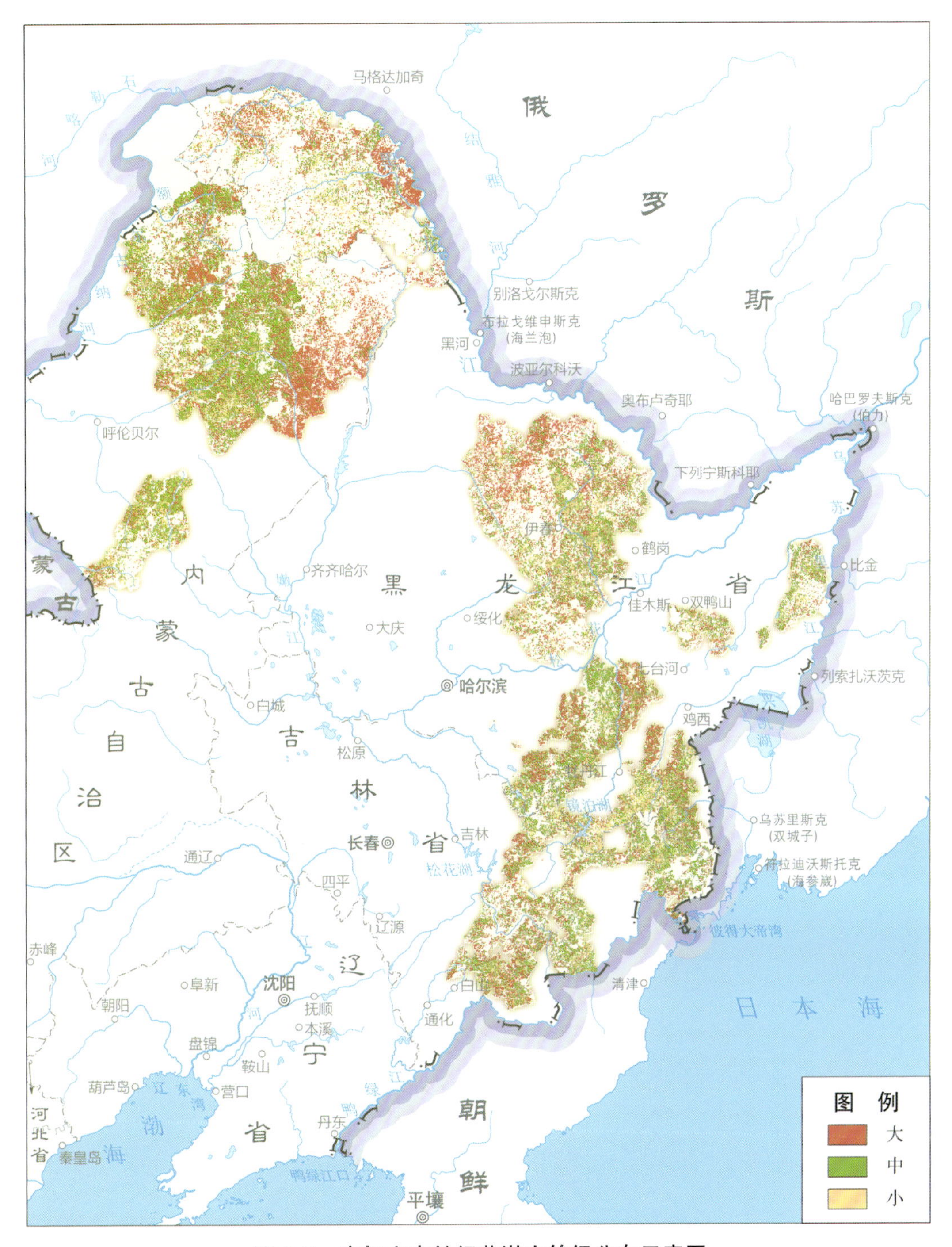

图 4-3 宜抚育森林经营潜力等级分布示意图

三、生态修复

对过疏的中龄林、近成过熟林以及部分林相残败的退化次生林，进行生态修复，宜采取林冠下造林、更换树种等人工干预措施，改善林分结构和生境，提高林分质量，恢复和提升生态功能。

乔木林中，过疏的中龄林、近成过熟林以及林相残败的退化次生林面积 666.65 万公顷，其中林地质量好、经营潜力中等以上的面积 107.34 万公顷、占 16.10%。宜生态修复面积按林地质量等级和经营潜力统计见表 4-7。宜生态修复森林经营潜力等级分布见图 4-4。

表 4-7　宜生态修复面积按林地质量等级和经营潜力统计

万公顷、%

统计单位	林地质量等级	生态修复		森林经营潜力					
				大		中		小	
		面积	比例	面积	比例	面积	比例	面积	比例
合　计	合计	666.65	100.00	292.96	43.95	300.02	45.00	73.67	11.05
	好	112.98	16.95	71.07	62.90	36.27	32.10	5.64	5.00
	中	456.29	68.45	193.98	42.51	216.53	47.45	45.78	10.04
	差	97.38	14.60	27.91	28.66	47.22	48.49	22.25	22.85
内蒙古重点国有林区	合计	126.71	100.00	67.41	53.20	50.44	39.81	8.86	6.99
	好	21.84	17.24	15.19	69.55	5.89	26.97	0.76	3.48
	中	89.93	70.97	45.86	51.00	37.95	42.20	6.12	6.80
	差	14.94	11.79	6.36	42.57	6.60	44.18	1.98	13.25
吉林省重点国有林区	合计	20.87	100.00	6.24	29.90	11.51	55.15	3.12	14.95
	好	8.41	40.30	3.51	41.74	4.18	49.70	0.72	8.56
	中	10.91	52.28	2.44	22.36	6.53	59.85	1.94	17.79
	差	1.55	7.42	0.29	18.71	0.80	51.61	0.46	29.68
黑龙江重点国有林区	合计	233.85	100.00	110.45	47.23	102.43	43.80	20.97	8.97
	好	36.17	15.47	24.32	67.24	10.52	29.08	1.33	3.68
	中	154.82	66.20	73.61	47.55	69.48	44.88	11.73	7.57
	差	42.86	18.33	12.52	29.21	22.43	52.33	7.91	18.46
黑龙江大兴安岭重点国有林区	合计	285.22	100.00	108.86	38.17	135.64	47.56	40.72	14.27
	好	46.56	16.32	28.05	60.24	15.68	33.68	2.83	6.08
	中	200.63	70.34	72.07	35.92	102.57	51.12	25.99	12.96
	差	38.03	13.34	8.74	22.98	17.39	45.73	11.90	31.29

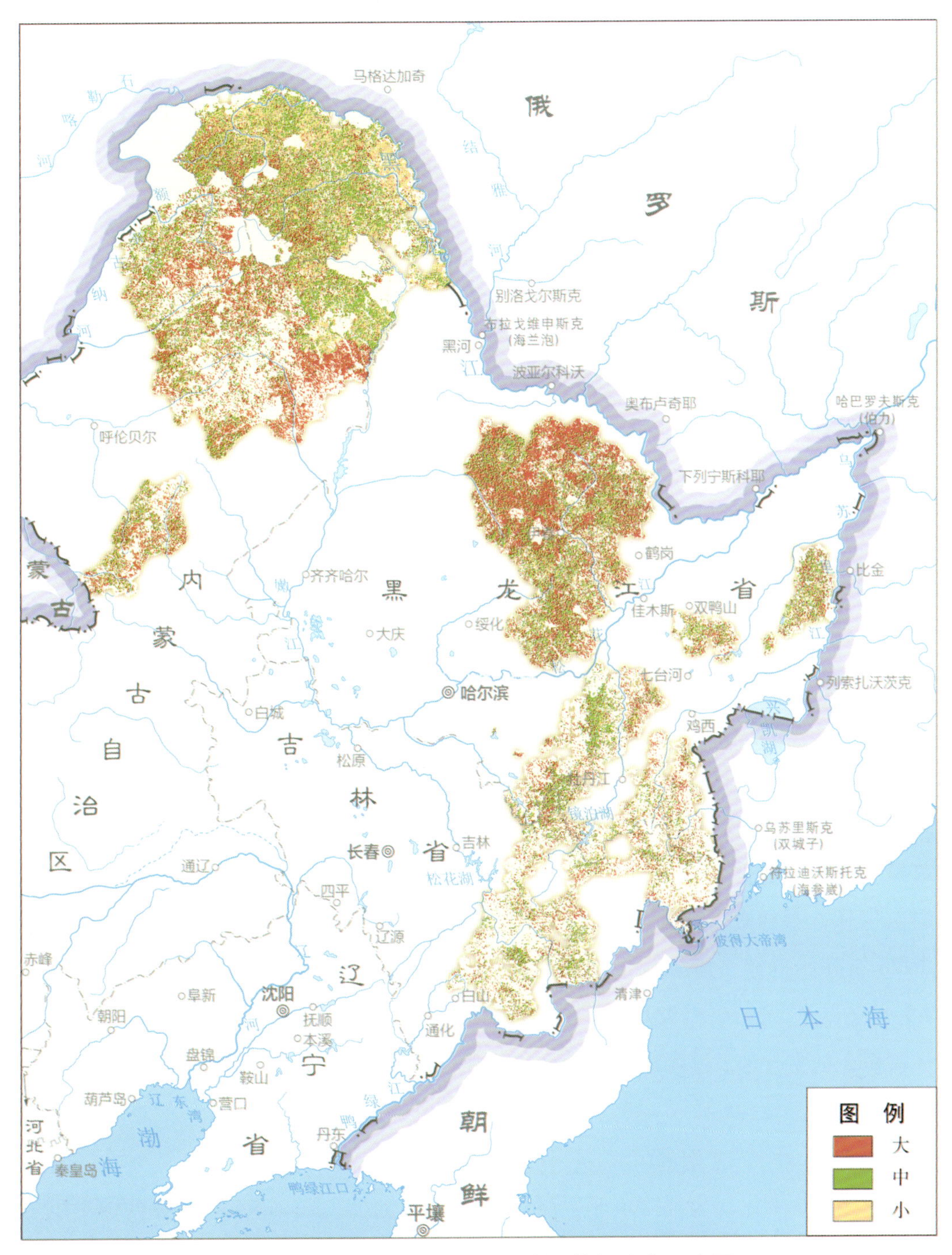

图 4-4　宜生态修复森林经营潜力等级分布示意图

第五章
森林资源发展趋势分析

第一节　森林资源发展历程

中华人民共和国成立后，重点国有林区森林资源发展大致可划分为三个时期，20世纪50年代至70年代末为木材开发利用期，80年代初至90年代末为“两危”过度生产期，90年代末至今为天然林保护修复期。

一、木材开发利用期

为了满足国民经济建设对木材的需求，从1952年开始，我国先后开发建设了大兴安岭西坡、小兴安岭、长白山、完达山等国有林区，20世纪60年代中期又开发了大兴安岭东北坡林区。至70年代末，重点国有林区累计生产木材超过5亿立方米，占全国木材产量的50%，为国民经济建设作出了巨大贡献。这一时期，集中大面积皆伐导致原始林逐步转变为次生林。大兴安岭以落叶松为主的原始林逐步演替为以白桦为主的次生林，森林资源质量下降。吉林省重点国有林区由于集中过量采伐，森林资源从1976年开始持续下降，到1980年有林地面积减少14.76万公顷，活立木蓄积减少499.9万立方米。1976—1981年黑龙江重点国有林区森林面积减少近80万公顷，消耗森林蓄积2亿立方米。过度集中式大面积皆伐，导致重点国有林区可利用资源面临枯竭。

二、“两危”生产过度期

20世纪80年代，为维持企业生存和完成木材生产任务，重点国有林区仍然以木材生产为主，一些森工企业靠摘“山帽”、采“保留带”和“边号”维持生产，甚至对地势条件较好、交通运输便利区域森林重复多次采伐、在中龄林内主伐，森林可采资源枯竭问题进一步恶化。到80年代中后期，重点国有林区陷入森林资源危机，木材产量连年减少，企业亏损严重，导致经济危困，林区陷入“两危”境地。90年代后期，迫于生产生活需要，继续实施采伐，甚至“拔大毛”过度采伐中幼林，并出现了大面积开垦林地的现象，重点国有林区的乔木林每公顷蓄积由80年代末的100多立方米降到85立方米，森林质量进一步下降。

三、天然林保护修复期

1998年启动了天然林资源保护工程，21世纪初实施了公益林建设，实行分类经营、分区管理，大幅调减木材产量，逐步停止木材商业性采伐，由以木材生产为主转向以生态修复和建设为主，由利用森林获取经济利益为主转向保护森林提供生态服务为主，森林资源过度采伐势头得到遏制，森林资源数量增加，质量回升。乔木林每公顷蓄积量，由实施天保工程之初的85.09立方米，提高到110.62立方米，森林资源保护和恢复取得巨大成就。

第二节　森林资源综合评价

实施天然林资源保护工程以后，特别是党的十八大以来，有效实施生态保护修复措施，逐步停止木材商业性采伐，不断加大森林经营力度，森林资源得以恢复，森林数量、质量不断提高，生态功能逐步增强，步入了良性发展阶段。

一、森林面积稳步增长，天然林资源逐渐恢复

1998—2008年，森林面积增加115.96万公顷，2008—2018年，森林面积再增加118.24万公顷，呈现稳步增长态势。特别是，天然林面积在上一个10年增加127.21万公顷的基础上，近10年又增加154.41万公顷。其中，黑龙江重点国有林区近10年天然林面积增加68.83万公顷，占整个重点国有林区天然林面积净增量的45%。天然林资源保护取得阶段性成果。

二、森林蓄积快速增加，森林质量不断提高

1998—2008年，森林蓄积增加2.29亿立方米，增幅10.72%；2008—2018年，森林蓄积再增加6.57亿立方米，增幅达27.95%，呈现快速增加态势。特别是，天然林蓄积在上一个10年增加1.78亿立方米的基础上，近10年又增加5.84亿立方米，是上一个10年增长量的3倍。乔木林每公顷蓄积由1998年的85.09立方米提高到2018年的110.62立方米，每公顷增加了25.53立方米，其中近10年的净增量是上一个10年的4倍。

停止木材商业性采伐成效显现，森林质量进一步提升。

三、公益林比例上升，森林结构有所改善

1998—2018 年，随着以木材生产为主向以生态建设为主的林业发展战略转变，重点国有林区逐步调整林种结构，以生态保护为主的森林资源发展格局基本形成。公益林面积比例由 26.65% 调整到 66.96%，其中，防护林面积比例提高了 29.35 个百分点，达到 48.48%；特用林面积比例提高了 10.96 个百分点，达到 18.48%。幼龄林面积比例下降 14.66 个百分点，中龄林和近熟林面积比例分别提高 15.53 个百分点和 7.80 个百分点。以落叶松林、红松阔叶混交林为代表的地带性植被有所增加，珍贵用材树种长期下降的趋势得到扭转，森林结构发展向好。

四、群落结构相对完整，天然更新能力良好

公益林中，群落结构完整的面积 1444.02 万公顷、占 79.46%，相对完整的面积 332.55 万公顷、占 18.30%，公益林的群落结构比较完整。乔木林中天然更新状况良好的面积 1611.59 万公顷、占 59.29%，较好的面积 553.61 万公顷、占 20.37%，林分天然更新能力总体良好，为实施以自然修复为主、人工促进为辅的生态建设创造了条件。其中内蒙古重点国有林区的天然更新良好的面积比例较大，为 77.23%。

五、保护地体系已具雏形，生态保护功能增强

截至 2018 年年底，重点国有林区共建设保护地 126 处，在保护生物多样性，改善生态环境质量，维护生态安全等方面发挥了重要作用。目前的寒温带针叶林、红松阔叶混交林等原生植被，紫杉、樟子松、长白松、钻天柳等珍稀濒危的树种，以及东北虎、紫貂、原麝、棕熊、猞猁、白鹳等珍稀动物栖息地得到了有效保护，为重点国有林区建立以国家公园为主体的自然保护地体系奠定了基础。

第三节 森林资源发展趋势预测

以本次调查数据为基础，依据重点国有林区历次森林资源清查成果，充分利用历年营造林统计数据等，建立预测模型，对森林面积、蓄积、质量、结构进行预测分析。结果表明，重点国有林区森林资源将呈现面积平稳增长、蓄积快速增加、质量持续提升、生态功能不断增强的态势。

一、森林面积增长预测

目前，重点国有林区适宜人工造林和封山育林的土地只有253.32万公顷，以人工促进、天然恢复为主的方式提升森林面积，按照平均每年不少于8.50万公顷（人工造林1.5万公顷，封山育林7万公顷）的营造林规模，预计到2020年，森林面积在现有基础上增加13.00万公顷，年均增加6.50万公顷，可达到2740.47万公顷；到2025年森林面积再增加33.74万公顷，年均增加6.75万公顷，可达到2774.21万公顷；到2035年森林面积再增加69.13万公顷，年均增加6.91万公顷，可达到2843.34万公顷；到2050年，森林面积再增加93.25万公顷，年均6.22万公顷，可达到2936.59万公顷。

二、森林蓄积增长预测

按照平均每年森林抚育、生态修复不少于120万公顷的森林经营规模，预计到2020年，森林蓄积在现有基础上增加1亿立方米，年均增加0.50亿立方米，可达到31亿立方米；到2025年，森林蓄积再增加3亿立方米，年均增加0.50亿立方米，可达到34亿立方米；到2035年森林蓄积再增加6亿立方米，年均增加0.60亿立方米，可达到40亿立方米；到2050年，森林蓄积再增加10亿立方米，年均0.70亿立方米，可达到50亿立方米，木材储备量从目前占全国16%提高到全国1/4左右。

三、森林质量提升预测

根据森林面积蓄积的增长趋势，预计到2020年，乔木林每公顷蓄积在现有基础上增加3立方米，可达到113立方米；到2025年乔木林每公顷蓄积再增加10立方米，可达到123立方米；到2035年乔木林每公顷蓄积再增加18立方米，可达到141立方米；到2050年，乔木林每公顷蓄积再增加29立方米，可达到170立方米。

四、森林生态功能预测

随着森林资源总量增加、质量提升，天然次生林将加快演替为原生植被群落，森林结构得以改善，逐步形成以复层异龄林为主体的健康稳定的森林生态系统，水源涵养、生物多样性保护、农田防护等生态功能大幅增强，重点国有林区生态屏障等功能得到有效发挥。

第六章
森林资源保护发展建议

第一节　森林资源保护发展目标

到 2020 年，森林面积达 2740 万公顷，森林蓄积达 31 亿立方米，乔木林每公顷蓄积达 113 立方米，森林生态状况总体改善。

到 2025 年，森林面积达 2775 万公顷，森林蓄积达 34 亿立方米，乔木林每公顷蓄积达 123 立方米，森林经营水平显著提高。

到 2035 年，森林面积达 2840 万公顷，森林蓄积达 40 亿立方米，乔木林每公顷蓄积达 140 立方米，生态状况根本好转。

到 2050 年，森林面积达 2935 万公顷，森林蓄积达 50 亿立方米，乔木林每公顷蓄积达 170 立方米，人与自然高度和谐，重要生态屏障和木材战略储备基地的地位更加突显。

第二节　森林资源保护发展对策

经过 20 多年的森林资源保护和建设，重点国有林区森林资源步入良性发展轨道。然而，与其国家生态安全屏障和木材战略储备基地的定位，以及经济社会发展和生态建设的要求相比，仍有相当的差距。为实现重点国有林区森林资源保护发展目标，发挥其生态安全屏障作用，必须深入贯彻习近平生态文明思想，全面实施以生态建设为主的发展战略，深化国有林区改革，贯彻落实《天然林保护修复制度方案》，健全森林保护与生态修复制度，创新森林资源保护发展方式，促进森林资源逐步恢复和稳定增长，提升森林品质，保障国有森林资源资产保值增值，巩固森林资源培育战略基地，提高各类林产品、生态产品的供给能力，切实筑牢生态基础，将重点国有林区打造成为美丽中国的靓丽名片。

一、严格森林资源保护，筑牢天然生态屏障

严格重点国有林区林地用途管制，控制林地转为其他用途，除国防建设以及公共事业、基础设施、民生项目等特殊需要外，限制工程建设使用林地，严禁毁林开垦。在不破坏地表植被、不影响生态环境的前提下，可科学发展生态旅游、休闲康养、特色种植养殖等产业。全面停止天然林商业性采伐，适当放活人工商品林采伐管理，严格限制公益林采伐方式和强度。始终不懈地抓好森林防火、森林病虫害防治和林业行政执法工作，预防和减少各类灾害造成森林资源的损失，严禁乱砍滥伐林木、乱征滥占林地、乱捕滥猎野生动物、乱采滥挖野生植物，加大对各类破坏森林资源行为的打击力度。优化整合各类自然保护地，强化原始林的保护，确保重要森林生态系统、景观和生物多样性得到系统性保护，提升生态功能和生态产品供给能力。

二、加大生态修复力度，促进森林正向演替

大力开展荒山荒地造林绿化，有序推进废弃矿山修复治理，对立地质量好、适宜人工造林的区域，优先安排人工造林，加快恢复森林植被；对立地质量较差、不适宜人工造林的区域，实施封山育林，逐步恢复森林植被。继续做好开垦林地还林工作，制定还林规划，实施退耕还林。科学实施生态修复措施，遏制森林退化。依据各经营单位的森林经营方案，扎实做好生态修复作业设计，对于稀疏退化的天然林，采取人工促进、天然更新等措施，促进森林正向演替，逐步使天然次生林、退化次生林等森林生态系统向原生森林植被方向发展，加快构建健康稳定、优质高效的森林生态系统。

三、科学开展森林经营，精准提升森林质量

科学编制并严格实施森林经营方案，加大森林经营力度，不断优化林分结构，逐步恢复地带性顶极森林群落。遵循森林演替规律，以自然恢复为主、人工促进为辅，保育并举，注重乡土树种、原生植被以及珍贵树种和优质大径材培育，改善树种结构，着力培育复层异龄混交林。适当调整现有政策，对于过密过疏的人工林，按照近自然经营理念，实施抚育改造等提高森林质量和功能的经营活动，有效促进林木生长。加大森林经营的科技支撑力度，积极探索适合重点国有林区的森林经营模式，打造不同森林经营模式样板林，示范带动森林经营工作，不断提升森林资源的科学经营水平。通过全面加强重点国有林区的森林经营工作，精准提升森林质量，充分发挥林地生产潜力，着力打造我国木材战略储备基地。

四、积极推进林区改革，增强林区发展活力

进一步落实《国有林区改革指导意见》，积极稳妥地推进重点国有林区改革，健全经营管理体制，形成权责利相统一的发展机制。健全国有森林资源资产管理体制，完善森林资源产权制度，进一步明晰所有权、使用权和监管权，强化国有森林资源所有者职责，推行国有森林资源有偿使用。大力推行林业综合执法改革，强化监管职能，提高执法能力。优化重点国有林区森林资源管理机构，建立森林资源监督管理体系，稳定队伍，提高素质，落实编制，充实装备，提高森林资源管理能力。提高森林生态效益补偿标准，促进天然林和国家级公益林稳定可持续发展。充分发挥林区绿色资源丰富的优势，适度开展森林旅游、特色养殖种植、林产品加工、对外合作等多种经营活动，转变林区发展方式，创造就业岗位，确保林区职工基本生活有保障。加大对国有林区基础设施建设的支持力度，改善林区生产生活条件。

五、坚持科技创新驱动，提升智能管理水平

以科技创新驱动森林资源科学经营和智能管理。建立基于空间信息的森林资源档案管理机制，在重点国有林区森林资源管理“一张图”基础上，对资源调查数据、经营业务数据融合集成，构建森林资源保护管理信息平台，提升林地管理、林木采伐、森林经营的数字化管理水平。充分利用卫星、无人机、雷达等遥感和模型技术，加大高新技术在重点国有林区森林资源监测监管中的应用力度，建立“天空地”一体的监测监管体系，扎实推进森林监测实时化和森林监管常态化。借助互联网、大数据、云计算等技术手段，实现数据智能采集、融合处理、开放共享，架起各个管理环节的信息桥梁，提升森林资源经营管理工作的精准化、信息化、智能化水平，满足森林资源经营保护和管理决策的需要。

第二部分

分　论

第七章

内蒙古重点国有林区森林资源状况

内蒙古重点国有林区位于我国内蒙古自治区东北部，经营总面积 1067.75 万公顷。地理位置处于东经 119° 36′ 26″～ 125° 24′ 10″、北纬 47° 03′ 26″～ 53° 20′ 00″之间。大兴安岭山脉纵贯林区，是额尔古纳河与嫩江水系的分水岭，也是呼伦贝尔草原与松嫩平原的天然分界线，沿东北—西南走向、东陡西缓、构成山地丘陵地形。林区属寒温带为主、南部为中温带大陆性季风气候区，年平均气温 –3.9℃，年平均降水量 444 毫米，无霜期 76 ～ 120 天。地带性植被为寒温带针叶林，代表性针叶树种有落叶松、樟子松，阔叶树种有白桦、蒙古栎、山杨等，林区森林资源丰富。

第一节　森林资源概述

内蒙古重点国有林区森林面积 845.62 万公顷，森林蓄积 90653.15 万立方米，乔木林每公顷蓄积 108.36 立方米。天然林面积 798.65 万公顷，蓄积 85838.85 万立方米；人工林面积 46.97 万公顷，蓄积 4814.30 万立方米。

一、林地各地类面积

林地面积 976.99 万公顷。其中，乔木林地 836.59 万公顷，灌木林地 18.60 万公顷，未成林造林地 1.17 万公顷，苗圃地 0.13 万公顷，疏林地 2.12 万公顷，无立木林地 36.54 万公顷，宜林地 78.76 万公顷，林业辅助生产用地 3.08 万公顷。林地各地类面积见表 7-1。

表 7-1 林地各地类面积

万公顷、%

地 类	面 积	比 例
合 计	976.99	100.00
乔木林地	836.59	85.63
灌木林地	18.60	1.90
未成林造林地	1.17	0.12
苗圃地	0.13	0.01
疏林地	2.12	0.22
无立木林地	36.54	3.74
宜林地	78.76	8.06
林业辅助生产用地	3.08	0.32

林地面积中，公益林地 712.42 万公顷、占 72.92%，商品林地 264.57 万公顷、占 27.08%。国家级公益林面积 251.92 万公顷，其中，一级国家级公益林 106.27 万公顷、占 42.18%，二级国家级公益林 145.65 万公顷、占 57.82%。

二、各类林木蓄积

活立木蓄积 93201.26 万立方米。其中，森林蓄积 90653.15 万立方米，占 97.27%；疏林蓄积 48.79 万立方米，占 0.05%；散生木蓄积 2499.32 万立方米，占 2.68%。

三、森林面积蓄积

森林面积 845.62 万公顷，其中，乔木林 836.59 万公顷、占 98.93%，特灌林 9.03 万公顷、占 1.07%。森林蓄积 90653.15 万立方米。森林按林种分，防护林最多，面积 443.99 万公顷、占 52.51%，蓄积 44429.89 万立方米、占 49.01%；其次为用材林，面积 242.20 万公顷、占 28.64%，蓄积 26099.53 万立方米、占 28.79%。森林按起源分以天然林为主，天然林面积 798.65 万公顷、占 94.45%，天然林蓄积 85838.85 万立方米、占 94.69%。森林分起源和林种面积蓄积见表 7-2。

表 7-2 森林分起源和林种面积蓄积

万公顷、万立方米

林 种	合 计		天然林		人工林	
	面积	蓄积	面积	蓄积	面积	蓄积
合 计	845.62	90653.15	798.65	85838.85	46.97	4814.30
防护林	443.99	44429.89	413.88	41643.44	30.11	2786.45
特用林	159.43	20123.73	153.23	19432.50	6.20	691.23
用材林	242.20	26099.53	231.54	24762.91	10.66	1336.62

（一）乔木林面积蓄积

乔木林面积 836.59 万公顷，蓄积 90653.15 万立方米，每公顷蓄积 108.36 立方米。

按龄组分，乔木林中，中幼林面积合计 522.76 万公顷、占 62.49%，蓄积合计 51710.95 万立方米、占 57.04%；近成过熟林面积合计 313.83 万公顷、占 37.51%，蓄积合计 38942.20 万立方米、占 42.96%。乔木林各龄组面积蓄积见表 7-3。

表 7-3　乔木林各龄组面积蓄积

万公顷、万立方米、%

龄　组	面　积		蓄　积	
	数量	比例	数量	比例
合　计	836.59	100.00	90653.15	100.00
幼龄林	62.90	7.52	2772.99	3.06
中龄林	459.86	54.97	48937.96	53.98
近熟林	154.85	18.51	18143.79	20.02
成熟林	125.40	14.99	16017.82	17.67
过熟林	33.58	4.01	4780.59	5.27

按林分类型分，乔木林中，纯林面积 521.23 万公顷、占 62.30%，蓄积 55156.70 万立方米、占 60.84%；混交林面积 315.36 万公顷、占 37.70%，蓄积 35496.45 万立方米、占 39.16%。纯林面积中，针叶纯林 380.26 万公顷、占 72.95%，阔叶纯林 140.97 万公顷、占 27.05%。混交林面积中，针叶混交林占 5.28%，针阔混交林占 69.59%，阔叶混交林占 25.13%。乔木林各林分类型面积蓄积见表 7-4。

表 7-4　乔木林各林分类型面积蓄积

万公顷、万立方米、%

龄　组		面　积		蓄　积	
		数量	比例	数量	比例
合　计		836.59	100.00	90653.15	100.00
纯　林	小　计	521.23	62.30	55156.70	60.84
	针叶纯林	380.26	45.45	42369.85	46.74
	阔叶纯林	140.97	16.85	12786.85	14.10
混交林	小　计	315.36	37.70	35496.45	39.16
	针叶混交林	16.64	1.99	2351.02	2.60
	针阔混交林	219.46	26.23	25609.20	28.25
	阔叶混交林	79.26	9.48	7536.23	8.31

按优势树种统计，乔木林中，面积排名前 5 位的分别为落叶松、白桦、蒙古栎、山杨、黑桦，面积合计 820.60 万公顷、占乔木林面积的 98.08%，蓄积合计 88601.06 万立方米、

占乔木林蓄积的 97.74%。乔木林主要优势树种面积蓄积见表 7-5。

表 7-5 乔木林主要优势树种面积蓄积

万公顷、万立方米、%

树 种	面 积		蓄 积	
	数量	比例	数量	比例
落叶松	550.63	65.82	62432.38	68.87
白桦	206.51	24.68	21335.17	23.53
蒙古栎	27.31	3.26	1374.27	1.52
山杨	25.18	3.01	2833.70	3.13
黑桦	10.97	1.31	625.54	0.69
樟子松	10.30	1.23	1651.42	1.82
柳树	2.29	0.27	164.01	0.18
杨树	0.39	0.05	44.23	0.05
毛赤杨	0.30	0.04	20.26	0.02
9 个树种合计	833.88	99.67	90480.98	99.81

（二）特灌林面积

特灌林面积 9.03 万公顷，其中，天然特灌林 9.02 万公顷，人工特灌林 0.01 万公顷。按林种分，特灌林面积中，防护林 6.25 万公顷、占 69.21%，特用林 2.78 万公顷、占 30.79%。按覆盖度等级分，覆盖度 30% ～ 49% 的特灌林面积 1.99 万公顷、占 22.04%，50% ～ 69% 的面积 3.98 万公顷、占 44.07%，70% 以上的面积 3.06 万公顷、占 33.89%。

特灌林的树种主要为柴桦和偃松，柴桦林面积 6.12 万公顷、占 67.77%，偃松林面积 1.70 万公顷、占 18.83%，二者合计占特灌林面积的 86.60%。

第二节 森林资源构成

森林按主导功能分为公益林和商品林，按起源分为天然林和人工林。内蒙古重点国有林区的森林按主导功能分，公益林面积比例较大，为 71.36%；按起源分，以天然林为主，面积占 94.45%。

一、公益林与商品林

森林面积中，公益林 603.42 万公顷、占 71.36%，商品林 242.20 万公顷、占 28.64%。森林蓄积中，公益林 64553.62 万立方米、占 71.21%，商品林 26099.53 万立方米、占 28.79%。

（一）公益林资源

公益林面积 603.42 万公顷，其中防护林 443.99 万公顷、占 73.58%，特用林 159.43 万公顷、占 26.42%。公益林面积中，乔木林 594.39 万公顷、占 98.50%，特灌林 9.03 万公顷、占 1.50%。公益林蓄积 64553.62 万立方米，每公顷蓄积 108.60 立方米。

1. 起源结构

按起源分，公益林面积中，天然林 567.11 万公顷、占 93.98%，人工林 36.31 万公顷、占 6.02%。公益林蓄积中，天然林 61075.94 万立方米、占 94.61%，人工林 3477.68 万立方米、占 5.39%。公益林分起源和林种面积蓄积见表 7-6。

表 7-6　公益林分起源和林种面积蓄积

万公顷、万立方米

林种	合计		天然林		人工林	
	面积	蓄积	面积	蓄积	面积	蓄积
合计	603.42	64553.62	567.11	61075.94	36.31	3477.68
防护林	443.99	44429.89	413.88	41643.44	30.11	2786.45
特用林	159.43	20123.73	153.23	19432.50	6.20	691.23

2. 龄组结构

按龄组分，乔木公益林中，中幼林面积合计 364.39 万公顷、占 61.30%，蓄积合计 35345.30 万立方米、占 54.75%；近成过熟林面积合计 230.00 万公顷、占 38.70%，蓄积合计 29208.32 万立方米、占 45.25%。乔木公益林各龄组面积蓄积见表 7-7。

表 7-7　乔木公益林各龄组面积蓄积

万公顷、万立方米、%

龄组	面积		蓄积	
	数量	比例	数量	比例
合计	594.39	100.00	64553.62	100.00
幼龄林	51.07	8.59	2118.33	3.28
中龄林	313.32	52.71	33226.97	51.47
近熟林	106.51	17.92	12579.94	19.49
成熟林	94.27	15.86	12362.91	19.15
过熟林	29.22	4.92	4265.47	6.61

3. 树种结构

按林分类型分，乔木公益林中，纯林面积 371.38 万公顷、占 62.48%，蓄积 39448.60 万立方米、占 61.11%；混交林面积 223.01 万公顷、占 37.52%，蓄积 25105.02 万立方米、占 38.89%。纯林面积中，针叶纯林占 72.21%，阔叶纯林占 27.79%。混交林面积中，针叶混交林占 6.24%，针阔混交林占 67.21%，阔叶混交林占 26.55%。乔木公益林各林分类型面积蓄积见表 7-8。

表 7-8 乔木公益林各林分类型面积蓄积

万公顷、万立方米、%

林分类型		面积		蓄积	
		数量	比例	数量	比例
合计		594.39	100.00	64553.62	100.00
纯林	小计	371.38	62.48	39448.60	61.11
	针叶纯林	268.19	45.12	30381.87	47.06
	阔叶纯林	103.19	17.36	9066.73	14.05
混交林	小计	223.01	37.52	25105.02	38.89
	针叶混交林	13.92	2.34	2012.92	3.12
	针阔混交林	149.88	25.22	17668.46	27.37
	阔叶混交林	59.21	9.96	5423.64	8.40

按优势树种统计，乔木公益林中，面积排名前 5 位的分别为落叶松、白桦、蒙古栎、山杨、黑桦，面积合计 580.03 万公顷、占 97.59%，蓄积合计 62691.03 万立方米、占 97.11%。乔木公益林各优势树种面积蓄积见表 7-9。

表 7-9 乔木公益林各优势树种面积蓄积

万公顷、万立方米、%

树种	面积		蓄积	
	数量	比例	数量	比例
合计	594.39	100.00	64553.62	100.00
落叶松	387.30	65.16	44500.38	68.93
白桦	141.44	23.80	14441.64	22.37
蒙古栎	23.18	3.90	1159.04	1.79
山杨	18.62	3.13	2056.83	3.19
黑桦	9.49	1.60	533.14	0.83
樟子松	9.30	1.56	1517.65	2.35
柳树	2.24	0.38	159.64	0.25
杨树	0.37	0.06	42.75	0.07
其他树种	2.45	0.41	142.55	0.22

注：其他树种包括毛赤杨、云杉、枫桦、其他硬阔类、榆树、山丁子、红松、其他软阔类。

（二）商品林资源

商品林面积 242.20 万公顷，全部为用材林。商品林蓄积 26099.53 万立方米，每公顷蓄积 107.76 立方米。

1. 起源结构

按起源分，商品林面积中，天然林 231.54 万公顷、占 95.60%，人工林 10.66 万公顷、占 4.40%。商品林蓄积中，天然林 24762.91 万立方米、占 94.88%，人工林 1336.62 万立方米、占 5.12%。商品林分起源面积蓄积见表 7-10。

表 7-10　商品林分起源面积蓄积

万公顷、万立方米、%

起　源	面　积		蓄　积	
	数量	比例	数量	比例
合　计	242.20	100.00	26099.53	100.00
天然林	231.54	95.60	24762.91	94.88
人工林	10.66	4.40	1336.62	5.12

2. 龄组结构

按龄组分，乔木商品林中，中幼林面积合计 158.37 万公顷、占 65.39%，蓄积合计 16365.65 万立方米、占 62.71%；近成过熟林面积合计 83.83 万公顷、占 34.61%，蓄积合计 9733.88 万立方米、占 37.29%。乔木商品林各龄组面积蓄积见表 7-11。

表 7-11　乔木商品林各龄组面积蓄积

万公顷、万立方米、%

龄　组	面　积		蓄　积	
	数量	比例	数量	比例
合　计	242.20	100.00	26099.53	100.00
幼龄林	11.83	4.88	654.66	2.51
中龄林	146.54	60.51	15710.99	60.20
近熟林	48.34	19.96	5563.85	21.32
成熟林	31.13	12.85	3654.91	14.00
过熟林	4.36	1.80	515.12	1.97

可采资源（指用材林中可及度为“即可及”和“将可及”的成过熟林）面积 34.76 万公顷、占用材林面积的 14.35%，蓄积 4083.70 万立方米、占用材林蓄积的 15.65%。

3. 树种结构

按林分类型分，乔木商品林中，纯林面积 149.85 万公顷、占 61.87%，蓄积

15708.10 万立方米、占 60.19%；混交林面积 92.35 万公顷、占 38.13%，蓄积 10391.43 万立方米、占 39.81%。纯林面积中，针叶纯林占 74.79%，阔叶纯林占 25.21%。混交林面积中，针叶混交林占 2.95%，针阔混交林占 75.34%，阔叶混交林占 21.71%。乔木商品林各林分类型面积蓄积见表 7-12。

表 7-12 乔木商品林各林分类型面积蓄积

万公顷、万立方米、%

林分类型		面 积		蓄 积	
		数量	比例	数量	比例
合 计		242.20	100.00	26099.53	100.00
纯 林	小 计	149.85	61.87	15708.10	60.19
	针叶纯林	112.07	46.27	11987.98	45.93
	阔叶纯林	37.78	15.60	3720.12	14.26
混交林	小 计	92.35	38.13	10391.43	39.81
	针叶混交林	2.72	1.12	338.10	1.30
	针阔混交林	69.58	28.73	7940.74	30.42
	阔叶混交林	20.05	8.28	2112.59	8.09

按优势树种统计，乔木商品林中，面积排名前 5 位的分别为落叶松、白桦、山杨、蒙古栎、黑桦，面积合计 240.57 万公顷、占 99.33%，蓄积合计 25910.03 万立方米、占 99.28%。乔木商品林各优势树种面积蓄积见表 7-13。

表 7-13 乔木商品林各优势树种面积蓄积

万公顷、万立方米、%

树 种	面 积		蓄 积	
	数量	比例	数量	比例
合 计	242.20	100.00	26099.53	100.00
落叶松	163.33	67.44	17932.00	68.71
白桦	65.07	26.87	6893.53	26.41
山杨	6.56	2.71	776.87	2.98
蒙古栎	4.13	1.70	215.23	0.83
黑桦	1.48	0.61	92.40	0.35
樟子松	1.00	0.41	133.77	0.51
其他树种	0.63	0.26	55.73	0.21

注：其他树种包括毛赤杨、枫桦、柳树、云杉、杨树、榆树、其他软阔类、其他硬阔类。

二、天然林与人工林

森林面积中，天然林 798.65 万公顷、占 94.45%，人工林 46.97 万公顷、占 5.55%。森林蓄积中，天然林 85838.85 万立方米、占 94.69%，人工林 4814.30 万立方米、占 5.31%。

（一）天然林资源

天然林面积 798.65 万公顷，其中乔木林 789.63 万公顷、占 98.87%，特灌林 9.02 万公顷、占 1.13%。天然林蓄积 85838.85 万立方米，每公顷蓄积 108.71 立方米。

1. 林种结构

按林种分，天然林面积中，防护林 413.88 万公顷、占 51.82%，特用林 153.23 万公顷、占 19.19%，用材林 231.54 万公顷、占 28.99%。

天然乔木林中，防护林比例较大，面积 407.64 万公顷、占 51.63%，蓄积 41643.44 万立方米、占 48.51%。天然乔木林各林种面积蓄积见表 7-14。

表 7-14　天然乔木林各林种面积蓄积

万公顷、万立方米、%

林　种	面　积		蓄　积	
	数量	比例	数量	比例
合　计	789.63	100.00	85838.85	100.00
防护林	407.64	51.63	41643.44	48.51
特用林	150.45	19.05	19432.50	22.64
用材林	231.54	29.32	24762.91	28.85

2. 龄组结构

按龄组分，天然乔木林中，中幼林面积合计 489.39 万公顷、占 61.97%，蓄积合计 48789.14 万立方米、占 56.84%；近成过熟林面积合计 300.24 万公顷、占 38.03%，蓄积合计 37049.71 万立方米、占 43.16%。天然乔木林各龄组面积蓄积见表 7-15。

表 7-15　天然乔木林各龄组面积蓄积

万公顷、万立方米、%

龄　组	面　积		蓄　积	
	数量	比例	数量	比例
合　计	789.63	100.00	85838.85	100.00
幼龄林	49.14	6.22	2194.90	2.56
中龄林	440.25	55.75	46594.24	54.28
近熟林	144.82	18.34	16730.73	19.49
成熟林	122.03	15.46	15561.45	18.13
过熟林	33.39	4.23	4757.53	5.54

3. 树种结构

按林分类型分，天然乔木林中，纯林面积482.09万公顷、占61.05%，蓄积51142.73万立方米、占59.58%；混交林面积307.54万公顷、占38.95%，蓄积34696.12万立方米、占40.42%。纯林面积中，针叶纯林占70.95%，阔叶纯林占29.05%。混交林面积中，针叶混交林占5.16%，针阔混交林占69.12%，阔叶混交林占25.72%。天然乔木林各林分类型面积蓄积见表7-16。

表7-16　天然乔木林各林分类型面积蓄积

万公顷、万立方米、%

林分类型		面积		蓄积	
		数量	比例	数量	比例
合计		789.63	100.00	85838.85	100.00
纯林	小计	482.09	61.05	51142.73	59.58
	针叶纯林	342.02	43.31	38359.58	44.69
	阔叶纯林	140.07	17.74	12783.15	14.89
混交林	小计	307.54	38.95	34696.12	40.42
	针叶混交林	15.87	2.01	2267.88	2.64
	针阔混交林	212.57	26.92	24906.72	29.02
	阔叶混交林	79.10	10.02	7521.52	8.76

按优势树种统计，天然乔木林中，面积排名前5位的分别为落叶松、白桦、蒙古栎、山杨、黑桦，面积合计776.54万公顷、占98.34%，蓄积合计83989.44万立方米、占97.85%。天然乔木林各优势树种面积蓄积见表7-17。

表7-17　天然乔木林各优势树种面积蓄积

万公顷、万立方米、%

树种	面积		蓄积	
	数量	比例	数量	比例
合计	789.63	100.00	85838.85	100.00
落叶松	506.68	64.17	57834.01	67.38
白桦	206.51	26.15	21335.17	24.85
蒙古栎	27.31	3.46	1374.28	1.60
山杨	25.07	3.17	2820.44	3.29
黑桦	10.97	1.39	625.54	0.73
樟子松	9.99	1.26	1613.12	1.88
柳树	2.29	0.29	163.78	0.19
杨树	0.37	0.05	42.34	0.05
毛赤杨	0.30	0.04	20.25	0.02
枫桦	0.12	0.02	9.38	0.01
其他树种	0.02		0.54	

注：其他树种包括榆树、山丁子、云杉。

（二）人工林资源

人工林面积46.97万公顷，其中乔木林46.96万公顷（其中人天混8.41万公顷、占17.91%）、占99.98%，特灌林0.01万公顷、占0.02%。人工林蓄积4814.30万立方米（其中人天混蓄积740.37万立方米、占15.38%），每公顷蓄积102.52立方米。

1. 林种结构

按林种分，人工林面积中，防护林30.11万公顷、占64.10%，特用林6.20万公顷、占13.20%，用材林10.66万公顷、占22.70%。

人工乔木林按林种分，防护林比例较大，防护林30.10万公顷、占64.10%，蓄积2786.45万立方米、占57.88%。人工乔木林各林种面积蓄积见表7-18。

表7-18 人工乔木林各林种面积蓄积

万公顷、万立方米、%

林种		面积		蓄积	
		数量	比例	数量	比例
合计		46.96	100.00	4814.30	100.00
防护林		30.10	64.10	2786.45	57.88
特用林		6.20	13.20	691.23	14.36
用材林		10.66	22.70	1336.62	27.76
其中：人天混	合计	8.41	100.00	740.37	100.00
	防护林	5.76	68.49	474.37	64.07
	特用林	0.81	9.63	70.81	9.57
	用材林	1.84	21.88	195.19	26.36

2. 龄组结构

按龄组分，人工乔木林中，中幼林面积合计33.37万公顷、占71.06%，蓄积合计2921.81万立方米、占60.69%；近成过熟林面积合计13.59万公顷、占28.94%，蓄积合计1892.49万立方米、占39.31%。人工乔木林各龄组面积蓄积见表7-19。

表 7-19 人工乔木林各龄组面积蓄积

万公顷、万立方米、%

龄组		面积		蓄积	
		数量	比例	数量	比例
合计		46.96	100.00	4814.30	100.00
幼龄林		13.76	29.30	578.09	12.01
中龄林		19.61	41.76	2343.72	48.68
近熟林		10.03	21.36	1413.06	29.35
成熟林		3.37	7.18	456.37	9.48
过熟林		0.19	0.40	23.06	0.48
其中：人天混	合计	8.41	100.00	740.37	100.00
	幼龄林	3.87	46.02	251.52	33.97
	中龄林	2.63	31.27	277.16	37.44
	近熟林	1.18	14.03	132.31	17.87
	成熟林	0.71	8.44	76.34	10.31
	过熟林	0.02	0.24	3.04	0.41

3. 树种结构

按林分类型分，人工乔木林中，纯林面积 39.14 万公顷、占 83.35%，蓄积 4013.97 万立方米、占 83.38%；混交林面积 7.82 万公顷、占 16.65%，蓄积 800.33 万立方米、占 16.62%。纯林面积中，针叶纯林占 97.70%，阔叶纯林占 2.30%。混交林面积中，针叶混交林占 9.85%，针阔混交林占 88.11%，阔叶混交林占 2.04%。人工林各林分类型面积蓄积见表 7-20。

表 7-20 人工林各林分类型面积蓄积

万公顷、万立方米、%

林分类型		面积		蓄积	
		数量	比例	数量	比例
合计		46.96	100.00	4814.30	100.00
纯林	小计	39.14	83.35	4013.97	83.38
	针叶纯林	38.24	81.43	4010.27	83.30
	阔叶纯林	0.90	1.92	3.70	0.08
混交林	小计	7.82	16.65	800.33	16.62
	针叶混交林	0.77	1.64	83.14	1.73
	针阔混交林	6.89	14.67	702.48	14.59
	阔叶混交林	0.16	0.34	14.71	0.30

（续）

林分类型			面积		蓄积	
			数量	比例	数量	比例
其中：人天混	合计		8.41	100.00	740.37	100.00
	纯林	小计	2.04	24.26	89.99	12.15
		针叶纯林	1.16	13.79	87.92	11.87
		阔叶纯林	0.88	10.47	2.07	0.28
	混交林	小计	6.37	75.74	650.38	87.85
		针叶混交林	0.59	7.02	62.29	8.42
		针阔混交林	5.63	66.94	574.46	77.59
		阔叶混交林	0.15	1.78	13.63	1.84

按优势树种统计，人工乔木林中，主要为落叶松林，面积43.95万公顷、占93.59%，蓄积4598.38万立方米、占95.52%。人工林各优势树种面积蓄积见表7-21。

表7-21 人工林各优势树种面积蓄积

万公顷、万立方米、%

树种	面积		蓄积	
	数量	比例	数量	比例
合计	46.96	100.00	4814.30	100.00
落叶松	43.95	93.59	4598.38	95.52
樟子松	0.31	0.66	38.30	0.80
云杉	0.11	0.23	8.83	0.18
山杨	0.11	0.23	13.26	0.27
杨树	0.02	0.04	1.89	0.04
其他树种	2.46	5.25	153.64	3.19

注：其他树种包括柳树、红松、毛赤杨、其他软阔类、其他硬阔类。

第三节　森林质量状况

内蒙古重点国有林区乔木林每公顷蓄积108.36立方米，每公顷株数1111株，平均郁闭度0.66，平均胸径15.4厘米，平均树高14.5米。

一、单位面积蓄积

乔木林每公顷蓄积108.36立方米。按起源分，天然乔木林108.71立方米，人工乔木林 102.52 立方米。按森林类别分，乔木公益林 108.60 立方米（其中国家级公益林 122.74 立方米），乔木商品林 107.76 立方米。按龄组分，幼龄林 44.09 立方米，中龄林 106.42 立方米，近熟林 117.17 立方米，成熟林 127.73 立方米，过熟林 142.36 立方米。天然乔木林与人工乔木林、乔木公益林与乔木商品林各龄组每公顷蓄积见图 7-1、图 7-2。

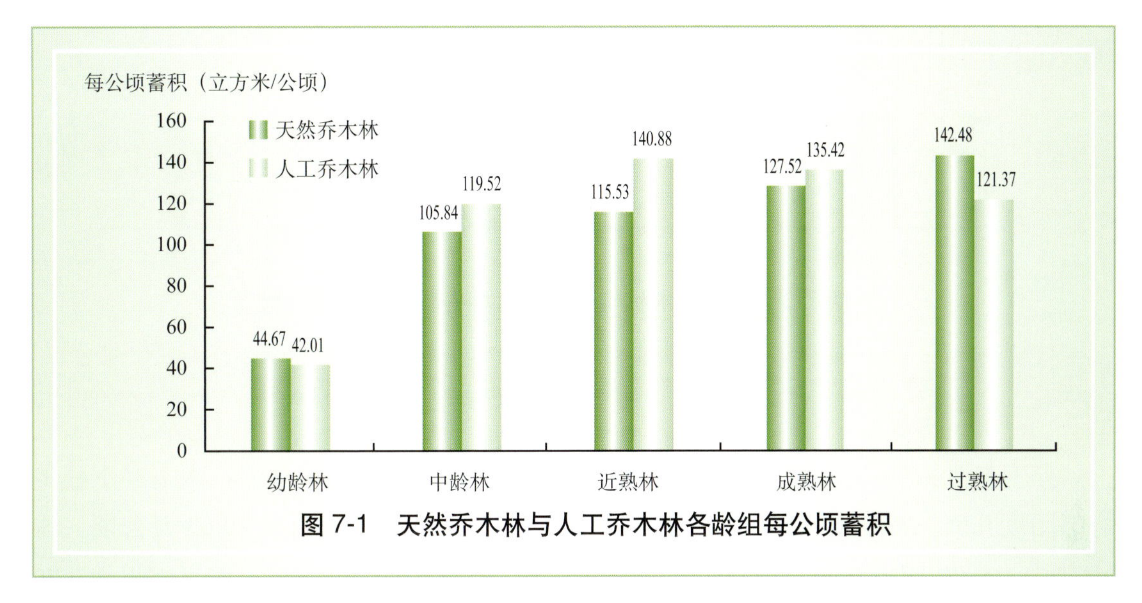

图 7-1 天然乔木林与人工乔木林各龄组每公顷蓄积

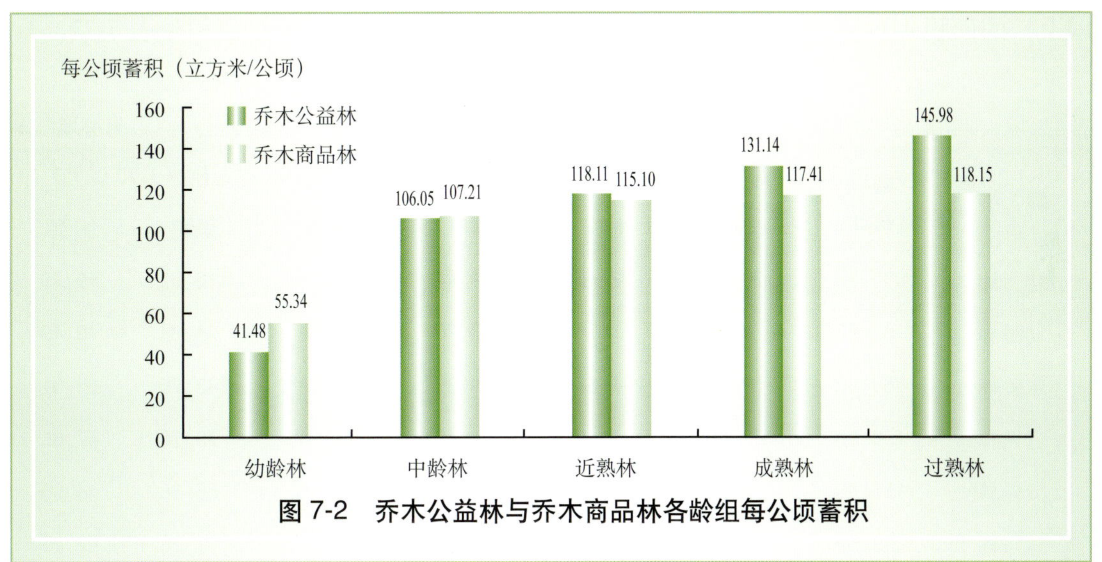

图 7-2 乔木公益林与乔木商品林各龄组每公顷蓄积

二、单位面积株数

乔木林每公顷株数 1111 株。按起源分，天然乔木林 1099 株，人工乔木林 1323 株。按龄组分，幼龄林 1452 株，中龄林 1248 株，近熟林 927 株，成熟林 806 株，过熟林 590 株。天然乔木林与人工乔木林各龄组每公顷株数见图 7-3。

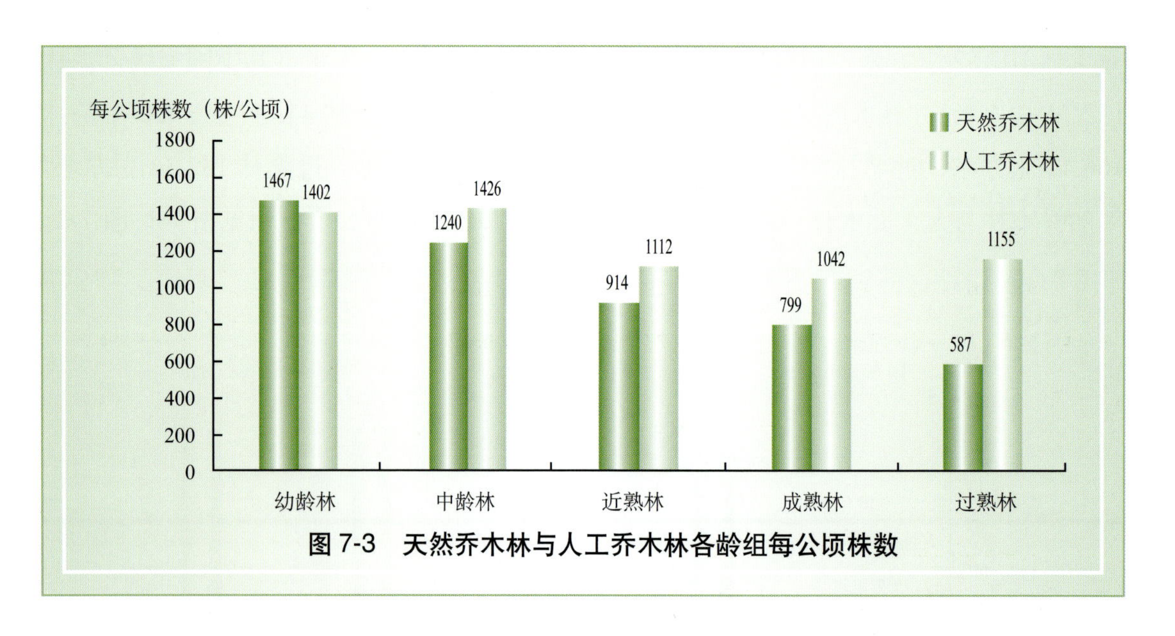

图 7-3　天然乔木林与人工乔木林各龄组每公顷株数

三、平均郁闭度

乔木林平均郁闭度 0.66。按起源分，天然乔木林平均郁闭度 0.67，人工乔木林平均郁闭度 0.65。按郁闭度等级分，疏（郁闭度 0.20 ~ 0.39）的面积 20.63 万公顷、占 2.46%，中（郁闭度 0.40 ~ 0.69）的面积 399.44 万公顷、占 47.75%，密（郁闭度 0.70 以上）的面积 416.52 万公顷、占 49.79%。乔木林各龄组郁闭度等级面积见表 7-22。

表 7-22　乔木林各龄组郁闭度等级面积

万公顷、%

龄组	面积合计	疏（0.20～0.39）		中（0.40～0.69）		密（0.70 以上）	
		面积	比例	面积	比例	面积	比例
合　计	836.59	20.63	2.46	399.44	47.75	416.52	49.79
幼龄林	62.90	7.36	11.70	30.70	48.81	24.84	39.49
中龄林	459.86	7.73	1.68	208.37	45.31	243.76	53.01
近熟林	154.85	2.60	1.68	78.47	50.67	73.78	47.65
成熟林	125.40	2.39	1.91	66.63	53.13	56.38	44.96
过熟林	33.58	0.55	1.64	15.27	45.47	17.76	52.89

四、平均胸径

乔木林平均胸径 15.4 厘米。按起源分，天然乔木林平均胸径 15.6 厘米，人工乔木林平均胸径 12.5 厘米。乔木林中，小径组和中径组林木面积 803.87 万公顷、占 96.09%，蓄积 85777.59 万立方米、占 94.62%，大径组和特大径组林木面积 32.72 万公顷、占 3.91%，蓄积 4875.56 万立方米、占 5.38%。乔木林各径级组面积蓄积见表 7-23。

表 7-23 乔木林各径级组面积蓄积

万公顷、万立方米、%

径级组	面积		蓄积	
	数量	比例	数量	比例
合 计	836.59	100.00	90653.15	100.00
小径组（6 ~ 12 厘米）	221.59	26.49	16453.83	18.15
中径组（14 ~ 24 厘米）	582.28	69.60	69323.76	76.47
大径组（26 ~ 36 厘米）	32.20	3.85	4797.71	5.29
特大径组（38 厘米以上）	0.52	0.06	77.85	0.09

五、平均树高

乔木林平均树高 14.5 米。其中，天然乔木林平均树高 14.7 米，人工乔木林平均树高 11.5 米。平均树高在 10.0 ~ 20.0 米的乔木林面积 732.83 万公顷、占 87.59%。乔木林各高度级面积见表 7-24。

表 7-24 乔木林各高度级面积

万公顷、%

高度级	乔木林		天然乔木林		人工乔木林	
	面积	比例	面积	比例	面积	比例
合 计	836.59	100.00	789.63	100.00	46.96	100.00
5.0 米以下	12.29	1.47	6.06	0.77	6.23	13.27
5.0 ~ 10.0 米	64.30	7.69	56.91	7.21	7.39	15.74
10.0 ~ 15.0 米	329.42	39.37	309.12	39.15	20.30	43.23
15.0 ~ 20.0 米	403.41	48.22	390.65	49.47	12.76	27.17
20.0 ~ 25.0 米	26.43	3.16	26.15	3.31	0.28	0.59
25.0 ~ 30.0 米	0.74	0.09	0.74	0.09		

第四节 森林生态状况

森林生态状况可以通过群落结构、自然度、森林灾害、天然更新情况等特征因子来体现。内蒙古重点国有林区的天然林以次生林为主，占 85.12%。公益林群落结构相对完整，完整群落结构的比例为 87.58%。天然更新较好的乔木林占 88.24%。遭受中等程度以上灾害的森林面积占 0.60%。

一、群落结构

群落结构是指森林内各种生物在时间和空间上的配置状况。根据森林所具备的乔木层、下木层、地被物层（含草本、苔藓、地衣）的情况，将森林群落结构分为完整结构、较完整结构和简单结构，具有乔木层、下木层、地被物层三个层次的为完整结构，具有乔木层和其他一个植被层（下木层或地被物层）的为较完整结构，只有乔木层的为简单结构。公益林中具有完整群落结构的森林占的比例大，为 520.57 万公顷，占 87.58%；较完整结构的面积 73.81 万公顷，占 12.42%；简单结构的面积 0.01 万公顷。公益林不同郁闭度等级的群落结构占比情况见表 7-25。

表 7-25　公益林群落结构分郁闭度等级面积

万公顷、%

群落结构	合　计		疏（0.20～0.39）		中（0.40～0.69）		密（0.70 以上）	
	面积	比例	面积	比例	面积	比例	面积	比例
合　计	594.39	100.00	16.03	100.00	278.71	100.00	299.65	100.00
完整结构	520.57	87.58	13.59	84.78	243.45	87.35	263.53	87.95
较完整结构	73.81	12.42	2.44	15.22	35.26	12.65	36.11	12.05
简单结构	0.01						0.01	

二、自然度

根据受干扰的情况，按照植被状况与原始顶极群落的差异，或次生群落处于演替中的阶段，将天然乔木林划分为原始林、次生林和残次林三种类型。

在自然状态下生长发育形成的天然林，或人为干扰后通过自然恢复到原始状态的天然林，统称为原始林，面积为 117.35 万公顷、占天然乔木林的 14.86%，以落叶松、白桦等树种组成的纯林为主，平均年龄 101 年。

原始林经过人为干扰后，形成以地带性非顶极树种为优势、具有稳定的林分结构的森林植被群落，统称为天然次生林，面积 672.12 万公顷、占天然乔木林的 85.12%。天然次生林，通过天然更新或辅以人工促进措施可逐步恢复到接近原生状态的天然次生林，简称“近原生次生林”，面积 118.60 万公顷、占 17.65%，以落叶松树种为主，平均年龄 102 年；原生植被基本消失、由萌生或部分实生林木组成、结构相对复杂的天然次生林，简称“恢复性次生林”，面积 460.16 万公顷、占 68.46%，以落叶松树种为主，平均年龄 59 年；林分结构相对单纯、质量和利用价值低、天然更新差、需要采取人工措施促进正向演替的天然次生林，简称“退化次生林”，面积 93.37 万公顷、占 13.89%，以白桦树种为主，平均年龄 60 年。

原生植被经多次高强度人为干扰后形成的结构不完整、生长发育不正常、林相残破的稀疏天然林，统称为残次林，面积 0.16 万公顷、占天然乔木林面积的 0.02%，以落叶松树种为主，平均年龄 67 年。

三、森林灾害

根据森林灾害的成因和受害立木的比例及生长状况，将灾害类型分病害虫害、火灾、气候灾害（风、雪、水、旱）和其他灾害，灾害程度分轻度、中度、重度。林区有 5.06% 的森林不同程度的受到病害虫害、火灾、气候灾害和其他灾害影响。受灾面积中，重度灾害占 1.47%，中度灾害占 10.43%，轻度灾害占 88.10%。林区受灾面积中，病虫害面积占 29.82%，火灾面积占 2.97%，受风折（倒）和雪压等气候灾害面积占 64.22%，其他灾害面积占 2.99%，受气候灾害面积比例较大。

四、天然更新情况

天然更新是林木利用自身繁殖能力，通过天然下种或萌蘖，逐步形成新一代森林的过程。根据单位面积幼苗（树）的株数和高度将林分天然更新状况分为良好、较好、不良三个等级。乔木林中天然更新状况良好的面积 646.08 万公顷、占 77.23%，较好的面积 92.16 万公顷、占 11.01%，不良的面积 98.35 万公顷、占 11.76%。林地天然更新等级面积见表 7-26。

表 7-26 林地天然更新等级面积

万公顷、%

天然更新等级	乔木林		灌木林		其他林地	
	面积	比例	面积	比例	面积	比例
合计	836.59	100.00	18.60	100.00	117.42	100.00
良好	646.08	77.23	2.10	11.30	34.66	29.52
较好	92.16	11.01	0.35	1.86	32.71	27.86
不良	98.35	11.76	16.15	86.84	50.05	42.62

注：其他林地包括疏林地、无立木林地和宜林地。

第五节 森林资源变化分析

随着天然林保护力度的加大，森林经营和管护随之加强，从 2008 年档案更新数据与本次调查结果比较来看，内蒙古重点国有林区森林面积蓄积呈现持续增长，森林资源实现了数量增加、质量提升、功能增强的良好发展势态。

一、森林面积蓄积变化

森林面积由2008年的801.31万公顷增加到2018年的845.62万公顷，增加44.31万公顷，年均增加4.43万公顷，年均净增率0.54%。森林蓄积由2008年的68366.52万立方米增加到2018年的90653.15万立方米，增加22286.63万立方米，年均增加2228.66万立方米，年均净增率2.80%。其中天然林面积增加38.74万公顷，年均增加3.87万公顷；蓄积增加19500.60万立方米，年均增加1950.06万立方米。人工林面积增加5.57万公顷，年均增加0.56万公顷；蓄积增加2786.03万立方米，年均增加278.60万立方米。森林面积蓄积变化见表7-27。

表7-27　森林面积蓄积变化

万公顷、万立方米、%

项　目		本　期	前　期	变化量	年均增量	年均净增率
森林面积	合　计	845.62	801.31	44.31	4.43	0.54
	天然林	798.65	759.91	38.74	3.87	0.50
	人工林	46.97	41.40	5.57	0.56	1.27
森林蓄积	合　计	90653.15	68366.52	22286.63	2228.66	2.80
	天然林	85838.85	66338.25	19500.60	1950.06	2.56
	人工林	4814.30	2028.27	2786.03	278.60	8.14

二、森林结构变化

（一）林种结构变化

公益林与商品林的面积之比由2008年的73∶27调整到2018年的71∶29。其中防护林面积减少18.69万公顷，比例由57.74%降低到52.50%。特用林面积增加36.54万公顷，比例由15.34%提高到18.86%。用材林面积增加26.46万公顷，比例由26.92%提高到28.64%。各林种面积蓄积变化见表7-28。

表7-28　各林种面积蓄积变化

万公顷、万立方米、%

项　目		本　期		前　期		变化量	
		数量	比例	数量	比例	数量	比例
森林面积	合　计	845.62	100.00	801.31	100.00	44.31	0.00
	防护林	443.99	52.50	462.68	57.74	−18.69	−5.24
	特用林	159.43	18.86	122.89	15.34	36.54	3.52
	用材林	242.20	28.64	215.74	26.92	26.46	1.72
森林蓄积	合　计	90653.15	100.00	68366.52	100.00	22286.63	0.00
	防护林	44429.89	49.01	38759.52	56.69	5670.37	−7.68
	特用林	20123.73	22.20	12107.90	17.71	8015.83	4.49
	用材林	26099.53	28.79	17499.10	25.60	8600.43	3.19

（二）龄组结构变化

中幼林面积由2008年的503.00万公顷增加到2018年的522.76万公顷，增加19.76万公顷；近成过熟林面积由296.60万公顷增加到313.83万公顷，比例由37.10%提高到37.51%，中幼林和近成过熟林的面积之比由63：37变为62：38。各龄组面积蓄积变化见表7-29。

表7-29　乔木林各龄组面积蓄积变化

万公顷、万立方米、%

项　目		本　期		前　期		变化量	
		数量	比例	数量	比例	数量	比例
乔木林面积	合　计	836.59	100.00	799.60	100.00	36.99	0.00
	幼龄林	62.90	7.52	86.16	10.77	−23.26	−3.25
	中龄林	459.86	54.97	416.84	52.13	43.02	2.84
	近熟林	154.85	18.51	104.31	13.05	50.54	5.46
	成熟林	125.40	14.99	146.11	18.27	−20.71	−3.28
	过熟林	33.58	4.01	46.18	5.78	−12.60	−1.77
乔木林蓄积	合　计	90653.15	100.00	68366.52	100.00	22286.63	0.00
	幼龄林	2772.99	3.06	2748.37	4.02	24.62	−0.96
	中龄林	48937.96	53.98	34009.62	49.75	14928.34	4.23
	近熟林	18143.79	20.02	9944.19	14.54	8199.60	5.48
	成熟林	16017.82	17.67	16305.35	23.85	−287.53	−6.18
	过熟林	4780.59	5.27	5358.99	7.84	−578.40	−2.57

（三）树种结构变化

乔木林中，混交林面积比例由2008年的22.94%增加到2018年的37.70%，提高了14.76个百分点，纯林与混交林的面积之比由77：23变为62：38。纯林与混交林面积比例变化见表7-30。

表7-30　纯林与混交林面积比例变化

%

项　目	本　期	前　期	变化量
纯　林	62.30	77.06	−14.76
混交林	37.70	22.94	14.76

落叶松林面积比2008年增加了62.05万公顷，面积比例增加6.40个百分点，达到65.82%；落叶松林蓄积增加了1.98亿立方米。

三、质量变化

乔木林每公顷蓄积由2008年的85.50立方米增加到2018年的108.36立方米，增加了22.86立方米。平均郁闭度由2008年的0.62增至2018年的0.66。平均胸径增加1.7厘米，增至15.4厘米。每公顷株数增加17株，增至1111株。森林质量变化见表7-31。

表7-31　森林质量变化

项　目	本　期	前　期	变化量
单位面积蓄积（立方米／公顷）	108.36	85.50	22.86
单位面积株数（株／公顷）	1111	1094	17
平均郁闭度	0.66	0.62	0.04
平均胸径（厘米）	15.4	13.7	1.7

第六节　森林资源特点评价

一、森林面积平稳增加，森林蓄积快速增长

实施天然林资源保护工程以来，内蒙古重点国有林区森林植被得到恢复，森林面积蓄积呈现持续增长态势。森林面积由1998年的781.63万公顷增加到2018年的845.62万公顷，20年增加了63.99万公顷，增幅8.19%，其中，天然林面积增加46.60万公顷，保持平稳增长的趋势。森林蓄积由1998年的6.30亿立方米增加到2018年的9.07亿立方米，20年增加了2.77亿立方米，增幅达43.97%，其中，天然林蓄积增加2.39亿立方米，呈现快速增长态势。特别是，近10年来天然林蓄积增加1.95亿立方米，是上个10年增加量0.44亿立方米的4倍，全面停止木材商业性采伐的效果逐步显现。

二、林种结构逐步调整，龄组结构和树种结构趋于好转

公益林面积比例由1998年的11.94%调整到2018年71.36%，其中防护林面积比例提高了51.23个百分点，达到52.50%；特用林面积比例提高了8.19个百分点，达到18.86%，以生态保护为主的资源发展格局基本形成。幼龄林面积比例下降18.42个百分点，降至7.52%，中龄林和近熟林面积比例增加，分别提高21.54个百分点和10.35个百分点，达到了54.97%和18.51%。落叶松面积增加了82.56万公顷，面积比例增加6个百分点，达到65.82%。落叶松蓄积增加了2亿多立方米，樟子松蓄积增加了84万立方米，地带性植被逐步恢复，森林结构向好的趋势发展。

三、人工林资源增加，造林成效显现

实施天然林资源保护工程以来，在加大天然林资源保护的同时，大力开展宜林荒山荒地造林绿化，人工林面积蓄积持续增长。人工林面积从1998年的29.58万公顷增加到2018年的46.97万公顷，增加了17.39万公顷，增幅达58%。人工林蓄积从1998年的1149.10万立方米增加到2018年的4814.30万立方米，增加了3倍，人工造林的成效显现。

四、单位面积蓄积大幅增加，森林质量不断提升

林区的森林质量经历了从开发初期到20世纪末持续下降的历程。实施天保工程后，森林质量持续下降的趋势得到了有效遏制，开始回升。乔木林每公顷蓄积由1998年的80.62立方米增加到2018年的108.36立方米，平均郁闭度由0.60增加到0.66，平均胸径由13.2厘米增加到15.4厘米，每公顷株数由1008株增加到1111株。特别是近10年以来，乔木林每公顷蓄积增加了22.86立方米，是上一个10年增加量的5倍，森林质量呈现快速好转的趋势。

五、重点保护地的面积增加，森林多样性功能得以发挥

1995年林区建立汗马自然保护区以来，自然保护地的建设经历了从无到有、从弱到强的历程。截至2018年年底建立了自然保护地29处，总面积178.79万公顷，占林区总经营面积的18.25%，其中自然保护区8处，面积123.02万公顷；森林公园9处，面积42.22万公顷；湿地公园12处，面积13.55万公顷。林区典型的森林和湿地生态系统、野生动植物栖息地以及生物多样性得到保护，森林多种功能得以发挥。

综上所述，经过20年的森林资源保护和建设，内蒙古重点国有林区天然林资源逐步恢复，森林质量有所提高、结构有所好转、功能有所增强，森林资源呈现良好发展态势。然而，与林区生态安全屏障和木材战略储备基地的地位，以及经济社会发展和生态建设的要求相比，仍有相当的差距。一是森林质量不高，每公顷蓄积108.36立方米，与林区的林地生产潜力相比还有较大的提升空间。二是林分过疏过密的问题比较突出，过疏过密的面积占34%，森林经营的压力仍然较大。三是林区森林结构不尽合理，仍有70%以上的次生林处于较为初级的演替阶段，与建立健康稳定、优质高效的森林生态系统的目标还有差距。

第八章

吉林省重点国有林区森林资源状况

吉林省重点国有林区位于吉林省的东南部长白山区，经营总面积 365.80 万公顷。地理位置处于东经 126° 17′ 00″ ~ 131° 18′ 00″、北纬 41° 37′ 00″ ~ 44° 43′ 00″之间，坐落在长白山山脉，属中温带大陆性季风气候，年平均气温 2 ~ 6℃，年降水量 600 ~ 1000 毫米，无霜期 90 ~ 140 天。林区江河密布，分属于松花江、图们江、鸭绿江、绥芬河四大水系。该区的地带性植被为温带针阔混交林，代表性针叶树种有红松、长白松、落叶松、云杉、冷杉、紫杉，阔叶树种有蒙古栎、水曲柳、胡桃楸、黄波罗、紫椴、白桦、山杨、拧筋槭、白牛槭等，森林资源丰富。

第一节　森林资源概述

吉林省重点国有林区森林面积 324.47 万公顷，森林蓄积 51379.56 万立方米，每公顷蓄积 158.48 立方米。天然林面积 289.90 万公顷，天然林蓄积 46719.30 万立方米；人工林面积 34.57 万公顷，人工林蓄积 4660.26 万立方米。

一、林地各地类面积

林地面积 340.68 万公顷。其中，乔木林地 324.21 万公顷，灌木林地 1.10 万公顷，疏林地 0.06 万公顷，未成林造林地 1.19 万公顷，苗圃地 0.12 万公顷，无立木林地 6.86 万公顷，宜林地 4.14 万公顷，林业辅助生产用地 3.00 万公顷。林地各地类面积及比例见表 8-1。

表 8-1 林地各地类面积

万公顷、%

地 类	面 积	比 例
合 计	340.68	100.00
乔木林地	324.21	95.17
灌木林地	1.10	0.32
未成林造林地	1.19	0.35
苗圃地	0.12	0.04
疏林地	0.06	0.02
无立木林地	6.86	2.01
宜林地	4.14	1.21
林业辅助生产用地	3.00	0.88

林地面积中，公益林地 184.74 万公顷、占 54.23%，商品林地 155.94 万公顷、占 45.77%。国家级公益林面积 110.09 万公顷，其中一级国家级公益林 33.65 万公顷、占 30.57%，二级国家级公益林 76.44 万公顷、占 69.43%。

二、各类林木蓄积

活立木蓄积 51508.90 万立方米。其中，森林蓄积 51379.56 万立方米、占 99.75%，散生木蓄积 127.02 万立方米、占 0.25%，疏林和四旁树蓄积少，分别为 1.99 万立方米和 0.33 万立方米。

三、森林面积蓄积

森林面积 324.47 万公顷，其中乔木林 324.21 万公顷、占 99.92%，特灌林 0.26 万公顷、占 0.08%。森林蓄积 51379.56 万立方米，每公顷蓄积 158.48 立方米。森林按起源分以天然林为主，天然林面积 289.90 万公顷、占 89.35%，天然林蓄积 46719.30 万立方米、占 90.93%。森林按林种分，用材林最多，面积占 44.66%，蓄积占 44.72%；其次为防护林和特用林，面积分别占 30.05% 和 25.23%，蓄积分别占 29.73% 和 25.55%；经济林面积最少，为 0.20 万公顷，面积占 0.06%。森林分起源和林种面积蓄积见表 8-2。

表 8-2　森林分起源和林种面积蓄积

万公顷、万立方米

林　种	合　计		天然林		人工林	
	面积	蓄积	面积	蓄积	面积	蓄积
合　计	324.47	51379.56	289.90	46719.30	34.57	4660.26
防护林	97.49	15276.40	88.32	14073.25	9.17	1203.15
特用林	81.85	13124.96	77.19	12556.57	4.66	568.39
用材林	144.93	22978.20	124.39	20089.48	20.54	2888.72
经济林	0.20				0.20	

（一）乔木林面积蓄积

按龄组分，乔木林中，中幼林面积合计 106.03 万公顷、占 32.70%，蓄积合计 13899.90 万立方米、占 27.06%；近成过熟林面积合计 218.18 万公顷、占 67.30%，蓄积合计 37479.66 万立方米、占 72.94%。乔木林各龄组面积蓄积见表 8-3。

表 8-3　乔木林各龄组面积蓄积

万公顷、万立方米、%

龄　组	面　积		蓄　积	
	数量	比例	数量	比例
合　计	324.21	100.00	51379.56	100.00
幼龄林	21.76	6.71	1736.57	3.38
中龄林	84.27	25.99	12163.33	23.68
近熟林	135.38	41.76	22443.90	43.68
成熟林	71.03	21.91	12707.80	24.73
过熟林	11.77	3.63	2327.96	4.53

按林分类型分，乔木林中，纯林面积 63.16 万公顷、占 19.48%，蓄积 9336.85 万立方米、占 18.17%；混交林面积 261.05 万公顷、占 80.52%，蓄积 42042.71 万立方米、占 81.83%。纯林面积中，针叶纯林占 35.34%，阔叶纯林占 64.66%。混交林面积中，针叶混交林占 3.50%，针阔混交林占 20.60%，阔叶混交林占 75.90%。乔木林各林分类型面积蓄积见表 8-4。

表 8-4 乔木林各林分类型面积蓄积

万公顷、万立方米、%

林分类型		面积		蓄积	
		数量	比例	数量	比例
合计		324.21	100.00	51379.56	100.00
纯林	小计	63.16	19.48	9336.85	18.17
	针叶纯林	22.32	6.88	3325.00	6.47
	阔叶纯林	40.84	12.60	6011.85	11.70
混交林	小计	261.05	80.52	42042.71	81.83
	针叶混交林	9.13	2.82	1505.88	2.93
	针阔混交林	53.78	16.59	9039.13	17.59
	阔叶混交林	198.14	61.11	31497.70	61.30

按优势树种统计，乔木林中，面积排名前 15 位的分别为蒙古栎、椴树、胡桃楸、白桦、落叶松、水曲柳、枫桦、槭树、红松、云杉、冷杉、榆树、杨树、山杨、黄波罗，面积合计 313.61 万公顷、占乔木林面积的 96.73%，蓄积合计 50058.99 万立方米、占乔木林蓄积的 97.43%。乔木林主要优势树种面积蓄积见表 8-5。

表 8-5 乔木林主要优势树种面积蓄积

万公顷、万立方米、%

树种	面积		蓄积	
	数量	比例	数量	比例
蒙古栎	67.61	20.86	10726.38	20.88
椴树	55.24	17.04	9399.54	18.30
胡桃楸	35.51	10.95	5572.24	10.85
白桦	28.60	8.82	4281.67	8.33
落叶松	25.48	7.86	3915.08	7.62
水曲柳	18.16	5.60	2853.74	5.56
枫桦	14.41	4.44	2410.99	4.69
槭树	12.92	3.99	1984.25	3.86
红松	11.01	3.40	1943.11	3.78
云杉	10.89	3.36	1661.21	3.23
冷杉	10.19	3.14	1809.95	3.52
榆树	9.07	2.80	1264.75	2.46
杨树	7.04	2.17	1039.69	2.02
山杨	6.20	1.91	992.15	1.93
黄波罗	1.28	0.39	204.24	0.40
15 个树种合计	313.61	96.73	50058.99	97.43

（二）特灌林面积

特灌林面积 0.26 万公顷，起源均为人工。按林种分，特灌林面积中，防护林 0.01 万公顷、占 3.85%，特用林 0.05 万公顷、占 19.23%，经济林 0.20 万公顷，占 76.92%。按覆盖度等级分，覆盖度 30% ~ 49% 的特灌林面积 0.09 万公顷、占 34.62%，50% ~ 69% 的面积 0.07 万公顷、占 26.92%，70% 以上的面积 0.10 万公顷、占 38.46%。

第二节　森林资源构成

森林按主导功能分为公益林和商品林，按起源分为天然林和人工林。吉林省重点国有林区的森林按主导功能分，公益林面积比例较大，占 55.27%；按起源分，以天然林为主，面积占 89.35%。

一、公益林和商品林

森林面积中，公益林 179.34 万公顷、占 55.27%，商品林 145.13 万公顷、占 44.73%。森林蓄积中，公益林 28401.36 万立方米、占 55.28%，商品林 22978.20 万立方米、占 44.72%。

（一）公益林资源

公益林面积 179.34 万公顷，其中，防护林 97.49 万公顷、占 54.36%，特用林 81.85 万公顷、占 45.64%。公益林面积中，乔木林 179.28 万公顷、占 99.96%，特灌林 0.06 万公顷、占 0.04%。公益林蓄积 28401.36 万立方米，每公顷蓄积 158.37 立方米。

1. 起源结构

按起源分，公益林面积中，天然林 165.51 万公顷、占 92.29%，人工林 13.83 万公顷、占 7.71%。公益林蓄积中，天然林 26629.82 万立方米、占 93.76%，人工林 1771.54 万立方米、占 6.24%。公益林分起源和林种面积蓄积见表 8-6。

表 8-6　公益林分起源和林种面积蓄积

万公顷、万立方米

林　种	合　计		天然林		人工林	
	面积	蓄积	面积	蓄积	面积	蓄积
合　计	179.34	28401.36	165.51	26629.82	13.83	1771.54
防护林	97.49	15276.40	88.32	14073.25	9.17	1203.15
特用林	81.85	13124.96	77.19	12556.57	4.66	568.39

2. 龄组结构

按龄组分，乔木公益林中，中幼林面积合计57.84万公顷、占32.26%，蓄积合计7489.06万立方米、占26.37%；近成过熟林面积合计121.44万公顷、占67.74%，蓄积合计20192.30万立方米、占73.63%。乔木公益林各龄组面积蓄积见表8-7。

表8-7 乔木公益林各龄组面积蓄积

万公顷、万立方米、%

龄组	面积		蓄积	
	数量	比例	数量	比例
合计	179.28	100.00	28401.36	100.00
幼龄林	9.85	5.49	714.32	2.52
中龄林	47.99	26.77	6774.74	23.85
近熟林	76.11	42.45	12518.03	44.07
成熟林	39.38	21.97	7179.87	25.28
过熟林	5.95	3.32	1214.40	4.28

3. 树种结构

按林分类型分，乔木公益林中，纯林面积39.97万公顷、占22.29%，蓄积5932.99万立方米、占20.89%；混交林面积139.31万公顷、占77.71%，蓄积22468.37万立方米、占79.11%。纯林面积中，针叶纯林占29.97%，阔叶纯林占70.03%。混交林面积中，针叶混交林占3.94%，针阔混交林占20.73%，阔叶混交林占75.33%。乔木公益林各林分类型面积蓄积见表8-8。

表8-8 乔木公益林各林分类型面积蓄积

万公顷、万立方米、%

林分类型		面积		蓄积	
		数量	比例	数量	比例
合计		179.28	100.00	28401.36	100.00
纯林	小计	39.97	22.29	5932.99	20.89
	针叶纯林	11.98	6.68	1839.44	6.48
	阔叶纯林	27.99	15.61	4093.55	14.41
混交林	小计	139.31	77.71	22468.37	79.11
	针叶混交林	5.37	3.00	885.87	3.12
	针阔混交林	27.93	15.57	4657.46	16.40
	阔叶混交林	106.01	59.14	16925.04	59.59

按优势树种统计，乔木公益林中，面积排名前15位的分别为蒙古栎、椴树、胡桃楸、白桦、落叶松、水曲柳、枫桦、冷杉、红松、槭树、云杉、榆树、山杨、杨树、樟子松，面积合计174.21万公顷、占97.17%，蓄积合计27800.29万立方米、占97.88%。公益林主要优势树种面积蓄积见表8-9。

表 8-9 公益林主要优势树种面积蓄积

万公顷、万立方米、%

树种	面积		蓄积	
	数量	比例	数量	比例
蒙古栎	48.56	27.09	7580.79	26.69
椴树	32.84	18.32	5565.33	19.60
胡桃楸	16.00	8.92	2548.66	8.97
白桦	13.74	7.66	2058.89	7.25
落叶松	13.10	7.31	1955.11	6.88
水曲柳	7.42	4.14	1175.40	4.14
枫桦	7.02	3.92	1167.16	4.11
冷杉	6.53	3.64	1141.59	4.02
红松	6.22	3.47	1155.01	4.07
槭树	6.11	3.41	951.64	3.35
云杉	5.84	3.26	942.93	3.32
榆树	4.76	2.65	648.67	2.28
山杨	2.91	1.62	464.41	1.64
杨树	2.33	1.30	332.84	1.17
樟子松	0.83	0.46	111.86	0.39
15个树种合计	174.21	97.17	27800.29	97.88

（二）商品林资源

商品林面积145.13万公顷，其中，用材林144.93万公顷、占99.86%，经济林0.20万公顷，占0.14%。商品林面积中，乔木林144.93万公顷、占99.86%，特灌林0.20万公顷、占0.14%，商品林蓄积22978.20万立方米，每公顷蓄积158.33立方米。

1. 起源结构

按起源分，商品林面积中，天然林124.39万公顷、占85.71%，人工林20.74万公顷、占14.29%。商品林蓄积中，天然林20089.48万立方米、占87.43%，人工林2888.72万立方米、占 12.57%。商品林分起源和林种面积蓄积见表 8-10。

表 8-10　商品林分起源和林种面积蓄积

万公顷、万立方米

林　种	合　计		天然林		人工林	
	面积	蓄积	面积	蓄积	面积	蓄积
合　计	145.13	22978.20	124.39	20089.48	20.74	2888.72
用材林	144.93	22978.20	124.39	20089.48	20.54	2888.72
经济林	0.20				0.20	

2. 龄组结构

按龄组分，乔木商品林中，中幼林面积合计 48.19 万公顷、占 33.25%，蓄积合计 6410.84 万立方米、占 27.90%；近成过熟林面积合计 96.74 万公顷、占 66.75%，蓄积合计 16567.36 万立方米、占 72.10%。乔木商品林各龄组面积蓄积见表 8-11。

表 8-11　乔木商品林各龄组面积蓄积

万公顷、万立方米、%

龄　组	面　积		蓄　积	
	数量	比例	数量	比例
合　计	144.93	100.00	22978.20	100.00
幼龄林	11.91	8.22	1022.25	4.45
中龄林	36.28	25.03	5388.59	23.45
近熟林	59.27	40.90	9925.87	43.20
成熟林	31.65	21.83	5527.93	24.05
过熟林	5.82	4.02	1113.56	4.85

可采资源（指用材林中可及度为“即可及”和“将可及”的成过熟林）面积 36.67 万公顷、占用材林面积的 29.48%，蓄积 6511.85 万立方米、占用材林蓄积的 32.41%。

3. 树种结构

按林分类型分，乔木商品林中，纯林面积 23.19 万公顷、占 16.00%，蓄积 3403.86 万立方米、占 14.81%；混交林面积 121.74 万公顷、占 84.00%，蓄积 19574.34 万立方米、占 85.19%。纯林面积中，针叶纯林占 44.59%，阔叶纯林占 55.41%。混交林面积中，针叶混交林占 3.10%，针阔混交林占 21.23%，阔叶混交林占 75.67%。商品林各林分类型面积蓄积见表 8-12。

表 8-12　乔木商品林各林分类型面积蓄积

万公顷、万立方米、%

林分类型		面积		蓄积	
		数量	比例	数量	比例
合　计		144.93	100.00	22978.20	100.00
纯　林	小　计	23.19	16.00	3403.86	14.81
	针叶纯林	10.34	7.13	1485.56	6.46
	阔叶纯林	12.85	8.87	1918.30	8.35
混交林	小　计	121.74	84.00	19574.34	85.19
	针叶混交林	3.76	2.59	620.01	2.70
	针阔混交林	25.85	17.84	4381.67	19.07
	阔叶混交林	92.13	63.57	14572.66	63.42

按优势树种统计，乔木商品林中，面积排名前 15 位的分别为椴树、胡桃楸、蒙古栎、白桦、落叶松、水曲柳、枫桦、槭树、云杉、红松、杨树、榆树、冷杉、山杨、黄波罗，面积合计 139.87 万公顷、占 96.51%，蓄积合计 22310.75 万立方米、占 97.10%。乔木商品林主要优势树种面积蓄积见表 8-13。

表 8-13　乔木商品林主要优势树种面积蓄积

万公顷、万立方米、%

树　种	面积		蓄积	
	数量	比例	数量	比例
椴树	22.40	15.46	3834.21	16.69
胡桃楸	19.51	13.46	3023.58	13.16
蒙古栎	19.05	13.14	3145.59	13.69
白桦	14.86	10.25	2222.78	9.67
落叶松	12.38	8.54	1959.97	8.53
水曲柳	10.74	7.41	1678.34	7.30
枫桦	7.39	5.10	1243.83	5.41
槭树	6.81	4.70	1032.61	4.49
云杉	5.05	3.48	718.28	3.13
红松	4.79	3.31	788.10	3.43
杨树	4.71	3.25	706.85	3.08
榆树	4.31	2.97	616.08	2.68
冷杉	3.66	2.53	668.36	2.91
山杨	3.29	2.27	527.74	2.30
黄波罗	0.92	0.64	144.43	0.63
15 个树种合计	139.87	96.51	22310.75	97.10

二、天然林和人工林

森林面积中，天然林 289.90 万公顷、占 89.35%，人工林 34.57 万公顷、占 10.65%。森林蓄积中，天然林 46719.30 万立方米、占 90.93%，人工林 4660.26 万立方米、占 9.07%。

（一）天然林资源

天然林全部为乔木林，面积 289.90 万公顷，蓄积 46719.30 万立方米，每公顷蓄积 161.16 立方米。

1. 林种结构

按林种分，天然林面积中，防护林 88.32 万公顷，特用林 77.19 万公顷，用材林 124.39 万公顷。天然林中，用材林比例大，面积占 42.90%，蓄积占 43.00%。天然林各林种面积蓄积见表 8-14。

表 8-14　天然林各林种面积蓄积

万公顷、万立方米、%

林　种	面　积		蓄　积	
	数量	比例	数量	比例
合　计	289.90	100.00	46719.30	100.00
防护林	88.32	30.47	14073.25	30.12
特用林	77.19	26.63	12556.57	26.88
用材林	124.39	42.90	20089.48	43.00

2. 龄组结构

按龄组分，天然乔木林中，中幼林面积合计 85.50 万公顷、占 29.50%，蓄积合计 11601.31 万立方米、占 24.83%；近成过熟林面积合计 204.40 万公顷、占 70.50%，蓄积合计 35117.99 万立方米、占 75.17%。天然乔木林各龄组面积蓄积见表 8-15。

表 8-15　天然乔木林各龄组面积蓄积

万公顷、万立方米、%

龄　组	面　积		蓄　积	
	数量	比例	数量	比例
合　计	289.90	100.00	46719.30	100.00
幼龄林	12.28	4.24	1019.78	2.18
中龄林	73.22	25.26	10581.53	22.65
近熟林	128.03	44.16	21231.94	45.45
成熟林	65.67	22.65	11740.33	25.13
过熟林	10.70	3.69	2145.72	4.59

3. 树种结构

按林分类型分，天然乔木林中，纯林面积 45.21 万公顷、占 15.60%，蓄积 6938.80 万立方米、占 14.85%；混交林面积 244.69 万公顷、占 84.40%，蓄积 39780.50 万立方米、占 85.15%。纯林面积中，针叶纯林占 15.68%，阔叶纯林占 84.32%。混交林面积中，针叶混交林占 2.62%，针阔混交林占 16.80%，阔叶混交林占 80.58%。天然乔木林各林分类型面积蓄积见表 8-16。

表 8-16　天然乔木林各林分类型面积蓄积

万公顷、万立方米、%

林分类型		面　积		蓄　积	
		数量	比例	数量	比例
合　计		289.90	100.00	46719.30	100.00
纯　林	小　计	45.21	15.60	6938.80	14.85
	针叶纯林	7.09	2.45	1253.04	2.68
	阔叶纯林	38.12	13.15	5685.76	12.17
混交林	小　计	244.69	84.40	39780.50	85.15
	针叶混交林	6.41	2.21	1157.16	2.48
	针阔混交林	41.12	14.18	7252.99	15.52
	阔叶混交林	197.16	68.01	31370.35	67.15

按优势树种统计，天然乔木林中，面积排名前 15 位的分别为蒙古栎、椴树、胡桃楸、白桦、水曲柳、枫桦、槭树、冷杉、落叶松、榆树、红松、云杉、山杨、杨树、黄波罗，面积合计 284.76 万公顷、占 98.23%，蓄积合计 46139.64 万立方米、占 98.76%。天然乔木林主要优势树种面积蓄积见表 8-17。

表 8-17　天然乔木林主要优势树种面积蓄积

万公顷、万立方米、%

树　种	面　积		蓄　积	
	数量	比例	数量	比例
蒙古栎	67.61	23.32	10726.38	22.96
椴树	54.88	18.93	9348.11	20.01
胡桃楸	33.78	11.65	5337.34	11.42
白桦	28.56	9.85	4276.95	9.16
水曲柳	17.21	5.94	2743.35	5.87
枫桦	14.41	4.97	2410.99	5.16
槭树	12.87	4.44	1977.01	4.23

（续）

树种	面积		蓄积	
	数量	比例	数量	比例
冷杉	10.05	3.47	1789.33	3.83
落叶松	9.30	3.21	1475.38	3.16
榆树	8.73	3.01	1214.01	2.60
红松	8.47	2.92	1641.01	3.51
云杉	7.82	2.70	1428.59	3.06
山杨	5.82	2.01	942.46	2.02
杨树	4.11	1.42	646.04	1.38
黄波罗	1.14	0.39	182.69	0.39
15 个树种合计	284.76	98.23	46139.64	98.76

（二）人工林资源

人工林面积34.57万公顷，人工林蓄积4660.26万立方米，每公顷蓄积135.83立方米。其中人天混面积14.66万公顷、占人工林面积的42.41%，蓄积2089.20万立方米、占人工林蓄积的44.83%。

1. 林种结构

按林种分，人工林面积中，防护林9.17万公顷，特用林4.66万公顷，用材林20.54万公顷，经济林0.20万公顷。人工林中，用材林比例较大，面积占59.41%，蓄积占61.98%。人工林各林种面积蓄积见表8-18。

表 8-18 人工林各林种面积蓄积

万公顷、万立方米、%

林种		面积		蓄积	
		数量	比例	数量	比例
合计		34.57	100.00	4660.26	100.00
防护林		9.17	26.53	1203.15	25.82
特用林		4.66	13.48	568.39	12.20
用材林		20.54	59.41	2888.72	61.98
经济林		0.20	0.58		
其中：人天混	合计	14.66	100.00	2089.20	100.00
	防护林	3.31	22.58	419.99	20.10
	特用林	1.97	13.44	254.46	12.18
	用材林	9.38	63.98	1414.75	67.72

2. 龄组结构

按龄组分，人工乔木林中，中幼林面积合计20.53万公顷、占59.84%，蓄积合计2298.59万立方米、占49.32%；近成过熟林面积合计13.78万公顷、占40.16%，蓄积合计2361.67万立方米、占50.68%。人工乔木林各龄组面积蓄积见表8-19。

表8-19　人工乔木林各龄组面积蓄积

万公顷、万立方米、%

龄组		面积		蓄积	
		数量	比例	数量	比例
合计		34.31	100.00	4660.26	100.00
幼龄林		9.48	27.63	716.79	15.38
中龄林		11.05	32.21	1581.80	33.94
近熟林		7.35	21.42	1211.96	26.01
成熟林		5.36	15.62	967.47	20.76
过熟林		1.07	3.12	182.24	3.91
其中：人天混	合计	14.66	100.00	2089.20	100.00
	幼龄林	4.17	28.44	418.29	20.02
	中龄林	5.56	37.93	823.97	39.44
	近熟林	3.06	20.87	514.88	24.65
	成熟林	1.57	10.71	282.33	13.51
	过熟林	0.30	2.05	49.73	2.38

3. 树种结构

按林分类型分，人工乔木林中，纯林面积17.95万公顷、占52.32%，蓄积2398.05万立方米、占51.46%；混交林面积16.36万公顷、占47.68%，蓄积2262.21万立方米、占48.54%。纯林面积中，针叶纯林占84.85%，阔叶纯林占15.15%。混交林面积中，针叶混交林占16.63%，针阔混交林占77.38%，阔叶混交林占5.99%。人工乔木林各林分类型面积蓄积见表8-20。

按优势树种统计，人工乔木林中，面积排名前10位的分别为落叶松、云杉、杨树、红松、胡桃楸、樟子松、水曲柳、椴树、榆树、冷杉，面积合计29.37万公顷、占85.60%，蓄积合计3980.70万立方米、占85.42%。人工乔木林主要优势树种面积蓄积见表8-21。

表 8-20 人工乔木林各林分类型面积蓄积

万公顷、万立方米、%

林分类型			面积 数量	面积 比例	蓄积 数量	蓄积 比例
合计			34.31	100.00	4660.26	100.00
纯林		小计	17.95	52.32	2398.05	51.46
		针叶纯林	15.23	44.39	2071.96	44.46
		阔叶纯林	2.72	7.93	326.09	7.00
混交林		小计	16.36	47.68	2262.21	48.54
		针叶混交林	2.72	7.93	348.71	7.48
		针阔混交林	12.66	36.89	1786.14	38.33
		阔叶混交林	0.98	2.86	127.36	2.73
其中：人天混	合计		14.66	100.00	2089.20	100.00
	纯林	小计	0.63	4.30	77.28	3.70
		针叶纯林	0.30	2.05	37.88	1.81
		阔叶纯林	0.33	2.25	39.40	1.89
	混交林	小计	14.03	95.70	2011.92	96.30
		针叶混交林	1.14	7.78	174.28	8.34
		针阔混交林	12.13	82.74	1738.83	83.23
		阔叶混交林	0.76	5.18	98.81	4.73

表 8-21 人工乔木林主要优势树种面积蓄积

万公顷、万立方米、%

树种	面积		蓄积	
	数量	比例	数量	比例
落叶松	16.18	47.16	2439.70	52.35
云杉	3.07	8.95	232.62	4.99
杨树	2.93	8.54	393.65	8.45
红松	2.54	7.40	302.10	6.48
胡桃楸	1.73	5.04	234.90	5.04
樟子松	1.13	3.29	144.55	3.10
水曲柳	0.95	2.77	110.39	2.37
椴树	0.36	1.05	51.43	1.11
榆树	0.34	0.99	50.74	1.09
冷杉	0.14	0.41	20.62	0.44
10个树种合计	29.37	85.60	3980.70	85.42

第三节　森林质量状况

吉林省重点国有林区乔木林每公顷蓄积158.48立方米，每公顷株数827株，平均郁闭度0.67，平均胸径19.8厘米，平均树高15.9米。

一、单位面积蓄积

乔木林每公顷蓄积158.48立方米。按起源分，天然乔木林161.16立方米，人工乔木林135.83立方米。按森林类别分，乔木公益林158.42立方米（其中国家级公益林158.19立方米），乔木商品林158.54立方米。按龄组分，幼龄林79.79立方米，中龄林144.33立方米，近熟林165.79立方米，成熟林178.92立方米，过熟林197.84立方米。天然乔木林与人工乔木林、乔木公益林与乔木商品林各龄组每公顷蓄积见图8-1和图8-2。

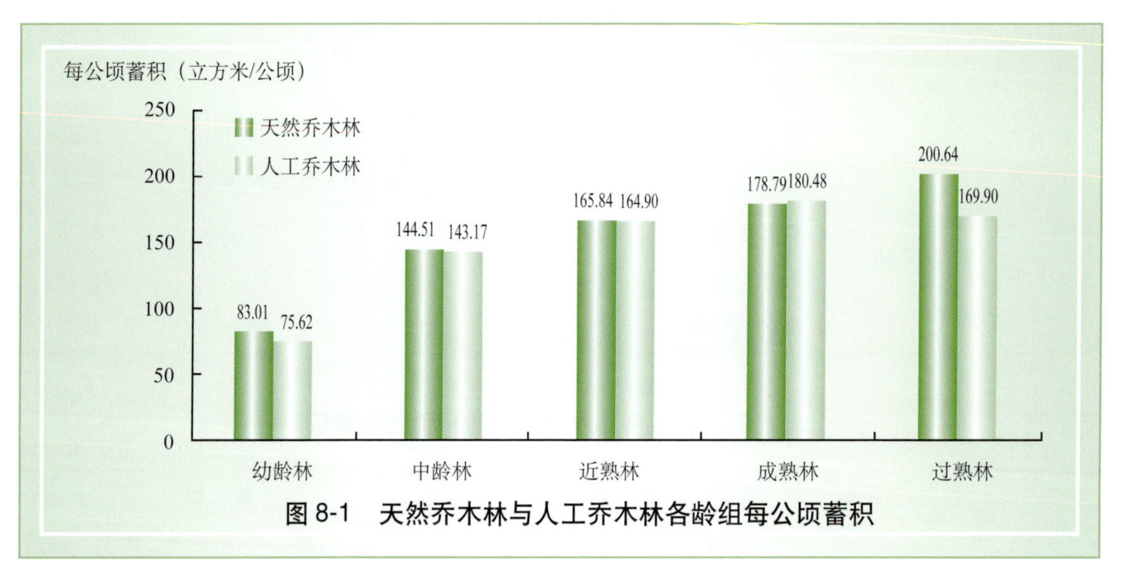

图8-1　天然乔木林与人工乔木林各龄组每公顷蓄积

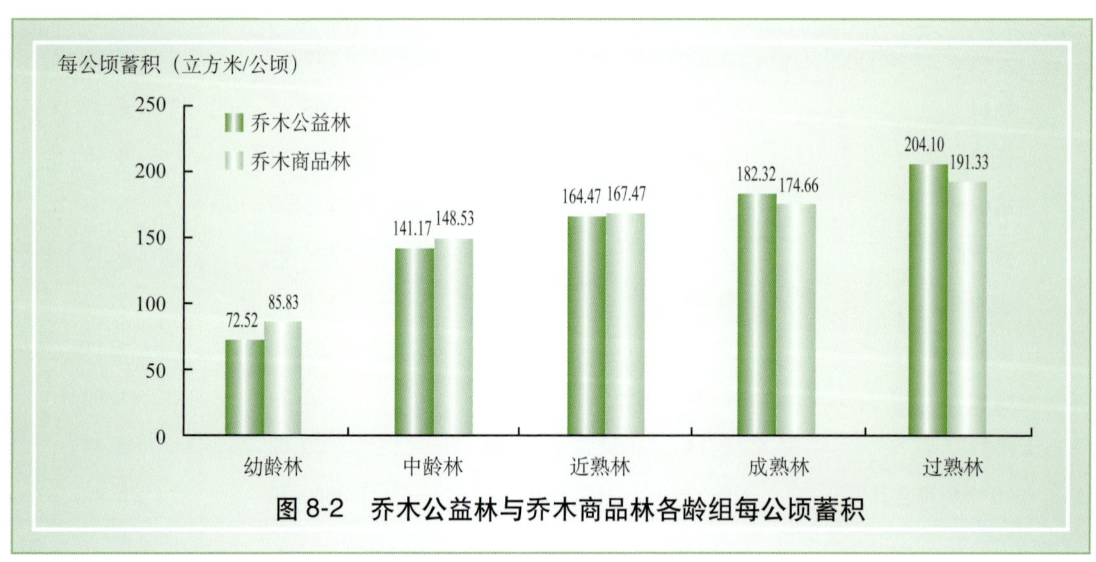

图8-2　乔木公益林与乔木商品林各龄组每公顷蓄积

二、单位面积株数

乔木林每公顷株数 827 株。按起源分，天然乔木林 783 株，人工乔木林 1198 株。按龄组分，幼龄林 1438 株，中龄林 1053 株，近熟林 773 株，成熟林 534 株，过熟林 471 株。天然乔木林与人工乔木林各龄组每公顷株数见图 8-3。

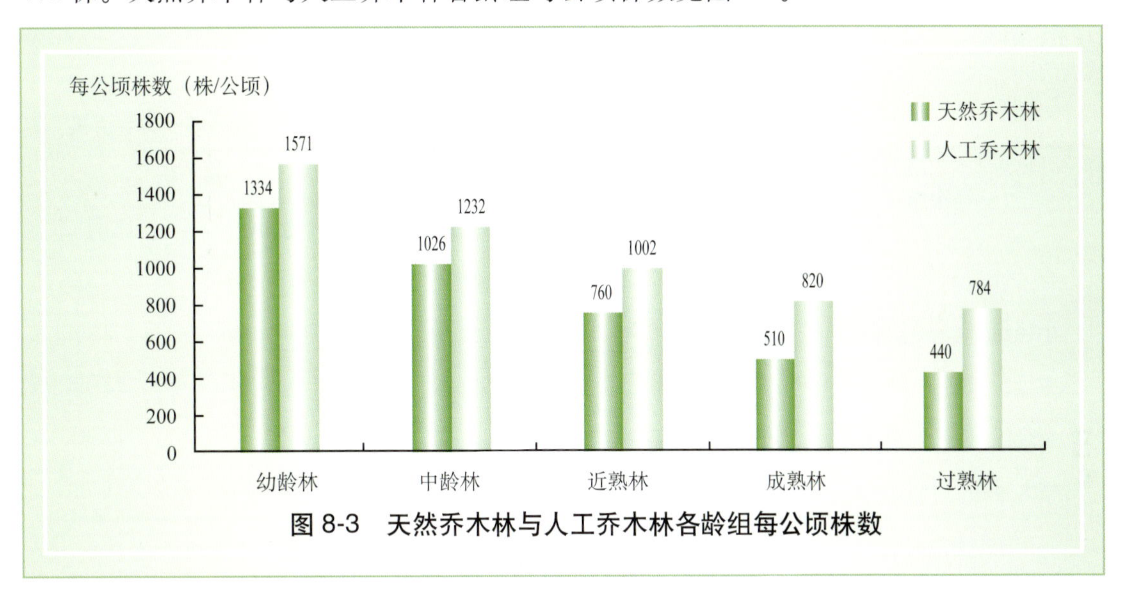

图 8-3　天然乔木林与人工乔木林各龄组每公顷株数

三、平均郁闭度

乔木林平均郁闭度 0.67。其中，天然乔木林 0.67，人工乔木林 0.70。按郁闭度等级分，疏（郁闭度 0.20 ～ 0.39）的面积 2.62 万公顷、占 0.81%，中（郁闭度 0.40 ～ 0.69）的面积 118.43 万公顷、占 36.53%，密（郁闭度 0.70 以上）的面积 203.16 万公顷、占 62.66%。乔木林各龄组郁闭度等级面积见表 8-22。

表 8-22　乔木林各龄组郁闭度等级面积

万公顷、%

龄　组	面积合计	疏（0.20～0.39）		中（0.40～0.69）		密（0.70 以上）	
		面积	比例	面积	比例	面积	比例
合　计	324.21	2.62	0.81	118.43	36.53	203.16	62.66
幼龄林	21.76	1.39	6.39	6.80	31.25	13.57	62.36
中龄林	84.27	0.30	0.36	24.80	29.43	59.17	70.21
近熟林	135.38	0.31	0.23	47.44	35.04	87.63	64.73
成熟林	71.03	0.46	0.65	34.54	48.63	36.03	50.72
过熟林	11.77	0.16	1.36	4.85	41.21	6.76	57.43

四、平均胸径

乔木林平均胸径19.8厘米。按起源分，天然乔木林20.3厘米，人工乔木林15.3厘米。乔木林中，小径组和中径组林木面积287.35万公顷、占88.63%，蓄积44339.60万立方米、占86.30%，大径组和特大径组林木面积36.86万公顷、占11.37%，蓄积7039.96万立方米、占13.70%。乔木林各径级组面积蓄积见表8-23。

表8-23　乔木林各径级组面积蓄积

万公顷、万立方米、%

径级组	面积		蓄积	
	数量	比例	数量	比例
合　计	324.21	100.00	51379.56	100.00
小径组（6～12厘米）	20.92	6.45	1405.86	2.74
中径组（14～24厘米）	266.43	82.18	42933.74	83.56
大径组（26～36厘米）	34.67	10.69	6480.42	12.61
特大径组（38厘米以上）	2.19	0.68	559.54	1.09

五、平均树高

乔木林平均树高15.9米。其中，天然乔木林平均树高16.1米，人工乔木林平均树高13.6米。平均树高在10.0～20.0米的乔木林面积295.17万公顷、占91.04%。乔木林各高度级面积见表8-24。

表8-24　乔木林各高度级面积

万公顷、%

高度级	乔木林		天然乔木林		人工乔木林	
	面积	比例	面积	比例	面积	比例
合　计	324.21	100.00	289.90	100.00	34.31	100.00
5.0米以下	2.62	0.81	0.72	0.25	1.90	5.54
5.0～10.0米	10.22	3.15	5.95	2.05	4.27	12.44
10.0～15.0米	69.60	21.47	58.07	20.03	11.53	33.61
15.0～20.0米	225.57	69.57	210.44	72.59	15.13	44.10
20.0～25.0米	15.88	4.90	14.41	4.97	1.47	4.28
25.0～30.0米	0.32	0.10	0.31	0.11	0.01	0.03
30.0米以上	0.0028		0.0028			

第四节　森林生态状况

森林生态状况可以通过群落结构、自然度、森林灾害、天然更新情况等特征因子来体现。吉林省重点国有林区的天然林以次生林为主，占98.88%。公益林群落结构相对完整，完整群落结构的比例为86.86%。天然更新较好的乔木林占78.83%。遭受中等程度以上灾害的森林面积占0.21%。

一、群落结构

群落结构是指森林内各种生物在时间和空间上的配置状况。根据森林所具备的乔木层、下木层、地被物层（含草本、苔藓、地衣）的情况，将森林群落结构分为完整结构、较完整结构和简单结构，具有乔木层、下木层、地被物层三个层次的为完整结构，具有乔木层和其他一个植被层（下木层或地被物层）的为较完整结构，只有乔木层的为简单结构。公益林中具有完整群落结构的森林面积为155.73万公顷、占86.86%，较完整结构的面积19.04万公顷、占10.62%，简单结构的面积4.51万公顷、占2.52%，公益林中具有完整群落结构的森林占的比例大。公益林不同郁闭度等级的群落结构占比情况见表8-25。

表8-25　公益林群落结构分郁闭度等级面积

万公顷、%

群落结构	合　计		疏（0.20～0.39）		中（0.40～0.69）		密（0.70以上）	
	面积	比例	面积	比例	面积	比例	面积	比例
合　计	179.28	100.00	1.24	100.00	66.85	100.00	111.19	100.00
完整结构	155.73	86.86	0.95	76.61	58.54	87.57	96.24	86.55
较完整结构	19.04	10.62	0.23	18.55	6.70	10.02	12.11	10.90
简单结构	4.51	2.52	0.06	4.84	1.61	2.41	2.84	2.55

二、自然度

根据受干扰的情况，按照植被状况与原始顶极群落的差异，或次生群落处于演替中的阶段，将天然乔木林划分为原始林、次生林和残次林三种类型。

在自然状态下生长发育形成的天然林，或人为干扰后通过自然恢复到原始状态的天然林，统称为原始林，面积为3.18万公顷、占天然乔木林的1.10%，以落叶松、红松、冷杉、椴树、蒙古栎等树种组成的混交林为主，平均年龄81年。

原始林经过人为干扰后，形成以地带性非顶极树种为优势、具有稳定的林分结构的森林植被群落，统称为天然次生林，面积286.65万公顷、占天然乔木林的98.88%。天然次生林中，已形成异龄复层林、通过天然更新或辅以人工促进措施可逐步恢复到接近原生状态的天然次生林，简称“近原生次生林”，面积172.37万公顷、占60.13%，以蒙古栎、紫椴、胡桃楸、水曲柳、槭树、红松等树种组成的混交林为主，平均年龄83年；原生植被基本消失、由萌生或部分实生林木组成、结构相对复杂的天然次生林，简称“恢复性次生林”，面积84.53万公顷、占29.49%，以蒙古栎、白桦、胡桃楸、紫椴、落叶松、枫华、冷杉等树种组成的混交林为主，平均年龄49年；林分结构相对单纯、质量和利用价值低、天然更新差、需要采取人工措施促进正向演替的天然次生林，简称“退化次生林”，面积29.75万公顷、占10.38%，以白桦、枫桦、杨树、紫椴、槭树、榆树等树种组成的混交林为主，平均年龄66年。

原生植被经多次高强度人为干扰后形成的结构不完整、生长发育不正常、林相残破的稀疏天然林，统称为残次林，面积0.07万公顷、占天然乔木林面积的0.02%，以白桦、胡桃楸、水曲柳、紫椴、榆树、槭树等树种组成的混交林为主，平均年龄48年。

三、森林灾害

根据森林灾害的成因和受害立木的比例及生长状况，将灾害类型分病害虫害、火灾、气候灾害（风、雪、水、旱）和其他灾害，灾害程度分轻度、中度、重度。林区有2.86%的森林不同程度地受到病害虫害、火灾、气候灾害和其他灾害影响。受灾面积中，中度灾害占16.74%，轻度灾害占83.26%。受灾面积按灾害类型分，病虫害占52.33%，受风折（倒）和雪压等气候灾害占21.39%，其他灾害占26.28%。

四、天然更新情况

天然更新是林木利用自身繁殖能力，通过天然下种或萌蘖，逐步形成新一代森林的过程。根据单位面积幼苗（树）的株数和高度将林分天然更新状况分为良好、较好、不良三个等级。乔木林中天然更新状况良好的面积186.97万公顷、占57.67%，较好的面积68.60万公顷、占21.16%，不良的面积68.64万公顷、占21.17%。林地天然更新等级面积见表8-26。

表8-26 林地天然更新等级面积

万公顷、%

天然更新等级	乔木林		灌木林		其他林地	
	面积	比例	面积	比例	面积	比例
合计	324.21	100.00	1.10	100.00	11.06	100.00
良好	186.97	57.67	0.25	22.59	1.76	15.92
较好	68.60	21.16	0.03	2.72	0.74	6.68
不良	68.64	21.17	0.82	74.69	8.56	77.40

注：其他林地包括疏林地、无立木林地和宜林地。

第五节　森林资源变化分析

2008—2018 年，吉林省重点国有林区的森林资源数量增加，质量提升，具体表现为：森林面积蓄积增加，公益林比例提高，龄组结构与树种结构改善，乔木林每公顷蓄积增加。

一、森林面积蓄积变化

森林面积由 2008 年的 313.13 万公顷增加到 2018 年的 324.47 万公顷，增加 11.34 万公顷，年均增加 1.13 万公顷，年均净增率 0.35%。森林蓄积由 2008 年的 47579.66 万立方米增加到 2018 年的 51379.56 万立方米，增加 3799.90 万立方米，年均增加 379.99 万立方米，年均净增率 0.77%。其中，天然林面积增加 3.53 万公顷，年均增加 0.35 万公顷；蓄积增加 1524.70 万立方米，年均增加 152.47 万立方米。人工林面积增加 7.81 万公顷，年均增加 0.78 万公顷；蓄积增加 2275.20 万立方米，年均增加 227.52 万立方米。森林面积蓄积变化见表 8-27。

表 8-27　森林面积蓄积变化

万公顷、万立方米、%

项　目		本　期	前　期	变化量	年均增量	年均净增率
森林面积	合　计	324.47	313.13	11.34	1.13	0.35
	天然林	289.90	286.37	3.53	0.35	0.12
	人工林	34.57	26.76	7.81	0.78	2.54
森林蓄积	合　计	51379.56	47579.66	3799.90	379.99	0.77
	天然林	46719.30	45194.60	1524.70	152.47	0.33
	人工林	4660.26	2385.06	2275.20	227.52	6.46

二、森林结构变化

（一）林种结构变化

公益林与商品林的面积之比由 2008 年的 33∶67 调整到 2018 年的 55∶45。其中防护林面积增加 13.05 万公顷，比例由 26.97% 提高到 30.05%。特用林面积增加 63.67 万公顷，比例由 5.80% 提高到 25.22%。用材林面积减少 65.36 万公顷，比例由 67.16% 降低到 44.67%。各林种面积蓄积变化见表 8-28。

表 8-28　各林种面积蓄积变化

万公顷、万立方米、%

项　目		本　期		前　期		变化量	
		数量	比例	数量	比例	数量	比例
森林面积	合　计	324.47	100.00	313.13	100.00	11.34	0.00
	防护林	97.49	30.05	84.44	26.97	13.05	3.08
	特用林	81.85	25.22	18.18	5.80	63.67	19.42
	用材林	144.93	44.67	210.29	67.16	−65.36	−22.49
	经济林	0.20	0.06	0.22	0.07	−0.02	−0.01
森林蓄积	合　计	51379.56	100.00	47579.66	100.00	3799.90	0.00
	防护林	15276.40	29.73	13201.22	27.74	2075.18	1.99
	特用林	13124.96	25.55	2433.97	5.12	10690.99	20.43
	用材林	22978.20	44.72	31944.47	67.14	−8966.27	−22.42

（二）龄组结构变化

中幼林面积由 2008 年的 127.40 万公顷减少到 2018 年的 106.03 万公顷，比例由 40.72% 降低到 32.70%；近成过熟林面积由 185.51 万公顷增加到 218.18 万公顷，比例由 59.28% 提高到 67.30%，中幼林与近成过熟林的面积之比由 41：59 变为 33：67。各龄组面积蓄积变化见表 8-29。

表 8-29　乔木林各龄组面积蓄积变化

万公顷、万立方米、%

项　目		本　期		前　期		变化量	
		数量	比例	数量	比例	数量	比例
乔木林面积	合　计	324.21	100.00	312.91	100.00	11.30	0.00
	幼龄林	21.76	6.71	50.90	16.27	−29.14	−9.56
	中龄林	84.27	25.99	76.50	24.45	7.77	1.54
	近熟林	135.38	41.76	83.00	26.52	52.38	15.24
	成熟林	71.03	21.91	78.07	24.95	−7.04	−3.04
	过熟林	11.77	3.63	24.44	7.81	−12.67	−4.18
乔木林蓄积	合　计	51379.56	100.00	47579.66	100.00	3799.90	0.00
	幼龄林	1736.57	3.38	3350.75	7.04	−1614.18	−3.66
	中龄林	12163.33	23.68	9303.71	19.56	2859.62	4.12
	近熟林	22443.90	43.68	13828.50	29.06	8615.40	14.62
	成熟林	12707.80	24.73	15324.18	32.21	−2616.38	−7.48
	过熟林	2327.96	4.53	5772.52	12.13	−3444.56	−7.60

（三）树种结构变化

混交林面积比例由2008年的73.60%增加到2018年的80.52%，提高6.92个百分点，纯林与混交林的面积之比由26：74变为19：81，纯林与混交林面积比例变化见表8-30。

表8-30 纯林与混交林面积比例变化

%

项目	本期	前期	变化量
纯林	19.48	26.40	-6.92
混交林	80.52	73.60	6.92

2008—2018年，蒙古栎面积增加35.69万公顷，蓄积增加5534.01万立方米。珍贵树种中红松面积增加8.88万公顷，蓄积增加1568.94万立方米；水曲柳面积增加17.05万公顷，蓄积增加2774.8万立方米；胡桃楸面积增加32.47万公顷，蓄积增加5246.78万立方米；黄波罗面积增加1.28万公顷，蓄积增加204.24万立方米。

三、质量变化

乔木林每公顷蓄积由2008年的152.06立方米增加到2018年的158.48立方米，增加了6.42立方米。平均郁闭度减少0.10，减至0.67。平均胸径增加4.0厘米，增至19.8厘米。每公顷株数减少281株，减至827株。森林质量变化见表8-31。

表8-31 森林质量变化

项目	本期	前期	变化量
单位面积蓄积（立方米/公顷）	158.48	152.06	6.42
单位面积株数（株/公顷）	827	1108	-281
平均郁闭度	0.67	0.77	-0.10
平均胸径（厘米）	19.8	15.8	4.0

第六节 森林资源特点评价

一、森林面积蓄积平稳增长

实施天然林资源保护工程以来，吉林省重点国有林区森林植被得到恢复，森林面积蓄积呈现持续增长态势。森林面积由1998年的301.80万公顷增加到2018年的324.47万公顷，20年增加了22.67万公顷，增幅7.51%，保持平稳增长的趋势。森林蓄积由1998年的4.11亿立方米增加到2018年的5.14亿立方米，20年增加了1.03亿立方米，增幅 25.10%，呈现增长态势。

二、公益林比例大幅提高，幼中龄林比例下降

公益林面积比例由 1998 年的 6.38% 调整到 2018 年 55.27%，其中，防护林面积比例提高了 25.65 个百分点，达到 30.05%；特用林面积比例提高了 23.24 个百分点，达到 25.22%，以生态保护为主的森林资源发展格局基本形成。幼龄林和中龄林面积比例分别下降 12.53 个百分点和 3.10 个百分点，分别降至 6.71% 和 25.99%，近熟林面积比例增加，提高 23.23 个百分点，达到了 41.76%。

三、天然林资源增加，地带性植被逐步恢复

天然林面积从 1998 年的 266.28 万公顷增加到 2018 年的 289.90 万公顷，增加了 23.62 万公顷，增幅 8.87%。天然林蓄积从 1998 年的 39076.65 万立方米增加到 2018 年的 46719.30 万立方米，增加 7642.65 万立方米。在天然林面积蓄积持续增长的同时，地带性植被得到逐步恢复。蒙古栎林面积增加 44.50 万公顷，面积比例增加了 13 个百分点，达到 20.85%；蓄积增加 7967.64 万立方米。红松林面积增加 3.95 万公顷，面积比例增加 1 个百分点，达到 3.40%；红松林蓄积增加 754.77 万立方米。实施天然林保护工程的效果逐步显现。

四、单位面积蓄积增加，森林质量提升

自 20 世纪 70 年代到 90 年代末，林区乔木林每公顷蓄积持续下降到 136.18 立方米。实施天保工程后，森林质量下降的趋势得到扭转，乔木林每公顷蓄积逐步增加到 2008 年的 152.06 立方米，2018 年达到 158.48 立方米，20 年增加了 22.30 立方米。林木平均胸径也有所提高，由 1998 年的 15.9 厘米增加到 2018 年的 19.8 厘米，增加了 3.9 厘米，大径阶和特大径阶的林木面积比例达到 11.37%。

五、保护地建设稳步推进，自然生态系统整体性保护得到加强

2016 年开展了东北虎豹国家公园体制试点建设，规划面积 1.46 万平方公里，涉及吉林省重点国有林区 4 个林业局，整合了珲春松茸自然保护区、珲春东北虎国家级自然保护区、天桥岭东北虎国家级自然保护区、汪清国家级自然保护区以及图们江国家森林公园、郎乡森林公园，对东北虎、东北豹、紫杉、松茸等进行整体性系统性保护。此外，林区内还有自然保护区 9 处、森林公园 10 处，对林区重点保护森林植被类型、野生动植物栖息地以及生物多样性进行保护。

综上所述，经过 20 年的森林资源保护和建设，吉林省重点国有林区地带性植被逐步恢复，森林面积蓄积平稳增长，森林质量不断提高，保护地建设稳步推进，森林资源保护发展取得明显成效。然而，与林区生态文明建设和经济社会发展的要求相比，仍有差距。一是林地生产潜力尚未得到充分发挥，每公顷蓄积 158.48 立方米，与林地平均生产潜力 220 立方米 / 公顷相比还有 60 多立方米的提升空间。二是森林经营有待进一步加强，过疏过密的林分面积达到 72.09 万公顷、占 22.24%。三是林区森林结构不尽合理，杨桦林面积比例达到 17.44%，红松阔叶混交林比例只有 3.40%，与培育健康稳定、优质高效的森林生态系统的要求还有差距。

第九章

黑龙江重点国有林区森林资源状况

黑龙江重点国有林区位于黑龙江省的中南部及东部，经营总面积 1009.8 万公顷。地理位置处于东经 127° 00′ 56″ ~ 134° 05′ 00″、北纬 43° 25′ 00″ ~ 49° 08′ 24″之间，坐落于小兴安岭、完达山、老爷岭、张广才岭等山脉，属中温带大陆性气候，年平均气温 0 ~ 3℃，年降水量 500 ~ 700 毫米，无霜期 100 ~ 130 天。林区江河密布，松花江贯穿其中，是乌苏里江、绥芬河，以及松花江主要支流牡丹江、汤旺河、拉林河的发源地。该区的地带性植被为红松阔叶混交林，代表性针叶树种有红松、落叶松、云冷杉、紫杉，阔叶树种有蒙古栎、水曲柳、胡桃楸、黄波罗、椴树、白桦、山杨、拧筋槭、白牛槭等，林区森林资源丰富。

第一节　森林资源概述

黑龙江重点国有林区森林面积 868.50 万公顷，森林蓄积 101147.24 万立方米，每公顷蓄积 116.46 立方米。天然林面积 782.99 万公顷，天然林蓄积 90071.92 万立方米；人工林面积 85.51 万公顷，人工林蓄积 11075.32 万立方米。

一、林地各地类面积

林地面积 1004.70 万公顷。其中，乔木林地 868.50 万公顷，灌木林地 0.90 万公顷，未成造林地 0.70 万公顷，苗圃地 0.31 万公顷，疏林地 0.64 万公顷，无立木林地 84.92 万公顷，宜林地 41.82 万公顷，林业辅助生产用地 6.91 万公顷。林地各地类面积见表 9-1。

表 9-1　林地各地类面积

万公顷、%

地　类	面　积	比　例
合　计	1004.70	100.00
乔木林地	868.50	86.44
灌木林地	0.90	0.09
未成林造林地	0.70	0.07
苗圃地	0.31	0.03
疏林地	0.64	0.06
无立木林地	84.92	8.45
宜林地	41.82	4.16
林业辅助生产用地	6.91	0.69

林地面积中，公益林地 773.77 万公顷，商品林地 230.93 万公顷，所占比例分别为 77.02%、22.98%。国家级公益林面积 234.00 万公顷，其中一级国家级公益林 41.12 万公顷、占 17.57%，二级国家级公益林 192.88 万公顷、占 82.43%。

二、各类林木蓄积

活立木蓄积 103299.60 万立方米。其中，森林蓄积 101147.24 万立方米，占 97.92%；疏林蓄积 20.40 万立方米，占 0.02%；散生木蓄积 2131.96 万立方米，占 2.06%。

三、森林面积蓄积

森林面积 868.50 万公顷，森林蓄积 101147.24 万立方米。每公顷蓄积 116.46 立方米。森林按起源分以天然林为主，天然林面积 782.99 万公顷、占 90.15%，天然林蓄积 90071.92 万立方米、占 89.05%。森林按林种分，防护林最多，面积 462.56 万公顷、占 53.26%，蓄积 53983.67 万立方米、占 53.37%；其次为特用林和用材林，面积分别占 24.85%、21.89%，蓄积分别占 24.64% 和 21.99%。森林分起源和林种面积蓄积见表 9-2。

表 9-2　森林分起源和林种面积蓄积

万公顷、万立方米

林　种	合　计		天然林		人工林	
	面积	蓄积	面积	蓄积	面积	蓄积
合　计	868.50	101147.24	782.99	90071.92	85.51	11075.32
防护林	462.56	53983.67	406.64	46675.49	55.92	7308.18
特用林	215.83	24923.18	203.07	23293.94	12.76	1629.24
用材林	190.11	22240.31	173.28	20102.41	16.83	2137.90
经济林	0.004	0.08	0.004	0.08		

按龄组分，乔木林中，中幼林面积合计689.72万公顷、占79.41%，蓄积合计75995.56万立方米、占75.14%；近成过熟林面积合计178.78万公顷、占20.59%，蓄积合计25151.68万立方米、占24.86%。乔木林各龄组面积蓄积见表9-3。

表9-3 乔木林各龄组面积蓄积

万公顷、万立方米、%

龄组	面积		蓄积	
	数量	比例	数量	比例
合计	868.50	100.00	101147.24	100.00
幼龄林	113.27	13.04	8610.99	8.52
中龄林	576.45	66.37	67384.57	66.62
近熟林	147.96	17.04	20444.51	20.21
成熟林	28.20	3.25	4170.07	4.12
过熟林	2.62	0.30	537.10	0.53

按林分类型分，乔木林中，纯林面积175.88万公顷、占20.25%，蓄积19490.12万立方米、占19.27%；混交林面积692.62万立方米、占79.75%，蓄积81657.12万立方米、占80.73%。纯林面积中，针叶纯林占36.20%，阔叶纯林占63.80%。混交林面积中，针叶混交林占6.12%，针阔混交林占25.66%，阔叶混交林占68.22%。乔木林各林分类型面积蓄积见表9-4。

表9-4 乔木林各林分类型面积蓄积

万公顷、万立方米、%

林分类型		面积		蓄积	
		数量	比例	数量	比例
合计		868.50	100.00	101147.24	100.00
纯林	小计	175.88	20.25	19490.12	19.27
	针叶纯林	63.66	7.33	8476.82	8.38
	阔叶纯林	112.22	12.92	11013.30	10.89
混交林	小计	692.62	79.75	81657.12	80.73
	针叶混交林	42.41	4.88	5564.93	5.50
	针阔混交林	177.70	20.46	21888.93	21.64
	阔叶混交林	472.51	54.41	54203.26	53.59

按优势树种统计，乔木林中，面积排名前15位的分别为白桦、蒙古栎、落叶松、枫桦、冷杉、椴树、水曲柳、山杨、红松、云杉、胡桃楸、槭树、榆树、黑桦、毛赤杨，面积合计850.79万公顷、占乔木林面积的97.96%，蓄积合计99246.84万立方米、占乔木林蓄积的98.12%。乔木林主要优势树种面积蓄积见表9-5。

表9-5 乔木林主要优势树种面积蓄积

万公顷、万立方米、%

树种	面积		蓄积	
	数量	比例	数量	比例
白桦	144.94	16.69	14579.25	14.41
蒙古栎	140.48	16.18	15843.03	15.66
落叶松	93.39	10.75	11843.46	11.71
枫桦	82.81	9.53	9998.60	9.89
冷杉	71.68	8.25	9581.84	9.47
椴树	57.71	6.64	6691.29	6.62
水曲柳	52.60	6.06	6123.81	6.05
山杨	49.18	5.66	6534.85	6.46
红松	42.88	4.94	5885.71	5.82
云杉	34.30	3.95	3908.16	3.86
胡桃楸	22.13	2.55	2552.50	2.52
槭树	21.63	2.49	2334.94	2.31
榆树	18.81	2.17	1836.12	1.82
黑桦	11.78	1.36	1123.48	1.11
毛赤杨	6.47	0.74	409.80	0.41
15个树种合计	850.79	97.96	99246.84	98.12

第二节 森林资源构成

森林按主导功能分为公益林和商品林，按起源分为天然林和人工林。黑龙江重点国有林区的森林按主导功能分，公益林面积比例较大，占78.11%；按起源分，以天然林为主，面积占90.15%。

一、公益林和商品林

森林面积中，公益林678.39万公顷、占78.11%，商品林190.11万公顷、占21.89%。森林蓄积中，公益林78906.85万立方米、占78.01%，商品林22240.39万立方米、占21.99%。

（一）公益林资源

公益林面积678.39万公顷，其中，防护林462.56万公顷、占68.18%，特用林215.83万公顷、占31.82%。公益林蓄积78906.85万立方米，每公顷蓄积116.31立方米。

1. 起源结构

按起源分，公益林面积中，天然林609.71万公顷、占89.88%，人工林68.68万公顷、占10.12%。公益林蓄积中，天然林69969.43万立方米、占88.67%，人工林8937.42万立方米、占11.33%。公益林分起源和林种面积蓄积见表9-6。

表9-6　公益林分起源和林种面积蓄积

万公顷、万立方米

林　种	合　计		天然林		人工林	
	面积	蓄积	面积	蓄积	面积	蓄积
合　计	678.39	78906.85	609.71	69969.43	68.68	8937.42
防护林	462.56	53983.67	406.64	46675.49	55.92	7308.18
特用林	215.83	24923.18	203.07	23293.94	12.76	1629.24

2. 龄组结构

按龄组分，乔木公益林中，中幼林面积合计536.17万公顷、占79.04%，蓄积合计58785.92万立方米、占74.50%；近成过熟林面积合计142.22万公顷、占20.96%，蓄积合计20120.93万立方米、占25.50%。乔木公益林各龄组面积蓄积见表9-7。

表9-7　乔木公益林各龄组面积蓄积

万公顷、万立方米、%

龄　组	面　积		蓄　积	
	数量	比例	数量	比例
合　计	678.39	100.00	78906.85	100.00
幼龄林	89.27	13.16	6694.54	8.48
中龄林	446.90	65.88	52091.38	66.02
近熟林	117.32	17.29	16229.52	20.57
成熟林	22.59	3.33	3393.68	4.30
过熟林	2.31	0.34	497.73	0.63

3. 树种结构

按林分类型分，乔木公益林中，纯林面积146.49万公顷、占21.59%，蓄积16322.73万立方米、占20.69%；混交林面积531.90万公顷、占78.41%，蓄积62584.12万立方米、占79.31%。纯林面积中，针叶纯林占34.99%，阔叶纯林占65.01%。混交林面积中，针叶混交林占5.94%，针阔混交林占24.67%，阔叶混交林占69.39%。乔木公益林各林分类型面积蓄积见表9-8。

表9-8 乔木公益林各林分类型面积蓄积

万公顷、万立方米、%

林分类型		面积		蓄积	
		数量	比例	数量	比例
合计		678.39	100.00	78906.85	100.00
纯林	小计	146.49	21.59	16322.73	20.69
	针叶纯林	51.26	7.55	6934.20	8.79
	阔叶纯林	95.23	14.04	9388.53	11.90
混交林	小计	531.90	78.41	62584.12	79.31
	针叶混交林	31.61	4.66	4217.20	5.34
	针阔混交林	131.20	19.34	16127.84	20.44
	阔叶混交林	369.09	54.41	42239.08	53.53

按优势树种统计，乔木公益林中，面积排名前15位的分别为蒙古栎、白桦、落叶松、枫桦、冷杉、椴树、水曲柳、山杨、红松、云杉、胡桃楸、槭树、榆树、黑桦、毛赤杨，面积合计663.78万公顷、占97.85%，蓄积合计77324.58万立方米、占98.02%。乔木公益林主要优势树种面积蓄积见表9-9。

表9-9 乔木公益林主要优势树种面积蓄积

万公顷、万立方米、%

树种	面积		蓄积	
	数量	比例	数量	比例
蒙古栎	121.51	17.91	13718.68	17.39
白桦	110.13	16.23	11003.71	13.95
落叶松	73.42	10.82	9389.25	11.90
枫桦	63.67	9.39	7660.36	9.71
冷杉	50.09	7.38	6663.80	8.45
椴树	44.03	6.49	5103.04	6.47

（续）

树　种	面　积		蓄　积	
	数量	比例	数量	比例
水曲柳	40.81	6.02	4754.74	6.03
山杨	36.74	5.42	4842.79	6.14
红松	33.50	4.94	4672.86	5.92
云杉	25.55	3.77	2903.75	3.68
胡桃楸	18.61	2.74	2148.05	2.72
槭树	16.58	2.44	1798.35	2.28
榆树	15.00	2.21	1472.10	1.87
黑桦	9.28	1.37	891.99	1.13
毛赤杨	4.86	0.72	301.11	0.38
15 个树种合计	663.78	97.85	77324.58	98.02

（二）商品林资源

商品林面积 190.11 万公顷，其中用材林 190.11 万公顷，经济林 0.004 万公顷。商品林蓄积 22240.39 万立方米，每公顷蓄积 116.99 立方米。

1. 起源结构

按起源分，商品林面积中，天然林 173.28 万公顷、占 91.15%，人工林 16.83 万公顷、占 8.85%。商品林蓄积中，天然林 20102.49 万立方米、占 90.39%，人工林 2137.90 万立方米、占 9.61%。商品林分起源和林种面积蓄积见表 9-10。

表 9-10　商品林分起源和林种面积蓄积

万公顷、万立方米

林　种	合　计		天然林		人工林	
	面积	蓄积	面积	蓄积	面积	蓄积
合　计	190.11	22240.39	173.28	20102.49	16.83	2137.90
用材林	190.11	22240.31	173.28	20102.41	16.83	2137.90
经济林	0.004	0.08	0.003	0.08	0.001	0.005

2. 龄组结构

按龄组分，乔木商品林中，中幼林面积合计 153.55 万公顷、占 80.77%，蓄积合计 17209.56 万立方米、占 77.38%；近成过熟林面积合计 36.56 万公顷、占 19.23%，蓄积合计 5030.75 万立方米、占 22.62%。乔木商品林各龄组面积蓄积见表 9-11。

表 9-11 乔木商品林各龄组面积蓄积

万公顷、万立方米、%

龄组	面积		蓄积	
	数量	比例	数量	比例
合 计	190.11	100.00	22240.31	100.00
幼龄林	24.00	12.62	1916.38	8.62
中龄林	129.55	68.15	15293.18	68.76
近熟林	30.64	16.12	4214.99	18.95
成熟林	5.61	2.95	776.39	3.49
过熟林	0.31	0.16	39.37	0.18

可采资源(指用材林中可及度为“即可及”和“将可及”的成过熟林)面积 5.89 万公顷、占用材林面积的 3.10%，蓄积 812.10 万立方米、占用材林蓄积的 3.65%。

3. 树种结构

按林分类型分，乔木商品林中，纯林面积 29.39 万公顷、占 15.46%，蓄积 3167.39 万立方米、占 14.24%；混交林面积 160.72 万公顷、占 84.54%，蓄积 19073.00 万立方米、占 85.76%。纯林面积中，针叶纯林占 42.19%，阔叶纯林占 57.81%。混交林面积中，针叶混交林占 6.72%，针阔混交林占 28.93%，阔叶混交林占 64.35%。乔木商品林各林分类型面积蓄积见表 9-12。

表 9-12 乔木商品林各林分类型面积蓄积

万公顷、万立方米、%

林分类型		面积		蓄积	
		数量	比例	数量	比例
合 计		190.11	100.00	22240.39	100.00
纯林	小 计	29.39	15.46	3167.39	14.24
	针叶纯林	12.40	6.52	1542.62	6.94
	阔叶纯林	16.99	8.94	1624.77	7.30
混交林	小 计	160.72	84.54	19073.00	85.76
	针叶混交林	10.80	5.68	1347.73	6.06
	针阔混交林	46.50	24.46	5761.09	25.90
	阔叶混交林	103.42	54.40	11964.18	53.80

按优势树种统计，乔木商品林中，面积排名前 15 位的分别为白桦、冷杉、落叶松、枫桦、蒙古栎、椴树、山杨、水曲柳、红松、云杉、槭树、榆树、胡桃楸、黑桦、毛赤杨，

面积合计 187.01 万公顷、占 98.37%，蓄积合计 21922.26 万立方米、占 98.57%。乔木商品林主要优势树种面积蓄积见表 9-13。

表 9-13　乔木商品林主要优势树种面积蓄积

万公顷、万立方米、%

树　种	面　积		蓄　积	
	数量	比例	数量	比例
白桦	34.81	18.31	3575.54	16.08
冷杉	21.59	11.36	2918.04	13.12
落叶松	19.97	10.50	2454.21	11.03
枫桦	19.14	10.07	2338.24	10.51
蒙古栎	18.97	9.98	2124.35	9.55
椴树	13.68	7.20	1588.25	7.14
山杨	12.44	6.54	1692.06	7.61
水曲柳	11.79	6.20	1369.07	6.16
红松	9.38	4.93	1212.85	5.45
云杉	8.75	4.60	1004.41	4.52
槭树	5.05	2.66	536.59	2.41
榆树	3.81	2.00	364.02	1.64
胡桃楸	3.52	1.85	404.45	1.82
黑桦	2.50	1.32	231.49	1.04
毛赤杨	1.61	0.85	108.69	0.49
15 个树种合计	187.01	98.37	21922.26	98.57

二、天然林和人工林

森林面积中，天然林 782.99 万公顷、占 90.15%，人工林 85.51 万公顷、占 9.85%。森林蓄积中，天然林 90071.92 万立方米、占 89.05%，人工林 11075.32 万立方米、占 10.95%。

（一）天然林资源

天然林全部为乔木林，面积 782.99 万公顷，天然林蓄积 90071.92 万立方米，每公顷蓄积 115.04 立方米。

1. 林种结构

按林种分，天然林面积中，防护林 406.64 万公顷，特用林 203.07 万公顷，用材林

173.28 万公顷，经济林 0.004 万公顷。天然林中，防护林比例大，面积占 51.93%，蓄积占 51.82%。天然林各林种面积蓄积见表 9-14。

表 9-14 天然林各林种面积蓄积

万公顷、万立方米、%

林 种	面 积		蓄 积	
	数量	比例	数量	比例
合 计	782.99	100.00	90071.92	100.00
防护林	406.64	51.93	46675.49	51.82
特用林	203.07	25.94	23293.94	25.86
用材林	173.28	22.13	20102.41	22.32
经济林	0.004		0.08	

2. 龄组结构

按龄组分，天然乔木林中，中幼林面积合计 625.20 万公顷、占 79.85%，蓄积合计 68136.32 万立方米、占 75.64%；近成过熟林面积合计 157.79 万公顷、占 20.15%，蓄积合计 21935.60 万立方米、占 24.36%。天然乔木林各龄组面积蓄积见表 9-15。

表 9-15 天然乔木林各龄组面积蓄积

万公顷、万立方米、%

龄 组	面 积		蓄 积	
	数量	比例	数量	比例
合 计	782.99	100.00	90071.92	100.00
幼龄林	89.39	11.42	6515.58	7.23
中龄林	535.81	68.43	61620.74	68.41
近熟林	131.98	16.85	18011.68	20.00
成熟林	23.39	2.99	3415.65	3.79
过熟林	2.42	0.31	508.27	0.57

3. 树种结构

按林分类型分，天然乔木林中，纯林面积 129.05 万公顷、占 16.48%，蓄积 13300.54 万立方米、占 14.77%；混交林面积 653.94 万公顷、占 83.52%，蓄积 76771.38 万立方米、占 85.23%。纯林面积中，针叶纯林占 13.68%，阔叶纯林占 86.32%。混交林面积中，针叶混交林占 5.51%，针阔混交林占 22.27%，阔叶混交林占 72.22%。天然乔木林各林分类型面积蓄积见表 9-16。

表 9-16　天然乔木林各林分类型面积蓄积

万公顷、万立方米、%

林分类型		面　积		蓄　积	
		数量	比例	数量	比例
合　计		782.99	100.00	90071.92	100.00
纯　林	小　计	129.05	16.48	13300.54	14.77
	针叶纯林	17.66	2.25	2358.59	2.62
	阔叶纯林	111.39	14.23	10941.95	12.15
混交林	小　计	653.94	83.52	76771.38	85.23
	针叶混交林	36.04	4.60	4758.31	5.28
	针阔混交林	145.61	18.60	17826.35	19.79
	阔叶混交林	472.29	60.32	54186.72	60.16

按优势树种统计，天然乔木林中，面积排名前 15 位的分别为白桦、蒙古栎、枫桦、冷杉、椴树、水曲柳、山杨、落叶松、云杉、红松、胡桃楸、槭树、榆树、黑桦、毛赤杨，面积合计 772.02 万公顷、占 98.59%，蓄积合计 88990.83 万立方米、占 98.81%。天然乔木林主要优势树种面积蓄积见表 9-17。

表 9-17　天然乔木林主要优势树种面积蓄积

万公顷、万立方米、%

树　种	面　积		蓄　积	
	数量	比例	数量	比例
白桦	144.93	18.51	14578.82	16.19
蒙古栎	140.48	17.94	15843.03	17.59
枫桦	82.81	10.58	9998.60	11.10
冷杉	71.60	9.14	9570.29	10.63
椴树	57.42	7.33	6655.46	7.39
水曲柳	51.92	6.63	6034.53	6.70
山杨	48.07	6.14	6422.07	7.13
落叶松	37.72	4.82	4076.82	4.53
云杉	28.76	3.67	3450.78	3.83
红松	28.06	3.58	4179.15	4.64
胡桃楸	21.78	2.78	2503.98	2.78
槭树	21.60	2.76	2331.17	2.59
榆树	18.63	2.38	1814.77	2.01
黑桦	11.78	1.50	1123.48	1.25
毛赤杨	6.46	0.83	407.88	0.45
15 个树种合计	772.02	98.59	88990.83	98.81

（二）人工林资源

人工林面积 85.51 万公顷，人工林蓄积 11075.32 万立方米，每公顷蓄积 129.52 立方米。其中人天混面积 40.28 万公顷、占人工林面积的 47.11%，蓄积 5003.10 万立方米、占人工林蓄积的 45.17%。

1. 林种结构

按林种分，人工林面积中，防护林 55.92 万公顷，特用林 12.76 万公顷，用材林 16.83 万公顷。人工林中，防护林比例较大，面积占 65.40%，蓄积占 65.99%。人工林各林种面积蓄积见表 9-18。

表 9-18　人工林各林种面积蓄积

万公顷、万立方米、%

林种		面积		蓄积	
		数量	比例	数量	比例
合计		85.51	100.00	11075.32	100.00
防护林		55.92	65.40	7308.18	65.99
特用林		12.76	14.92	1629.24	14.71
用材林		16.83	19.68	2137.90	19.30
其中：人天混	合计	40.28	100.00	5003.10	100.00
	防护林	25.72	63.85	3217.71	64.31
	特用林	6.85	17.01	823.09	16.46
	用材林	7.71	19.14	962.30	19.23

2. 龄组结构

按龄组分，人工乔木林中，中幼林面积合计 64.52 万公顷、占 75.46%，蓄积合计 7859.24 万立方米、占 70.96%；近成过熟林面积合计 20.99 万公顷、占 24.54%，蓄积合计 3216.08 万立方米、占 29.04%。人工乔木林各龄组面积蓄积见表 9-19。

表 9-19　人工乔木林各龄组面积蓄积

万公顷、万立方米、%

龄组	面积		蓄积	
	数量	比例	数量	比例
合计	85.51	100.00	11075.32	100.00
幼龄林	23.88	27.93	2095.41	18.92
中龄林	40.64	47.53	5763.83	52.04
近熟林	15.98	18.68	2432.83	21.97
成熟林	4.81	5.63	754.42	6.81

（续）

龄组		面积		蓄积	
		数量	比例	数量	比例
过熟林		0.20	0.23	28.83	0.26
其中：人天混	合　计	40.28	100.00	5003.10	100.00
	幼龄林	11.37	28.23	1037.53	20.74
	中龄林	21.34	52.98	2848.66	56.94
	近熟林	5.86	14.55	863.20	17.25
	成熟林	1.54	3.82	229.19	4.58
	过熟林	0.17	0.42	24.52	0.49

3. 树种结构

按林分类型分，人工乔木林中，纯林面积 46.83 万公顷、占 54.77%，蓄积 6189.58 万立方米、占 55.89%；混交林面积 38.68 万公顷、占 45.23%，蓄积 4885.74 万立方米、占 44.11%。纯林面积中，针叶纯林占 98.23%，阔叶纯林占 1.77%。混交林面积中，针叶混交林占 16.47%，针阔混交林占 82.96%，阔叶混交林占 0.57%。人工乔木林各林分类型面积蓄积见表 9-20。

表 9-20　人工乔木林各林分类型面积蓄积

万公顷、万立方米、%

林分类型			面积		蓄积	
			数量	比例	数量	比例
合　计			85.51	100.00	11075.32	100.00
纯　林		小　计	46.83	54.77	6189.58	55.89
		针叶纯林	46.00	53.80	6118.23	55.24
		阔叶纯林	0.83	0.97	71.35	0.65
混交林		小　计	38.68	45.23	4885.74	44.11
		针叶混交林	6.37	7.45	806.62	7.28
		针阔混交林	32.09	37.53	4062.58	36.68
		阔叶混交林	0.22	0.25	16.54	0.15
其中：人天混	合　计		40.28	100.00	5003.10	100.00
	纯　林	小　计	5.33	13.23	562.92	11.25
		针叶纯林	5.29	13.13	559.05	11.17
		阔叶纯林	0.04	0.10	3.87	0.08
	混交林	小　计	34.95	86.77	4440.18	88.75
		针叶混交林	2.82	7.00	375.93	7.52
		针阔混交林	31.95	79.32	4051.64	80.98
		阔叶混交林	0.18	0.45	12.61	0.25

按优势树种统计，人工乔木林中，面积排名前10位的分别为落叶松、红松、云杉、樟子松、水曲柳、胡桃楸、椴树、榆树、冷杉、杨树，面积合计80.25万公顷、占93.85%，蓄积合计10484.80万立方米、占94.67%。人工乔木林主要优势树种面积蓄积见表9-21。

表9-21 人工乔木林主要优势树种面积蓄积

万公顷、万立方米、%

树种	面积		蓄积	
	数量	比例	数量	比例
落叶松	55.67	65.10	7766.64	70.13
红松	14.82	17.33	1706.56	15.41
云杉	5.54	6.48	457.38	4.13
樟子松	2.57	3.01	339.85	3.07
水曲柳	0.68	0.80	89.28	0.81
胡桃楸	0.35	0.41	48.52	0.44
椴树	0.29	0.34	35.83	0.32
榆树	0.18	0.21	21.35	0.19
冷杉	0.08	0.09	11.55	0.10
杨树	0.07	0.08	7.84	0.07
10个树种合计	80.25	93.85	10484.80	94.67

第三节 森林质量状况

黑龙江重点国有林区乔木林每公顷蓄积116.46立方米，每公顷株数982株，平均郁闭度0.62，平均胸径16.1厘米，平均树高14.0米。

一、单位面积蓄积

乔木林每公顷蓄积116.46立方米。按起源分，天然乔木林115.04立方米，人工乔木林129.52立方米。按森林类别分，乔木公益林116.31立方米（其中国家级公益林116.39立方米），乔木商品林116.99立方米。按龄组分，幼龄林76.02立方米，中龄林116.90立方米，近熟林138.18立方米，成熟林147.87立方米，过熟林205.00立方米。天然乔木林与人工乔木林、乔木公益林与乔木商品林各龄组每公顷蓄积见图9-1、图9-2。

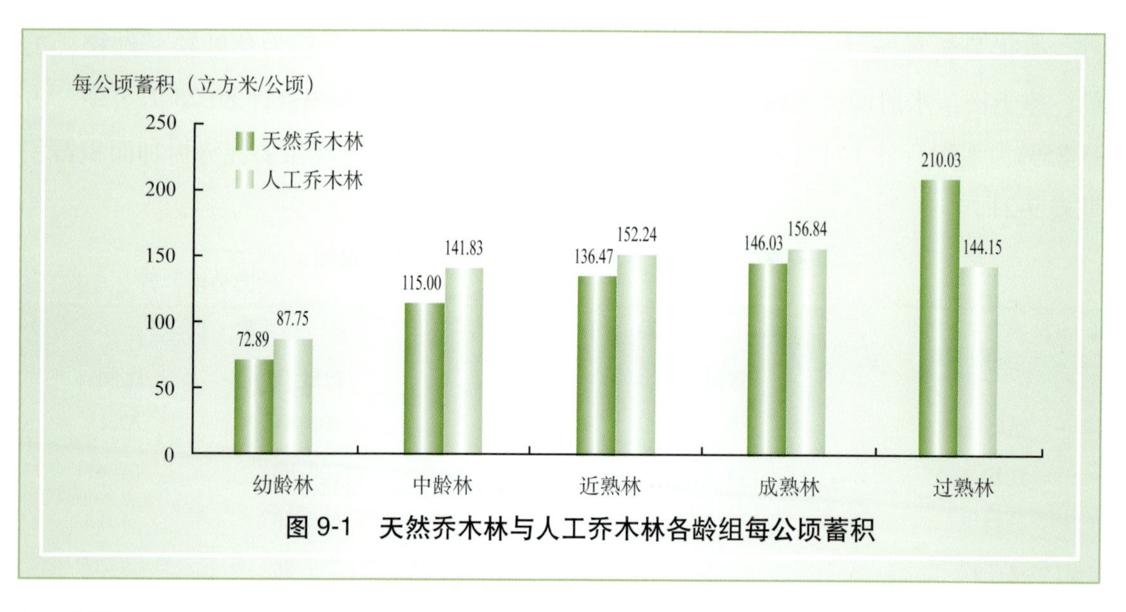

图 9-1 天然乔木林与人工乔木林各龄组每公顷蓄积

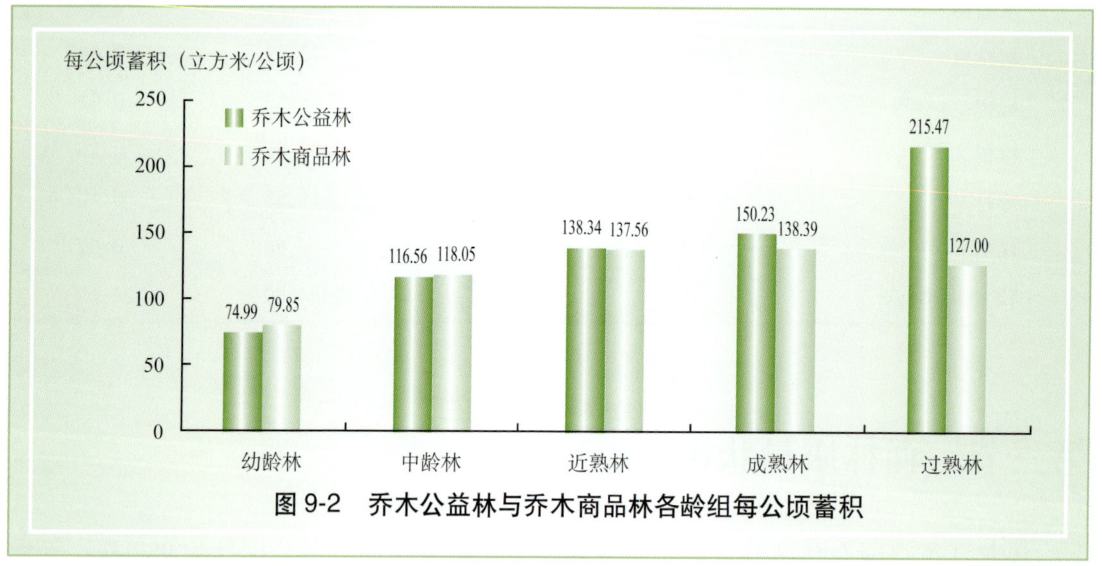

图 9-2 乔木公益林与乔木商品林各龄组每公顷蓄积

二、单位面积株数

乔木林每公顷株数 982 株。按起源分，天然乔木林 952 株，人工乔木林 1259 株。按龄组分，幼龄林 1376 株，中龄林 973 株，近熟林 778 株，成熟林 705 株，过熟林 584 株。天然乔木林与人工乔木林各龄组每公顷株数见图 9-3。

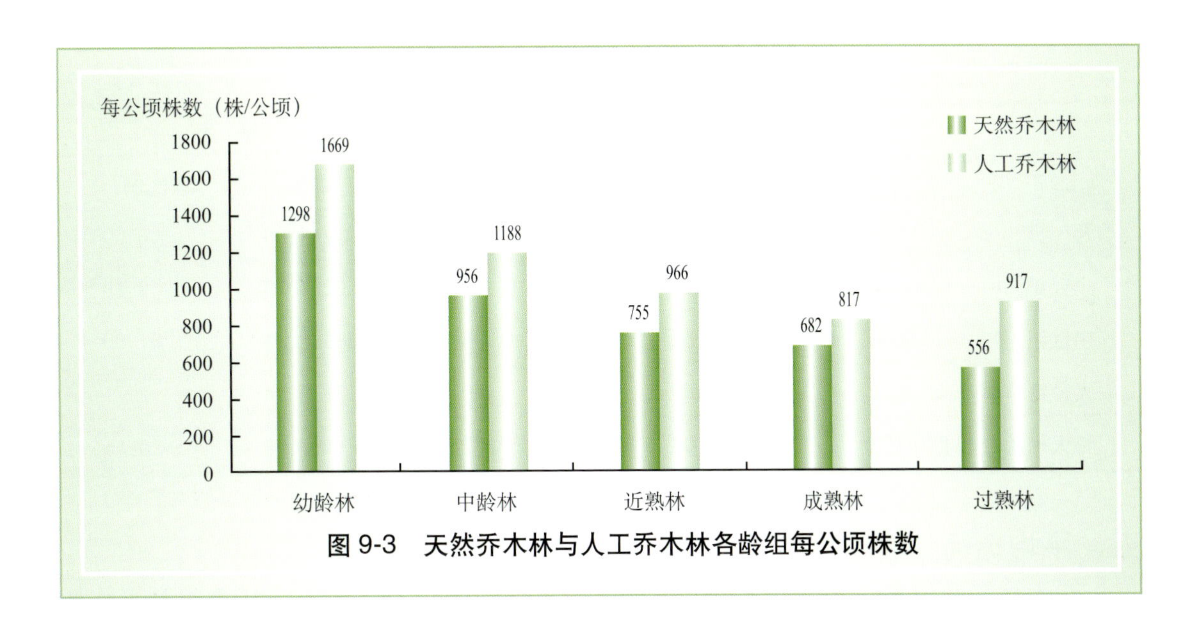

图 9-3 天然乔木林与人工乔木林各龄组每公顷株数

三、平均郁闭度

乔木林平均郁闭度 0.62。其中，天然乔木林 0.61，人工乔木林 0.67。按郁闭度等级分,疏（郁闭度 0.20 ～ 0.39）的面积 19.67 万公顷、占 2.26%,中（郁闭度 0.40 ～ 0.69）的面积 572.41 万公顷、占 65.91%，密（郁闭度 0.70 以上）的面积 276.42 万公顷、占 31.83%。乔木林各龄组郁闭度等级面积见表 9-22。

表 9-22 乔木林各龄组郁闭度等级面积

万公顷、%

龄组	面积合计	疏（0.20～0.39）		中（0.40～0.69）		密（0.70 以上）	
		面积	比例	面积	比例	面积	比例
合 计	868.50	19.67	2.26	572.41	65.91	276.42	31.83
幼龄林	113.27	6.05	5.34	67.95	59.99	39.27	34.67
中龄林	576.45	10.56	1.83	383.69	66.56	182.20	31.61
近熟林	147.96	2.35	1.59	99.31	67.12	46.30	31.29
成熟林	28.20	0.63	2.23	19.52	69.22	8.05	28.55
过熟林	2.62	0.08	3.05	1.94	74.05	0.60	22.90

四、平均胸径

乔木林平均胸径 16.1 厘米。按起源分,天然乔木林 16.3 厘米,人工乔木林 14.6 厘米。乔木林中,小径组和中径组林木面积 852.22 万公顷、占 98.13%,蓄积 98256.10 万立方米、占 97.14%，大径组和特大径组林木面积 16.28 万公顷、占 1.87%，蓄积 2891.14 万立方米、占 2.86%。乔木林各径级组面积蓄积见表 9-23。

表 9-23　乔木林各径级组面积蓄积

万公顷、万立方米、%

径级组	面　积		蓄　积	
	数量	比例	数量	比例
合　计	868.50	100.00	101147.24	100.00
小径组（6 ~ 12 厘米）	125.70	14.48	9290.19	9.18
中径组（14 ~ 24 厘米）	726.52	83.65	88965.91	87.96
大径组（26 ~ 36 厘米）	15.64	1.80	2735.54	2.71
特大径组（38 厘米以上）	0.64	0.07	155.60	0.15

五、平均树高

乔木林平均树高 14.0 米。其中，天然乔木林平均树高 14.1 米，人工乔木林平均树高 13.5 米。平均树高在 10.0 ~ 20.0 米的乔木林面积 797.43 万公顷、占 91.81%。乔木林各高度级面积见表 9-24。

表 9-24　乔木林各高度级面积

万公顷、%

高度级	乔木林		天然乔木林		人工乔木林	
	面积	比例	面积	比例	面积	比例
合　计	868.50	100.00	782.99	100.00	85.51	100.00
5.0 米以下	4.45	0.51	2.12	0.27	2.33	2.72
5.0 ~ 10.0 米	56.17	6.47	45.22	5.78	10.95	12.80
10.0 ~ 15.0 米	490.30	56.45	450.34	57.51	39.96	46.73
15.0 ~ 20.0 米	307.13	35.36	276.49	35.31	30.64	35.84
20.0 ~ 25.0 米	10.29	1.19	8.67	1.11	1.62	1.89
25.0 ~ 30.0 米	0.16	0.02	0.15	0.02	0.01	0.02

第四节　森林生态状况

森林生态状况可以通过群落结构、自然度、森林灾害、天然更新情况等特征因子来体现。黑龙江重点国有林区的天然林以次生林为主，公益林群落结构相对完整，完整群落结构的比例占 76.93%。天然更新较好的乔木林占 74.67%。遭受中等程度以上灾害的森林面积占 8.31%。

一、群落结构

群落结构是指森林内各种生物在时间和空间上的配置状况。根据森林所具备的乔木层、下木层、地被物层（含草本、苔藓、地衣）的情况，将森林群落结构分为完整结构、较完整结构和简单结构，具有乔木层、下木层、地被物层三个层次的为完整结构，具有乔木层和其他一个植被层（下木层或地被物层）的为较完整结构，只有乔木层的为简单结构。公益林中具有完整群落结构的森林面积为521.88万公顷、占76.93%，较完整结构的面积153.00万公顷、占22.55%，简单结构的面积3.51万公顷、占0.52%，公益林中具有完整群落结构的森林占的比例大。公益林群落结构分郁闭度等级面积见表9-25。

表 9-25　公益林群落结构分郁闭度等级面积

万公顷、%

群落结构	合　计		疏（0.20～0.39）		中（0.40～0.69）		密（0.70以上）	
	面积	比例	面积	比例	面积	比例	面积	比例
合　计	678.38	100.00	14.59	100.00	443.37	100.00	220.42	100.00
完整结构	521.88	76.93	11.07	75.89	347.79	78.44	163.02	73.96
较完整结构	153.00	22.55	3.35	22.95	93.99	21.20	55.66	25.25
简单结构	3.51	0.52	0.17	1.16	1.60	0.36	1.74	0.79

二、自然度

根据受干扰的情况，按照植被状况与原始顶极群落的差异，或次生群落处于演替中的阶段，将天然乔木林划分为原始林、次生林和残次林三种类型。

在自然状态下生长发育形成的天然林，或人为干扰后通过自然恢复到原始状态的天然林，统称为原始林，面积为2.40万公顷、占天然乔木林的0.31%，其林分类型主要为红松阔叶混交林、云冷杉混交林、珍贵硬阔混交林、杨桦林、蒙古栎林、落叶松林等。其中，红松阔叶混交林面积占42.92%，其他占比都较少。原始林平均公顷蓄积203.71立方米，平均胸径24.9厘米，平均树高18.0米，平均年龄103年。

原始林经过人为干扰后，形成以地带性非顶极树种为优势、具有稳定的林分结构的森林植被群落，统称为天然次生林，面积780.11万公顷、占天然乔木林的99.63%。天然次生林中，已形成异龄复层林、通过天然更新或辅以人工促进措施可逐步恢复到接近原生状态的天然次生林，简称“近原生次生林”，面积103.12万公顷、占13.22%，以蒙古栎、云冷杉、水曲柳、胡桃楸、黄波罗、红松等树种为主，平均年龄在65～110年之间；原生植被基本消失、由萌生或部分实生林木组成、结构相对复杂的天然次生林，简称“恢复性次生林”，面积613.88万公顷、占78.69%，以桦树、蒙古栎、云冷杉、椴树、红松等树种为主，平均年龄在 35 ～ 65 年之间；林分结构相对单纯、质量和利用价值低、天然更新差、需要采取人工措施促进正向演替的天然次生林，简称“退化次生林”，面积 63.11 万公顷、占 8.09%，以杨桦树、落叶松为主，平均年龄在 50 ～ 75 年之间。

原生植被经多次高强度人为干扰后形成的结构不完整、生长发育不正常、林相残破的稀疏天然林，统称为残次林，面积 0.48 万公顷、占天然乔木林面积的 0.06%，以白桦、杨树为主，平均年龄在 25 年左右。

三、森林灾害

根据森林灾害的成因和受害立木的比例及生长状况，将灾害类型分病害虫害、火灾、气候灾害（风、雪、水、旱）和其他灾害，灾害程度分轻度、中度、重度。林区森林面积中，有 54.04% 的森林不同程度地受到病害虫害、火灾、气候灾害和其他灾害影响。受灾面积中，重度灾害占 1.74%，中度灾害占 13.64%，轻度灾害占 84.62%。受灾面积按灾害类型分，病害虫害占 72.72%，火灾占 1.01%，受风折（倒）和雪压等气候灾害占 16.26%，其他灾害占 10.01%。

四、天然更新情况

天然更新是林木利用自身繁殖能力，通过天然下种或萌蘖，逐步形成新一代森林的过程。根据单位面积幼苗（树）的株数和高度将林分天然更新状况分为良好、较好、不良三个等级。乔木林中天然更新状况良好的面积 432.96 万公顷、占 49.85%，较好的面积 215.59 万公顷、占 24.82%，不良的面积 219.95 万公顷、占 25.33%。林地天然更新等级面积见表 9-26。

表 9-26　林地天然更新等级面积

万公顷、%

天然更新等级	乔木林		灌木林		其他林地	
	面积	比例	面积	比例	面积	比例
合计	868.50	100.00	0.90	100.00	127.38	100.00
良好	432.96	49.85	0.11	12.55	54.15	42.51
较好	215.59	24.82	0.03	2.99	26.58	20.87
不良	219.95	25.33	0.76	84.46	46.65	36.62

注：其他林地包括疏林地、无立木林地和宜林地。

第五节 森林资源变化分析

黑龙江重点国有林区的森林资源经过近10年的保护性经营，森林面积、蓄积都有不同程度的增加，林种结构、龄组结构、树种结构皆得到进一步调整，森林质量逐步回升，为下一步森林保护及科学经营打下了良好基础。

一、森林面积蓄积变化

森林面积由2008年的838.92万公顷增加到2018年的868.50万公顷，增加29.58万公顷，年均增加2.96万公顷，年均净增率0.35%。森林蓄积由2008年的69801.80万立方米增加到2018年的101147.24万立方米，增加31345.44万立方米，年均增加3134.55万立方米，年均净增率3.67%。其中，天然林面积增加68.83万公顷，年均增加6.89万公顷；蓄积增加29955.07万立方米，年均增加2995.51万立方米。森林面积蓄积变化见表9-27。

表9-27 森林面积蓄积变化

万公顷、万立方米、%

项目		本期	前期	变化量	年均增量	年均净增率
森林面积	合计	868.50	838.92	29.58	2.96	0.35
	其中天然林	782.99	714.16	68.83	6.89	0.92
森林蓄积	合计	101147.24	69801.80	31345.44	3134.55	3.67
	其中天然林	90071.92	60116.85	29955.07	2995.51	3.99

二、森林结构变化

（一）林种结构变化

公益林与商品林的面积之比由2008年的34：66调整到2018年的78：22。其中防护林面积增加297.91万公顷，比例由19.63%增加到53.26%。特用林面积增加97.31万公顷，比例由14.13%增加到24.85%。用材林面积减少365.42万公顷，比例由66.22%减少到21.89%。各林种面积蓄积变化见表9-28。

表 9-28 各林种面积蓄积变化

万公顷、万立方米、%

项目		本期		前期		变化量	
		数量	比例	数量	比例	数量	比例
森林面积	合计	868.50	100.00	838.92	100.00	29.58	0.00
	防护林	462.56	53.26	164.65	19.63	297.91	33.63
	特用林	215.83	24.85	118.52	14.13	97.31	10.72
	用材林	190.11	21.89	555.53	66.22	−365.42	−44.33
	薪炭林			0.04		−0.04	0.00
	经济林			0.18	0.02	−0.18	−0.02
森林蓄积	合计	101147.24	100.00	69801.80	100.00	31345.44	0.00
	防护林	53983.67	53.37	13309.26	19.07	40674.41	34.30
	特用林	24923.18	24.64	10577.34	15.15	14345.84	9.49
	用材林	22240.31	21.99	45909.18	65.77	−23668.87	−43.78
	薪炭林			0.28		−0.28	0.00
	经济林	0.08		5.74	0.01	−5.66	−0.01

（二）龄组结构变化

中幼林面积由 2008 年的 701.38 万公顷减少到 2018 年的 689.72 万公顷，比例由 83.61% 减少到 79.41%，近成过熟林面积由 137.54 万公顷增加到 178.78 万公顷，比例由 16.39% 增加到 20.59%，中幼林与近成过熟林的面积之比由 84∶16 变为 79∶21。乔木林各龄组面积蓄积变化见表 9-29。

表 9-29 乔木林各龄组面积蓄积变化

万公顷、万立方米、%

项目		本期		前期		变化量	
		数量	比例	数量	比例	数量	比例
乔木林面积	合计	868.50	100.00	838.92	100.00	29.58	0.00
	幼龄林	113.27	13.04	284.92	33.97	−171.65	−20.93
	中龄林	576.45	66.37	416.46	49.64	159.99	16.73
	近熟林	147.96	17.04	108.31	12.91	39.65	4.13
	成熟林	28.20	3.25	27.03	3.22	1.17	0.03
	过熟林	2.62	0.30	2.20	0.26	0.42	0.04

（续）

项目		本期		前期		变化量	
		数量	比例	数量	比例	数量	比例
乔木林蓄积	合计	101147.24	100.00	69801.80	100.00	31345.44	0.00
	幼龄林	8610.99	8.52	17048.15	24.42	−8437.16	−15.90
	中龄林	67384.57	66.62	36238.49	51.92	31146.08	14.70
	近熟林	20444.51	20.21	12395.06	17.76	8049.45	2.45
	成熟林	4170.07	4.12	3663.43	5.25	506.64	−1.13
	过熟林	537.10	0.53	456.67	0.65	80.43	−0.12

（三）树种结构变化

乔木林中，混交林面积比例由2008年的75.02%增加到2018年的79.75%，提高4.73个百分点，纯林与混交林的面积之比由25∶75变为20∶80。纯林与混交林面积比例变化见表9-30。

表9-30 纯林与混交林面积比例变化

%

项目	本期	前期	变化量
纯林	20.25	24.98	−4.73
混交林	79.75	75.02	4.73

2008年至2018年，红松林面积由30.56万公顷增至42.88万公顷，落叶松林面积由72.39万公顷增至93.39万公顷，椴树林面积由10.73万公顷增至57.71万公顷。

三、质量变化

乔木林每公顷蓄积由2008年的83.20立方米增加到2018年的116.46立方米，增加了33.26立方米。平均郁闭度增加0.02，增至0.62。平均胸径增加2.5厘米，增至16.1厘米。每公顷株数减少116株，减至982株。森林质量变化见表9-31。

表9-31 森林质量变化

项目	本期	前期	变化量
单位面积蓄积（立方米／公顷）	116.46	83.20	33.26
单位面积株数（株／公顷）	982	1098	−116
平均郁闭度	0.62	0.60	0.02
平均胸径（厘米）	16.1	13.6	2.5

第六节 森林资源特点评价

黑龙江重点国有林区实施天然林保护工程以来，森林面积、蓄积双增长，林种、龄组、树种结构得到调整，森林质量提高，自然保护地面积增加，森林资源保护发展取得明显成效。

一、森林面积平稳增加，蓄积快速增长

实施天然林资源保护工程以来，林区森林植被得到恢复，森林面积、蓄积持续增长，森林面积由 1998 年的 761.39 万公顷增加到 2018 年的 868.50 万公顷，增加 107.11 公顷，增幅 14.07%。森林蓄积由 1998 年的 5.82 亿立方米增加到 2018 年的 10.12 亿立方米，增加 4.30 亿立方米，增幅 73.94%，近 10 年森林蓄积的增量是上一个 10 年的 3 倍。其中，天然林面积增加 164.49 万公顷，天然林蓄积增加 3.80 亿立方米，近 10 年天然林蓄积的增量是上一个 10 年的 4 倍，天然林蓄积快速增长。

二、林种结构大幅调整，龄组和树种结构好转

公益林面积比例由 1998 年的 8.70% 调整到 2018 年的 78.11%，其中防护林面积比例提高 46.75 个百分点，达到 53.26%；特用林面积比例提高 22.66 个百分点，达到 24.85%。幼龄林面积比例下降 18.94 个百分点，降至 13.04%；中龄林面积比例增加 13.63 个百分点，增至 66.37%；近熟林面积比例增加 6.46 个百分点，增至 17.04%。红松阔叶混交林面积从 1998 年到 2008 年减少了 12.47 万公顷，降至 30.56 万公顷；从 2008 年到 2018 年增加 12.32 万公顷，达到 42.88 万公顷；地带性植被逐步恢复。水曲柳、胡桃楸、黄波罗等珍贵树种面积增加 73.74 万公顷，达到 77.46 万公顷。树种结构好转。

三、单位面积蓄积提高，森林质量提升

林区的森林质量经历了从开发初期到 20 世纪末持续下降的历程。实施天保工程后，森林质量下降的趋势得到有效遏制，并逐步向好的方向发展。乔木林每公顷蓄积从 1998 年的 76.37 立方米提高到 2008 年的 83.20 立方米、2018 年的 116.46 立方米，20 年提高了 40.09 立方米，乔木林单位面积蓄积的增量近 10 年是上一个 10 年的近 5 倍。乔木林平均郁闭度由 1998 年的 0.50 增加到 2018 年的 0.62，平均胸径由 14.8 厘米增加到 16.1 厘米，森林质量逐步好转。

四、保护地面积增加，生物多样性保护能力增强

林区 1958 年就建立丰林自然保护区，对以红松为主的北温带针阔叶混交林生态系统和珍稀野生动植物实施保护。截至 2018 年年底，建立自然保护区 25 处、森林公园 42 处，面积达到 304.01 万公顷，林区典型森林生态系统、珍稀濒危野生动植物栖息地得到保护，生态系统和生物多样性的保护能力增强。

综上所述，经过 20 年的森林资源保护和建设，黑龙江重点国有林区森林资源总量增加、质量提高、结构改善、功能增强，呈现良好发展态势。然而，林区的森林生产力还较低，现有乔木林单位面积蓄积与林地生产潜力相比，仍有 80 立方米的差距；林分过疏过密问题还相当突出，其面积约占乔木林面积的 1/3；森林结构不合理，原始林仅存 2.40 万公顷，近 1/3 的次生林仍处于演替的较低阶段。加强森林资源培育、提高森林质量、增强森林功能的任务艰巨。

第十章
黑龙江大兴安岭重点国有林区森林资源状况

黑龙江大兴安岭重点国有林区位于我国最北端，黑龙江省西北部，坐落在大兴安岭山脉东北坡，经营总面积835.12万公顷。地理位置处于东经121° 11′ 02″～127° 01′ 17″、北纬50° 05′ 01″～53° 33′ 25″之间。地处寒温带和中温带北部边缘，以寒温带为主，属北温带大陆性季风气候，年均气温－2℃，极端最低气温达－52.3℃，年降水量为400～550毫米，无霜期为70～110天。林区江河密布，是嫩江发源地，主要支流有甘河、多布库尔河、那都里河、南瓮河、砍都河等；黑龙江水系在区域内的主要支流有额木尔河、呼玛河、盘古河等。林区森林资源丰富，寒温带针叶林为区域内的地带性植被，代表性针叶树种有兴安落叶松、樟子松和云杉等，阔叶树种有白桦、山杨、蒙古栎和黑桦等。

第一节　森林资源概述

黑龙江大兴安岭重点国有林区森林面积688.88万公顷，森林蓄积57517.89万立方米，每公顷蓄积83.49立方米。天然林面积670.10万公顷，天然林蓄积56434.29万立方米；人工林面积18.78万公顷，人工林蓄积1083.60万立方米。

一、林地各地类面积

林地面积790.60万公顷。其中，乔木林地688.88万公顷，灌木林地1.41万公顷，未成造林地0.06万公顷，苗圃地0.04万公顷，疏林地0.32万公顷，无立木林地16.14万公顷，宜林地81.28万公顷，林业辅助生产用地2.47万公顷。林地各地类面积及比例见表10-1。

表 10-1 林地各地类面积

万公顷、%

地类	面积	比例
合计	790.60	100.00
乔木林地	688.88	87.13
灌木林地	1.41	0.18
未成林造林地	0.06	0.01
苗圃地	0.04	0.01
疏林地	0.32	0.04
无立木林地	16.14	2.04
宜林地	81.28	10.28
林业辅助生产用地	2.47	0.31

林地面积中，公益林地 425.65 万公顷、占 53.84%，商品林地 364.95 万公顷、占 46.16%。国家级公益林面积 209.12 万公顷，其中一级国家级公益林 108.94 万公顷、占 52.09%，二级国家级公益林 100.18 万公顷、占 47.91%。

二、各类林木蓄积

活立木蓄积 58941.34 万立方米。其中，森林蓄积 57517.89 万立方米、占 97.58%，疏林蓄积 7.48 万立方米、占 0.01%，散生木蓄积 1415.97 万立方米、占 2.41%。

三、森林面积蓄积

森林面积 688.88 万公顷，全部为乔木林。森林蓄积 57517.89 万立方米，每公顷蓄积 83.49 立方米。森林按起源分以天然林为主，天然林面积 670.10 万公顷、占 97.27%，天然林蓄积 56434.29 万立方米、占 98.12%。森林按林种分，用材林和防护林最多，面积分别占 46.98%、46.20%，蓄积分别占 45.90%、46.87%；特用林最少，面积占 6.82%、蓄积占 7.23%。森林分起源和林种面积蓄积见表 10-2。

表 10-2 森林分起源和林种面积蓄积

万公顷、万立方米

林种	合计		天然林		人工林	
	面积	蓄积	面积	蓄积	面积	蓄积
合计	688.88	57517.89	670.10	56434.29	18.78	1083.60
防护林	318.28	26959.49	312.21	26652.09	6.07	307.40
特用林	46.95	4157.00	43.34	3952.59	3.61	204.41
用材林	323.65	26401.40	314.55	25829.61	9.10	571.79

按龄组分，乔木林中，中幼林面积合计539.76万公顷、占78.35%，蓄积合计42286.95万立方米、占73.52%；近成过熟林面积合计149.12万公顷、占21.65%，蓄积合计15230.94万立方米、占26.48%。乔木林各龄组面积蓄积见表10-3。

表10-3　乔木林各龄组面积蓄积

万公顷、万立方米、%

龄组	面积		蓄积	
	数量	比例	数量	比例
合计	688.88	100.00	57517.89	100.00
幼龄林	131.81	19.13	5803.96	10.09
中龄林	407.95	59.22	36482.99	63.43
近熟林	80.43	11.68	7908.79	13.75
成熟林	61.04	8.86	6468.67	11.25
过熟林	7.65	1.11	853.48	1.48

按林分类型分，乔木林中，纯林面积362.75万公顷、占52.66%，蓄积28734.95万立方米、占49.96%；混交林面积326.13万公顷、占47.34%，蓄积28782.94万立方米、占50.04%。纯林面积中，针叶纯林占50.49%，阔叶纯林占49.51%。混交林面积中，针叶混交林占8.82%，针阔混交林占53.34%，阔叶混交林占37.84%。乔木林各林分类型面积蓄积见表10-4。

表10-4　乔木林各林分类型面积蓄积

万公顷、万立方米、%

林分类型		面积		蓄积	
		数量	比例	数量	比例
合计		688.88	100.00	57517.89	100.00
纯林	小计	362.75	52.66	28734.95	49.96
	针叶纯林	183.15	26.59	15977.90	27.78
	阔叶纯林	179.60	26.07	12757.05	22.18
混交林	小计	326.13	47.34	28782.94	50.04
	针叶混交林	28.77	4.18	2866.41	4.98
	针阔混交林	173.97	25.25	16677.03	29.00
	阔叶混交林	123.39	17.91	9239.50	16.06

按优势树种统计，乔木林中，面积排名前10位的分别为落叶松、白桦、山杨、蒙古栎、樟子松、黑桦、云杉、柳树、杨树、水曲柳，面积合计687.91万公顷、占乔木

林面积的99.86%，蓄积合计57468.30万立方米、占乔木林蓄积的99.92%。乔木林主要优势树种面积蓄积见表10-5。

表10-5 乔木林主要优势树种面积蓄积

万公顷、万立方米、%

树种	面积		蓄积	
	数量	比例	数量	比例
落叶松	320.46	46.52	29354.20	51.03
白桦	297.55	43.19	23315.62	40.54
山杨	33.65	4.88	2257.63	3.93
蒙古栎	17.63	2.56	914.57	1.59
樟子松	9.31	1.35	919.86	1.60
黑桦	3.25	0.47	188.24	0.33
云杉	2.82	0.41	266.42	0.46
柳树	2.19	0.32	148.55	0.26
杨树	1.00	0.15	97.11	0.17
水曲柳	0.05	0.01	6.10	0.01
10个树种合计	687.91	99.86	57468.30	99.92

第二节 森林资源构成

森林按主导功能分为公益林和商品林，按起源分为天然林和人工林。黑龙江大兴安岭重点国有林区森林按主导功能分，公益林面积比例较大，占53.02%；按起源分，以天然林为主，面积占97.27%。

一、公益林和商品林

森林面积中，公益林365.23万公顷、占53.02%，商品林323.65万公顷、占46.98%。森林蓄积中，公益林31116.49万立方米、占54.10%，商品林26401.40万立方米、占45.90%。

（一）公益林资源

公益林面积365.23万公顷，其中，防护林318.28万公顷、占87.15%，特用林46.95万公顷、占12.85%。公益林蓄积31116.49万立方米，每公顷蓄积85.20立方米。

1. 起源结构

按起源分，公益林面积中，天然林 355.55 万公顷、占 97.35%，人工林 9.68 万公顷、占 2.65%。公益林蓄积中，天然林 30604.68 万立方米、占 98.36%，人工林 511.81 万立方米、占 1.64%。公益林分起源和林种面积蓄积见表 10-6。

表 10-6 公益林分起源和林种面积蓄积

万公顷、万立方米

林 种	合 计		天然林		人工林	
	面积	蓄积	面积	蓄积	面积	蓄积
合 计	365.23	31116.49	355.55	30604.68	9.68	511.81
防护林	318.28	26959.49	312.21	26652.09	6.07	307.40
特用林	46.95	4157.00	43.34	3952.59	3.61	204.41

2. 龄组结构

按龄组分，乔木公益林中，中幼林面积合计 269.97 万公顷、占 73.92%，蓄积合计 20978.74 万立方米、占 67.42%；近成过熟林面积合计 95.26 万公顷、占 26.08%，蓄积合计 10137.75 万立方米、占 32.58%。乔木公益林各龄组面积蓄积见表 10-7。

表 10-7 乔木公益林各龄组面积蓄积

万公顷、万立方米、%

龄 组	面 积		蓄 积	
	数量	比例	数量	比例
合 计	365.23	100.00	31116.49	100.00
幼龄林	64.57	17.68	2569.65	8.26
中龄林	205.40	56.24	18409.09	59.16
近熟林	44.50	12.18	4553.24	14.63
成熟林	44.32	12.13	4831.42	15.53
过熟林	6.44	1.77	753.09	2.42

3. 树种结构

按林分类型分，乔木公益林中，纯林面积 201.09 万公顷、占 55.06%，蓄积 16500.87 万立方米、占 53.03%；混交林面积 164.14 万公顷、占 44.94%，蓄积 14615.62 万立方米、占 46.97%。纯林面积中，针叶纯林占 54.04%，阔叶纯林占 45.96%。混交林面积中，针叶混交林占 8.32%，针阔混交林占 53.88%，阔叶混交林占 37.80%。乔木公益林各林分类型面积蓄积见表 10-8。

表 10-8　乔木公益林各林分类型面积蓄积

万公顷、万立方米、%

林分类型		面 积		蓄 积	
		数量	比例	数量	比例
合 计		365.23	100.00	31116.49	100.00
纯 林	小 计	201.09	55.06	16500.87	53.03
	针叶纯林	108.66	29.75	9849.83	31.66
	阔叶纯林	92.43	25.31	6651.04	21.37
混交林	小 计	164.14	44.94	14615.62	46.97
	针叶混交林	13.65	3.74	1392.03	4.47
	针阔混交林	88.44	24.21	8686.67	27.92
	阔叶混交林	62.05	16.99	4536.92	14.58

按优势树种统计，乔木公益林中，面积排名前 10 位的分别为落叶松、白桦、山杨、蒙古栎、樟子松、柳树、黑桦、云杉、杨树、水曲柳，面积合计 364.73 万公顷、占 99.85%，蓄积合计 31092.44 万立方米、占 99.93%。乔木公益林主要优势树种面积蓄积见表 10-9。

表 10-9　乔木公益林主要优势树种面积蓄积

万公顷、万立方米、%

树 种	面 积		蓄 积	
	数量	比例	数量	比例
落叶松	177.34	48.56	16730.47	53.77
白桦	150.70	41.26	11990.67	38.53
山杨	17.25	4.72	1035.62	3.33
蒙古栎	9.18	2.51	465.68	1.50
樟子松	4.71	1.29	463.04	1.49
柳树	1.84	0.50	120.79	0.39
黑桦	1.83	0.50	104.93	0.34
云杉	1.07	0.29	102.64	0.33
杨树	0.76	0.21	72.70	0.23
水曲柳	0.05	0.01	5.90	0.02
10 个树种合计	364.73	99.85	31092.44	99.93

（二）商品林资源

商品林面积 323.65 万公顷，全部为用材林。商品林蓄积 26401.40 万立方米，每公顷蓄积 81.57 立方米。

1. 起源结构

按起源分，商品林面积中，天然林 314.55 万公顷、占 97.19%，人工林 9.10 万公顷、占 2.81%。商品林蓄积中，天然林 25829.61 万立方米、占 97.83%，人工林 571.79 万立方米、占 2.17%。商品林分起源和林种面积蓄积见表 10-10。

表 10-10　商品林分起源和林种面积蓄积

万公顷、万立方米

林　种	合　计		天然林		人工林	
	面积	蓄积	面积	蓄积	面积	蓄积
合　计	323.65	26401.40	314.55	25829.61	9.10	571.79
用材林	323.65	26401.40	314.55	25829.61	9.10	571.79

2. 龄组结构

按龄组分，乔木商品林中，中幼林面积合计 269.79 万公顷、占 83.36%，蓄积合计 21308.21 万立方米、占 80.71%；近成过熟林面积合计 53.86 万公顷、占 16.64%，蓄积合计 5093.19 万立方米、占 19.29%。乔木商品林各龄组面积蓄积见表 10-11。

表 10-11　乔木商品林各龄组面积蓄积

万公顷、万立方米、%

龄　组	面　积		蓄　积	
	数量	比例	数量	比例
合　计	323.65	100.00	26401.40	100.00
幼龄林	67.24	20.78	3234.31	12.25
中龄林	202.55	62.58	18073.90	68.46
近熟林	35.93	11.10	3355.55	12.71
成熟林	16.72	5.17	1637.25	6.20
过熟林	1.21	0.37	100.39	0.38

可采资源（指用材林中可及度为“即可及”和“将可及”的成过熟林）面积 17.32 万公顷、占用材林面积的 5.35%，蓄积 1684.01 万立方米、占用材林蓄积的 6.38%。

3. 树种结构

按林分类型分，乔木商品林中，纯林面积 161.66 万公顷、占 49.95%，蓄积 12234.08 万立方米、占 46.34%；混交林面积 161.99 万公顷、占 50.05%，蓄积

14167.32 万立方米、占 53.66%。纯林面积中，针叶纯林占 46.08%，阔叶纯林占 53.92%。混交林面积中，针叶混交林占 9.33%，针阔混交林占 52.80%，阔叶混交林占 37.87%。乔木商品林各林分类型面积蓄积见表 10-12。

表 10-12 乔木商品林各林分类型面积蓄积

万公顷、万立方米、%

林分类型		面积		蓄积	
		数量	比例	数量	比例
合计		323.65	100.00	26401.40	100.00
纯林	小计	161.66	49.95	12234.08	46.34
	针叶纯林	74.49	23.02	6128.07	23.21
	阔叶纯林	87.17	26.93	6106.01	23.13
混交林	小计	161.99	50.05	14167.32	53.66
	针叶混交林	15.12	4.67	1474.38	5.58
	针阔混交林	85.53	26.43	7990.36	30.27
	阔叶混交林	61.34	18.95	4702.58	17.81

按优势树种统计，乔木商品林中，面积排名前 10 位的分别为白桦、落叶松、山杨、蒙古栎、樟子松、云杉、黑桦、柳树、杨树、榆树，面积合计 323.21 万公顷、占 99.86%，蓄积合计 26376.61 万立方米、占 99.91%。乔木商品林主要优势树种面积蓄积见表 10-13。

表 10-13 乔木商品林主要优势树种面积蓄积

万公顷、万立方米、%

树种	面积		蓄积	
	数量	比例	数量	比例
白桦	146.85	45.37	11324.95	42.90
落叶松	143.12	44.22	12623.73	47.81
山杨	16.40	5.07	1222.01	4.63
蒙古栎	8.45	2.61	448.89	1.70
樟子松	4.60	1.42	456.82	1.73
云杉	1.75	0.54	163.78	0.62
黑桦	1.42	0.44	83.31	0.32
柳树	0.35	0.11	27.76	0.11
杨树	0.24	0.07	24.41	0.09
榆树	0.03	0.01	0.95	
10 个树种合计	323.21	99.86	26376.61	99.91

二、天然林和人工林

森林面积中，天然林 670.10 万公顷、占 97.27%，人工林 18.78 万公顷、占 2.73%。森林蓄积中，天然林 56434.29 万立方米、占 98.12%，人工林 1083.60 万立方米、占 1.88%。

（一）天然林资源

天然林全部为乔木林，面积 670.10 万公顷，蓄积 56434.29 万立方米，每公顷蓄积 84.22 立方米。

1. 林种结构

按林种分，天然林面积中，防护林 312.21 万公顷，特用林 43.34 万公顷，用材林 314.55 万公顷。天然林中，用材林和防护林数量相当，面积分别占 46.94%、46.59%，蓄积分别占 45.77%、47.23%。天然林各林种面积蓄积见表 10-14。

表 10-14　天然林各林种面积蓄积

万公顷、万立方米、%

林　种	面　积		蓄　积	
	数量	比例	数量	比例
合　计	670.10	100.00	56434.29	100.00
防护林	312.21	46.59	26652.09	47.23
特用林	43.34	6.47	3952.59	7.00
用材林	314.55	46.94	25829.61	45.77

2. 龄组结构

按龄组分，天然乔木林中，中幼林面积合计 521.92 万公顷、占 77.89%，蓄积合计 41287.76 万立方米、占 73.16%；近成过熟林面积合计 148.18 万公顷、占 22.11%，蓄积合计 15146.53 万立方米、占 26.84%。天然乔木林各龄组面积蓄积见表 10-15。

表 10-15　天然乔木林各龄组面积蓄积

万公顷、万立方米、%

龄　组	面　积		蓄　积	
	数量	比例	数量	比例
合　计	670.10	100.00	56434.29	100.00
幼龄林	126.96	18.95	5557.21	9.85
中龄林	394.96	58.94	35730.55	63.31
近熟林	79.54	11.87	7830.28	13.88
成熟林	60.99	9.10	6463.20	11.45
过熟林	7.65	1.14	853.05	1.51

3. 树种结构

按林分类型分，天然乔木林中，纯林面积348.10万公顷、占51.95%，蓄积27885.67万立方米、占49.41%；混交林面积322.00万公顷、占48.05%，蓄积28548.62万立方米、占50.59%。纯林面积中，针叶纯林占48.41%，阔叶纯林占51.59%。混交林面积中，针叶混交林占8.62%，针阔混交林占53.06%，阔叶混交林占38.32%。天然乔木林各林分类型面积蓄积见表10-16。

表10-16 天然乔木林各林分类型面积蓄积

万公顷、万立方米、%

林分类型		面积		蓄积	
		数量	比例	数量	比例
合计		670.10	100.00	56434.29	100.00
纯林	小计	348.10	51.95	27885.67	49.41
	针叶纯林	168.50	25.15	15128.62	26.81
	阔叶纯林	179.60	26.80	12757.05	22.60
混交林	小计	322.00	48.05	28548.62	50.59
	针叶混交林	27.75	4.14	2814.15	4.99
	针阔混交林	170.86	25.50	16494.97	29.23
	阔叶混交林	123.39	18.41	9239.50	16.37

按优势树种统计，天然乔木林中，面积排名前10位的分别为落叶松、白桦、山杨、蒙古栎、樟子松、黑桦、云杉、柳树、杨树、水曲柳，面积合计670.05万公顷、占99.99%，蓄积合计56432.20万立方米、占99.98%。天然乔木林主要优势树种面积蓄积见表10-17。

表10-17 天然乔木林主要优势树种面积蓄积

万公顷、万立方米、%

树种	面积		蓄积	
	数量	比例	数量	比例
落叶松	303.86	45.35	28387.86	50.30
白桦	297.55	44.40	23315.62	41.31
山杨	33.60	5.01	2254.64	4.00
蒙古栎	17.63	2.63	914.57	1.62
樟子松	8.11	1.21	853.84	1.51
黑桦	3.25	0.49	188.24	0.33
云杉	2.81	0.42	265.67	0.47

（续）

树 种	面 积		蓄 积	
	数量	比例	数量	比例
柳树	2.19	0.33	148.55	0.26
杨树	1.00	0.15	97.11	0.17
水曲柳	0.05		6.10	0.01
10 个树种合计	670.05	99.99	56432.20	99.98

（二）人工林资源

人工林面积 18.78 万公顷，人工林蓄积 1083.60 万立方米，每公顷蓄积 57.70 立方米。其中，人天混面积 3.30 万公顷、占人工林面积的 17.57%，蓄积 192.96 万立方米、占人工林蓄积的 17.81%。

1. 林种结构

按林种分，人工林面积中，防护林 6.07 万公顷，特用林 3.61 万公顷，用材林 9.10 万公顷。人工林中，用材林比例最大，面积占 48.46%，蓄积占 52.77%。人工林各林种面积蓄积见表 10-18。

表 10-18 人工林各林种面积蓄积

万公顷、万立方米、%

林 种		面 积		蓄 积	
		数量	比例	数量	比例
合 计		18.78	100.00	1083.60	100.00
防护林		6.07	32.32	307.40	28.37
特用林		3.61	19.22	204.41	18.86
用材林		9.10	48.46	571.79	52.77
其中：人天混	合 计	3.30	100.00	192.96	100.00
	防护林	1.25	37.88	65.64	34.02
	特用林	0.19	5.76	10.10	5.23
	用材林	1.86	56.36	117.22	60.75

2. 龄组结构

按龄组分，人工乔木林中，中幼林面积合计 17.84 万公顷、占 94.99%，蓄积合计 999.19 万立方米、占 92.21%；近成过熟林面积合计 0.94 万公顷、占 5.01%，蓄积合计 84.41 万立方米、占 7.79%。人工乔木林各龄组面积蓄积见表 10-19。

表 10-19 人工乔木林各龄组面积蓄积

万公顷、万立方米、%

龄组		面积		蓄积	
		数量	比例	数量	比例
合计		18.78	100.00	1083.60	100.00
幼龄林		4.85	25.82	246.75	22.77
中龄林		12.99	69.17	752.44	69.44
近熟林		0.89	4.74	78.51	7.25
成熟林		0.05	0.27	5.47	0.50
过熟林		0.004		0.43	0.04
其中：人天混	合计	3.30	100.00	192.96	100.00
	幼龄林	1.29	39.09	64.23	33.29
	中龄林	1.93	58.49	122.23	63.34
	近熟林	0.08	2.42	6.47	3.35
	成熟林	0.0005		0.03	0.02

3. 树种结构

按林分类型分，人工乔木林中，纯林面积 14.65 万公顷、占 78.01%，蓄积 849.28 万立方米、占 78.38%；混交林面积 4.13 公顷、占 21.99%，蓄积 234.32 万立方米、占 21.62%。纯林均为针叶纯林。混交林面积中，针叶混交林占 24.70%，针阔混交林占 75.30%。人工乔木林各林分类型面积蓄积见表 10-20。

表 10-20 人工乔木林各林分类型面积蓄积

万公顷、万立方米、%

林分类型			面积		蓄积	
			数量	比例	数量	比例
合计			18.78	100.00	1083.60	100.00
纯林		小计	14.65	78.01	849.28	78.38
		针叶纯林	14.65	78.01	849.28	78.38
混交林		小计	4.13	21.99	234.32	21.62
		针叶混交林	1.02	5.43	52.26	4.82
		针阔混交林	3.11	16.56	182.06	16.80
其中：人天混	合计		3.30	100.00	192.96	100.00
	混交林	小计	3.30	100.00	192.96	100.00
		针叶混交林	0.19	5.76	10.90	5.65
		针阔混交林	3.11	94.24	182.06	94.35

按优势树种统计，人工乔木林中，面积排名前 4 位的分别为落叶松、樟子松、云杉、红松，面积合计 17.82 万公顷、占 94.89%，蓄积合计 1033.85 万立方米、占 95.41%。人工乔木林主要优势树种面积蓄积见表 10-21。

表 10-21　人工乔木林主要优势树种面积蓄积

万公顷、万立方米、%

树　种	面　积		蓄　积	
	数量	比例	数量	比例
落叶松	16.60	88.40	966.34	89.18
樟子松	1.20	6.39	66.02	6.09
云杉	0.01	0.05	0.75	0.07
红松	0.01	0.05	0.74	0.07
4 个树种合计	17.82	94.89	1033.85	95.41

第三节　森林质量状况

黑龙江大兴安岭重点国有林区乔木林每公顷蓄积 83.49 立方米，每公顷株数 1241 株，平均郁闭度 0.58，平均胸径 12.3 厘米，平均树高 12.5 米。

一、单位面积蓄积

乔木林每公顷蓄积 83.49 立方米。按起源分，天然乔木林 84.22 立方米，人工乔木林 57.70 立方米。按森林类别分，乔木公益林 85.20 立方米（其中国家级公益林 86.46 立方米），乔木商品林 81.57 立方米。按龄组分，幼龄林 44.03 立方米，中龄林 89.43 立方米，近熟林 98.33 立方米，成熟林 105.97 立方米，过熟林 111.57 立方米。天然乔木林与人工乔木林、乔木公益林与乔木商品林各龄组每公顷蓄积见图 10-1、图 10-2。

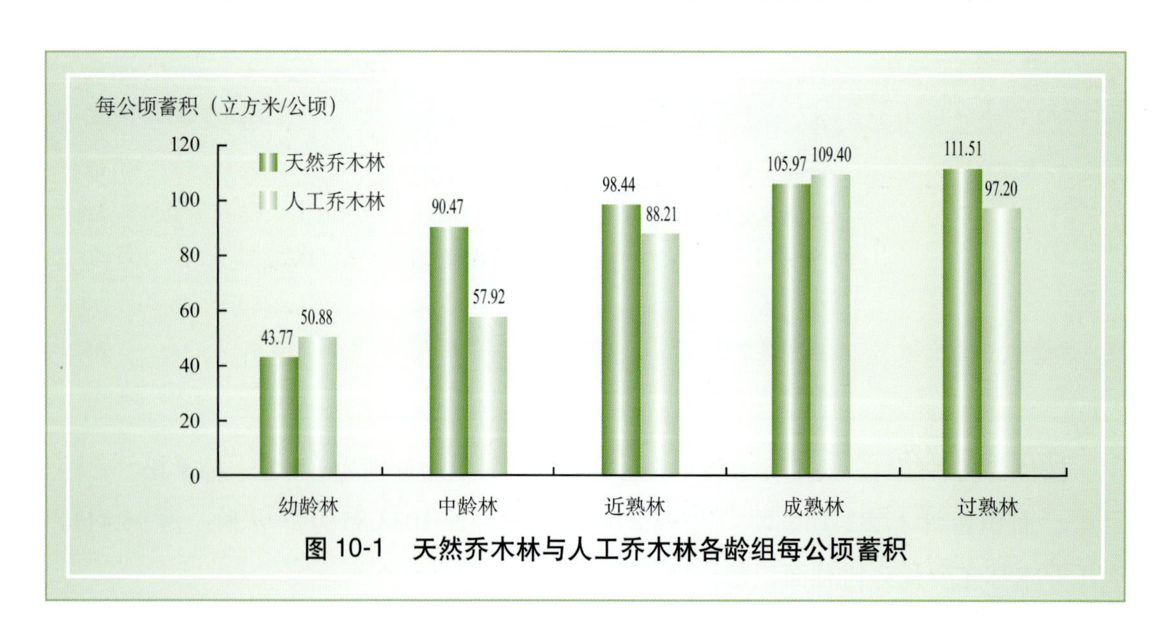

图 10-1　天然乔木林与人工乔木林各龄组每公顷蓄积

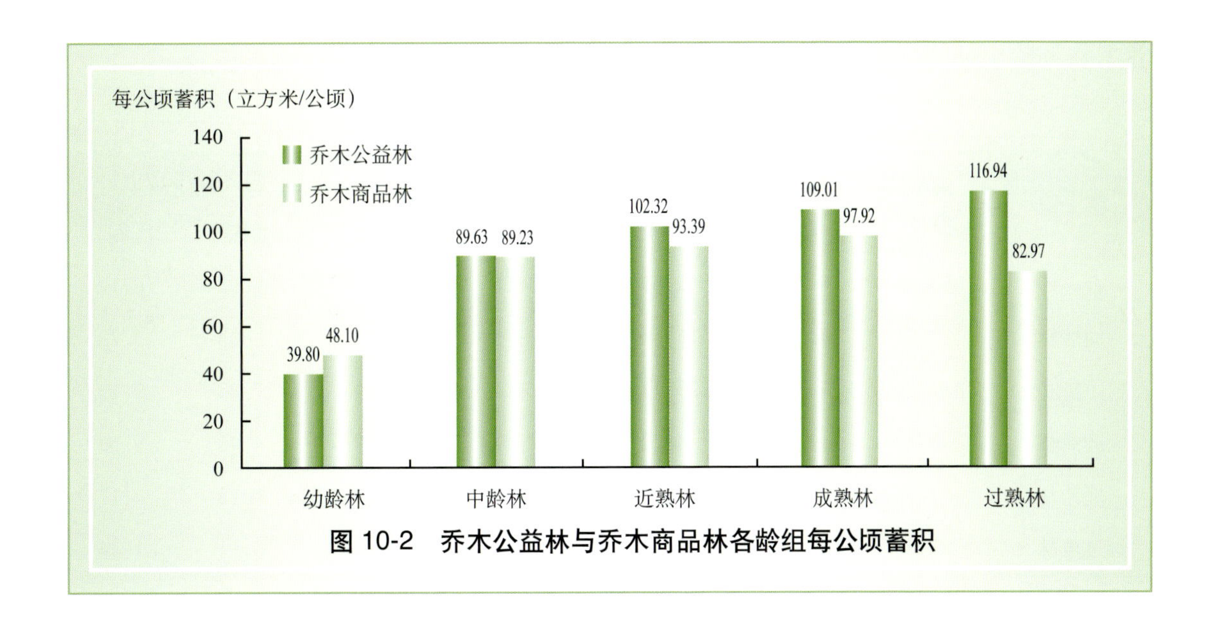

图 10-2 乔木公益林与乔木商品林各龄组每公顷蓄积

二、单位面积株数

乔木林每公顷株数 1241 株。按起源分，天然乔木林 1236 株，人工乔木林 1425 株。按龄组分，幼龄林 1887 株，中龄林 1222 株，近熟林 828 株，成熟林 616 株，过熟林 461 株。天然乔木林与人工乔木林各龄组每公顷株数见图 10-3。

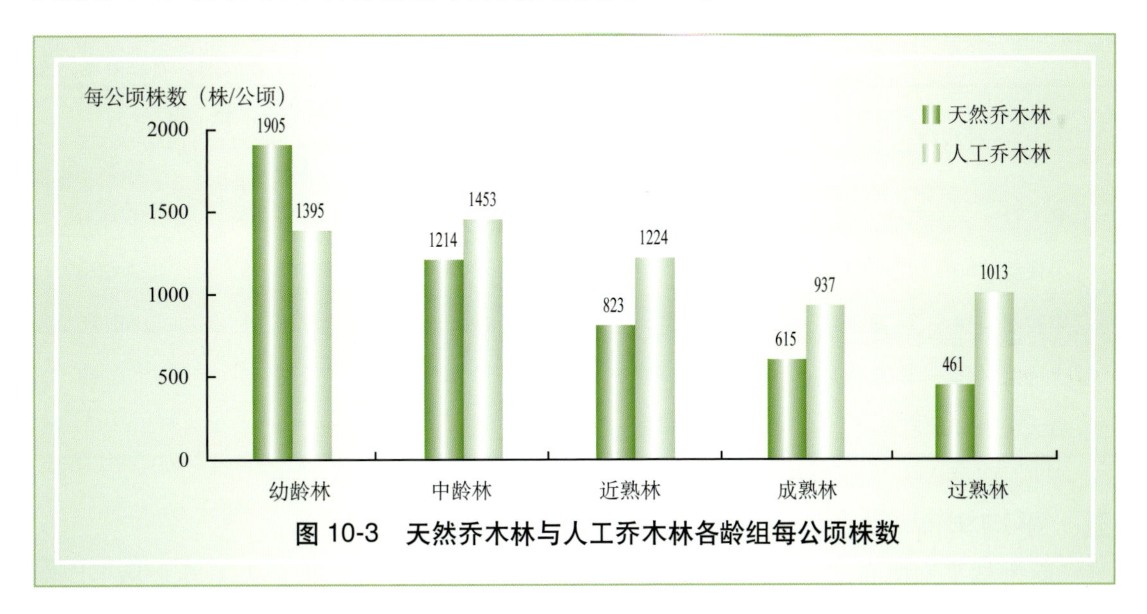

图 10-3 天然乔木林与人工乔木林各龄组每公顷株数

三、平均郁闭度

乔木林平均郁闭度 0.58。其中，天然乔木林 0.58，人工乔木林 0.59。按郁闭度等级分，疏（郁闭度 0.20 ~ 0.39）的面积 37.98 万公顷、占 5.51%，中（郁闭度 0.40 ~ 0.69）的面积 594.98 万公顷、占 86.37%，密（郁闭度 0.70 以上）的面积 55.92 万公顷、占 8.12%。

乔木林各龄组郁闭度等级面积见表 10-22。

表 10-22　乔木林各龄组郁闭度等级面积

万公顷、%

龄　组	面积合计	疏（0.20～0.39）		中（0.40～0.69）		密（0.70 以上）	
		面积	比例	面积	比例	面积	比例
合　计	688.88	37.98	5.51	594.98	86.37	55.92	8.12
幼龄林	131.81	15.23	11.56	103.75	78.71	12.83	9.73
中龄林	407.95	14.14	3.47	356.61	87.41	37.20	9.12
近熟林	80.43	3.78	4.70	72.16	89.72	4.49	5.58
成熟林	61.04	3.78	6.19	55.97	91.70	1.29	2.11
过熟林	7.65	1.05	13.72	6.49	84.84	0.11	1.44

四、平均胸径

乔木林平均胸径 12.3 厘米。按起源分，天然乔木林 12.4 厘米，人工乔木林 7.5 厘米。乔木林中，小径组和中径组林木面积 686.15 万公顷、占 99.60%，蓄积 57233.80 万立方米、占 99.51%，大径组和特大径组林木面积 2.73 万公顷、占 0.40%，蓄积 284.09 万立方米、占 0.49%。乔木林各径级组面积蓄积见表 10-23。

表 10-23　乔木林各径级组面积蓄积

万公顷、万立方米、%

径级组	面　积		蓄　积	
	数量	比例	数量	比例
合　计	688.88	100.00	57517.89	100.00
小径组（6～12 厘米）	364.73	52.94	25454.89	44.26
中径组（14～24 厘米）	321.42	46.66	31778.91	55.25
大径组（26～36 厘米）	2.70	0.40	280.38	0.49
特大径组（38 厘米以上）	0.03		3.71	

五、平均树高

乔木林平均树高 12.5 米。其中，天然乔木林平均树高 12.6 米，人工乔木林平均树高 8.1 米。平均树高在 10.0 ～ 20.0 米的乔木林面积 547.84 万公顷、占 79.53%。乔木林各高度级面积见表 10-24。

表 10-24 乔木林各高度级面积

万公顷、%

高度级	乔木林		天然乔木林		人工乔木林	
	面积	比例	面积	比例	面积	比例
合 计	688.88	100.00	670.10	100.00	18.78	100.00
5.0米以下	29.09	4.22	26.86	4.01	2.23	11.87
5.0～10.0米	107.96	15.67	96.02	14.33	11.94	63.58
10.0～15.0米	388.81	56.44	384.60	57.39	4.21	22.42
15.0～20.0米	159.03	23.09	158.64	23.67	0.39	2.08
20.0～25.0米	3.94	0.57	3.93	0.59	0.01	0.05
25.0～30.0米	0.05	0.01	0.05	0.01		

第四节 森林生态状况

森林生态状况可以通过群落结构、自然度、森林灾害、天然更新情况等特征因子来体现。黑龙江大兴安岭重点国有林区的天然林以次生林为主，占95.87%。公益林群落结构相对完整，完整群落结构的比例为67.31%。天然更新较好的乔木林占75.90%。遭受中等程度以上灾害的森林面积占1.51%。

一、群落结构

群落结构是指森林内各种生物在时间和空间上的配置状况。根据森林所具备的乔木层、下木层、地被物层（含草本、苔藓、地衣）的情况，将森林群落结构分为完整结构、较完整结构和简单结构，具有乔木层、下木层、地被物层三个层次的为完整结构，具有乔木层和其他一个植被层（下木层或地被物层）的为较完整结构，只有乔木层的为简单结构。公益林中具有完整群落结构的森林面积为245.83万公顷、占67.31%，较完整结构的面积86.71万公顷、占23.74%，简单结构的面积32.69万公顷、占8.95%，公益林中具有完整群落结构的森林占的比例大。公益林不同郁闭度等级的群落结构占比情况见表10-25。

表 10-25 公益林群落结构分郁闭度等级面积

万公顷、%

群落结构	合　计		疏（0.20～0.39）		中（0.40～0.69）		密（0.70 以上）	
	面积	比例	面积	比例	面积	比例	面积	比例
合　计	365.23	100.00	22.02	100.00	313.25	100.00	29.96	100.00
完整结构	245.83	67.31	14.88	67.57	205.99	65.76	24.96	83.31
较完整结构	86.71	23.74	5.20	23.61	77.12	24.62	4.39	14.65
简单结构	32.69	8.95	1.94	8.82	30.14	9.62	0.61	2.04

二、自然度

根据受干扰的情况，按照植被状况与原始顶极群落的差异，或次生群落处于演替中的阶段，将天然乔木林划分为原始林、次生林和残次林三种类型。

在自然状态下生长发育形成的天然林，或人为干扰后通过自然恢复到原始状态的天然林，统称为原始林，面积为 25.80 万公顷、占天然乔木林的 3.85%，以落叶松、白桦、樟子松、蒙古栎、椴树等树种组成的混交林为主，平均年龄 101 年。

原始林经过人为干扰后，形成以地带性非顶极树种为优势、具有稳定的林分结构的森林植被群落，统称为天然次生林，面积 642.42 万公顷、占天然乔木林的 95.87%。天然次生林中，已形成异龄复层林、通过天然更新或辅以人工促进措施可逐步恢复到接近原生状态的天然次生林，简称“近原生次生林”，面积 66.64 万公顷、占 10.37%，以落叶松、白桦、樟子松、蒙古栎、椴树树种为主，平均年龄 93 年；原生植被基本消失、由萌生或部分实生林木组成、结构相对复杂的天然次生林，简称“恢复性次生林”，面积 502.12 万公顷、占 78.16%，以落叶松、白桦、樟子松、蒙古栎、椴树树种为主，平均年龄 44 年；林分结构相对单纯、质量和利用价值低、天然更新差、需要采取人工措施促进正向演替的天然次生林，简称“退化次生林”，面积 73.66 万公顷、占 11.47%，以落叶松、白桦、樟子松、蒙古栎、椴树树种为主，平均年龄 73 年。

原生植被经多次高强度人为干扰后形成的结构不完整、生长发育不正常、林相残破的稀疏天然林，统称为残次林，面积 1.88 万公顷、占天然乔木林面积的 0.28%，以落叶松、白桦、樟子松、蒙古栎、椴树树种为主，平均年龄 56 年。

三、森林灾害

根据森林灾害的成因和受害立木的比例及生长状况，将灾害类型分病害虫害、火灾、气候灾害（风、雪、水、旱）和其他灾害，灾害程度分轻度、中度、重度。林区有21.18%的森林不同程度地受到病害虫害、火灾、气候灾害和其他灾害影响。受灾面积中，重度灾害占0.44%，中度灾害占6.67%，轻度灾害占92.89%。受灾面积按灾害类型分，病虫害占5.78%，火灾占2.66%，受风折（倒）和雪压等气候灾害占75.55%，其他灾害占16.01%。

四、天然更新情况

天然更新是林木利用自身繁殖能力，通过天然下种或萌蘖，逐步形成新一代森林的过程。根据单位面积幼苗（树）的株数和高度将林分天然更新状况分为良好、较好、不良三个等级。乔木林中天然更新状况良好的面积345.58万公顷、占50.17%，较好的面积177.26万公顷、占25.73%，不良的面积166.04万公顷、占24.10%。林地天然更新等级面积见表10-26。

表10-26 林地天然更新等级面积

万公顷、%

天然更新等级	乔木林		灌木林		其他林地	
	面积	比例	面积	比例	面积	比例
合计	688.88	100.00	1.41	100.00	97.74	100.00
良好	345.58	50.17	0.30	21.62	64.03	65.51
较好	177.26	25.73	0.25	17.42	18.62	19.05
不良	166.04	24.10	0.86	60.96	15.09	15.44

注：其他林地包括疏林地、无立木林地和宜林地。

第五节 森林资源变化分析

2008—2018年，黑龙江大兴安岭重点国有林区的森林面积蓄积增加，林种结构有所调整，龄组结构有所改善，每公顷蓄积增加，森林资源呈现出数量增加、质量提高的向好发展态势。

一、森林面积蓄积变化

森林面积由2008年的655.87万公顷增加到2018年的688.88万公顷，增加33.01万公顷，年均增加3.30万公顷，年均净增率0.49%。森林蓄积由2008年的49265.36万立方米增加到2018年的57517.89万立方米，增加8252.53万立方米，年均增加825.25万立方米，年均净增率1.55%。其中，天然林面积增加43.31万公顷，年均增加

4.33 万公顷；蓄积增加 7389.33 万立方米，年均增加 738.93 万立方米。人工林面积减少 10.30 万公顷，年均减少 1.03 万公顷；蓄积增加 863.20 万立方米，年均增加 86.32 万立方米。森林面积蓄积变化见表 10-27。

表 10-27 森林面积蓄积变化

万公顷、万立方米、%

项目		本期	前期	变化量	年均增量	年均净增率
森林面积	合计	688.88	655.87	33.01	3.30	0.49
	天然林	670.10	626.79	43.31	4.33	0.67
	人工林	18.78	29.08	−10.30	−1.03	−4.30
森林蓄积	合计	57517.89	49265.36	8252.53	825.25	1.55
	天然林	56434.29	49044.96	7389.33	738.93	1.40
	人工林	1083.60	220.40	863.20	86.32	13.24

二、森林结构变化

（一）林种结构变化

公益林与商品林的面积之比由 2008 年的 76∶24 调整到 2018 年的 53∶47。其中防护林面积减少 85.66 万公顷，比例由 61.59% 降低到 46.20%。特用林面积减少 49.53 万公顷，比例由 14.71% 降低到 6.82%。用材林面积增加 168.20 万公顷，比例由 23.70% 提高到 46.98%。各林种面积蓄积变化见表 10-28。

表 10-28 各林种面积蓄积变化

万公顷、万立方米、%

项目		本期		前期		变化量	
		数量	比例	数量	比例	数量	比例
森林面积	合计	688.88	100.00	655.87	100.00	33.01	0.00
	防护林	318.28	46.20	403.94	61.59	−85.66	−15.39
	特用林	46.95	6.82	96.48	14.71	−49.53	−7.89
	用材林	323.65	46.98	155.45	23.70	168.20	23.28
森林蓄积	合计	57517.89	100.00	49265.36	100.00	8252.53	0.00
	防护林	26959.49	46.87	29644.45	60.17	−2684.96	−13.30
	特用林	4157.00	7.23	8275.90	16.80	−4118.90	−9.57
	用材林	26401.40	45.90	11345.01	23.03	15056.39	22.87

（二）龄组结构变化

中幼林面积由2008年的529.18万公顷增加到2018年的539.76万公顷，比例由80.68%降低到78.35%，近成过熟面积由126.69万公顷增加到149.12万公顷，比例由19.32%提高到21.65%，中幼林与近成过熟林的面积之比由81∶19变为78∶22。各龄组面积蓄积变化见表10-29。

表10-29　乔木林各龄组面积蓄积变化

万公顷、万立方米、%

项　目		本　期		前　期		变化量	
		数量	比例	数量	比例	数量	比例
乔木林面积	合　计	688.88	100.00	655.87	100.00	33.01	0.00
	幼龄林	131.81	19.13	164.95	25.15	−33.14	−6.02
	中龄林	407.95	59.22	364.23	55.53	43.72	3.69
	近熟林	80.43	11.68	62.75	9.57	17.68	2.11
	成熟林	61.04	8.86	54.38	8.29	6.66	0.57
	过熟林	7.65	1.11	9.56	1.46	−1.91	−0.35
乔木林蓄积	合　计	57517.89	100.00	49265.36	100.00	8252.53	0.00
	幼龄林	5803.96	10.09	5922.95	12.02	−118.99	−1.93
	中龄林	36482.99	63.43	32055.30	65.07	4427.69	−1.64
	近熟林	7908.79	13.75	5576.09	11.32	2332.70	2.43
	成熟林	6468.67	11.25	4871.12	9.89	1597.55	1.36
	过熟林	853.48	1.48	839.90	1.70	13.58	−0.22

（三）树种结构变化

乔木林中，混交林面积比例由2008年的42.08%增加到2018年47.34%，提高5.26个百分点，纯林与混交林的面积之比由58∶42变为53∶47。纯林与混交林面积比例变化见表10-30。

表10-30　纯林与混交林面积比例变化

%

项　目	本　期	前　期	变化量
纯林	52.66	57.92	−5.26
混交林	47.34	42.08	5.26

落叶松面积由2008年的339.63万公顷减少到2018年的320.46万公顷，蓄积由27058.51万立方米增加到29354.20万立方米；樟子松面积由2008年的11.97万公顷减

少到2018年的9.31万公顷，蓄积由1265.66万立方米减少到919.86万立方米；白桦面积由2008年的259.51万公顷增加到2018年的297.55万公顷，蓄积由18298.51万立方米增加到23315.62万立方米。

三、质量变化

乔木林每公顷蓄积由2008年的75.11立方米增加到2018年的83.49立方米，增加了8.38立方米。平均郁闭度增加0.07，增至0.58。平均胸径增加0.8厘米，增至12.3厘米。每公顷株数增加64株，增至1241株。森林质量变化见表10-31。

表10-31　森林质量变化

项　目	本　期	前　期	变化量
单位面积蓄积（立方米／公顷）	83.49	75.11	8.38
单位面积株数（株／公顷）	1241	1177	64
平均郁闭度	0.58	0.51	0.07
平均胸径（厘米）	12.3	11.5	0.8

第六节　森林资源特点评价

一、森林面积平稳增加，森林蓄积开始回升

实施天然林保护工程以来，黑龙江大兴安岭重点国有林区森林植被得到恢复，森林面积蓄积呈现持续增长态势。森林面积由1998年的648.45万公顷增加到2018年的688.88万公顷，20年增加40.43万公顷，增幅6.23%，其中天然林面积增加46.92万公顷，保持平稳增长的趋势。森林蓄积由1998年的4.99亿立方米增加到2018年的5.75亿立方米，20年增加0.76亿立方米，增幅15.27%。森林蓄积由上一个10年减少632.86万立方米，转为近10年增加8252.53万立方米。其中天然林蓄积增加0.65亿立方米，呈现快速增长态势，由上个10年减少8.41万立方米转为近10年来天然林蓄积增加7389.33万立方米，全面停止木材商业性采伐的效果逐步显现。

二、林种结构调整，龄组结构有所改善

公益林面积比例由1998年的74.87%提高到2008年的76.30%，2018年又调整到53.02%，用材林面积比例调整到46.98%，林种结构有所调整。中幼林面积比例由1998年的65.95%提高到2008年的80.68%，2018年又降低到78.35%；近成过熟林面积比

例由 1998 年的 34.05% 下降到 2008 年的 19.32%，2018 年又上升到 21.65%。龄组结构有所改善，但中幼林比例仍然较高。

三、单位面积蓄积由降转升，森林质量持续下降的趋势得到扭转

乔木林每公顷蓄积由 1988 年的 89.69 立方米，持续下降到 1998 年的 76.95 立方米、2008 年的 75.11 立方米，2018 年恢复到 83.49 立方米。郁闭度由 1998 年的 0.60 下降到 2008 年的 0.51，2018 年恢复到 0.58。平均胸径由 1998 年的 11.8 厘米下降到 2008 年的 11.5 厘米，2018 年恢复到 12.3 厘米。森林质量持续下降的趋势开始得到扭转。

四、保护地的面积增加，森林多样性功能得以发挥

1986 年林区建立呼中国家级自然保护区以来，截至 2018 年年底建立了自然保护区 12 处、森林公园 3 处，面积 121.96 万公顷，林区以寒温带针叶林为代表的森林生态系统，棕熊、马鹿、雪兔、紫貂、原麝、猞猁、驼鹿等野生动物栖息地，以及钻天柳、笃斯越橘、野大豆等野生植物栖息地基本得到保护。

综上所述，经过 20 年的森林资源保护和建设，黑龙江大兴安岭重点国有林区森林面积平稳增加，森林蓄积开始回升，森林质量持续下降的趋势得到扭转，保护地建设得以加强，森林资源保护发展开始出现好转趋势。然而，与林区生态安全屏障和木材战略储备基地的地位和要求相比，仍有较大的差距。一是森林质量不高，每公顷蓄积 83.49 立方米，低于全国平均水平，还有较大的提升空间。二是林分过疏的面积较大，为 86.23 万公顷，占乔木林面积的 12.52%。三是落叶松林面积持续下降，处于较低演替阶段的次生杨桦林面积较大，面积比例达到 48.69%。加强森林经营，调整树种结构，提高森林质量，任重而道远。

附 表

附表 1 林地各地类面积统计表

百公顷

统计单位	林地使用权	森林类别	合计	有林地	灌木林地			未成林造林地	苗圃地	疏林地	无立木林地				宜林地	林业辅助生产用地
				乔木林地	小计	特灌	一般灌木林地				小计	采伐迹地	火烧迹地	其他无立木林地		
合 计	合计	合计	311297	271818	2201	929	1272	312	60	314	14446	5	84	14357	20600	1546
		生态公益林	209658	181729	1995	909	1086	207	38	229	10026	2	72	9952	14583	851
		商品林	101639	90089	206	20	186	105	22	85	4420	3	12	4405	6017	695
	国有	合计	308081	271214	2083	856	1227	309	60	309	13272	5	84	13183	19377	1457
		生态公益林	207040	181218	1877	836	1041	204	38	226	9041	2	72	8967	13668	768
		商品林	101041	89996	206	20	186	105	22	83	4231	3	12	4216	5709	689
	集体	合计	3216	604	118	73	45	3		5	1174			1174	1223	89
		生态公益林	2618	511	118	73	45	3		3	985			985	915	83
		商品林	598	93						2	189			189	308	6
内蒙古重点国有林区	合计	合计	97699	83659	1860	903	957	117	13	212	3654		75	3579	7876	308
		生态公益林	71242	59439	1711	903	808	97	13	157	3191		70	3121	6357	277
		商品林	26457	24220	149		149	20		55	463		5	458	1519	31
	国有	合计	95136	83183	1742	830	912	114	13	208	2540		75	2465	7110	226
		生态公益林	69022	59010	1593	830	763	94	13	154	2256		70	2186	5703	199
		商品林	26114	24173	149		149	20		54	284		5	279	1407	27
	集体	合计	2563	476	118	73	45	3		4	1114			1114	766	82
		生态公益林	2220	429	118	73	45	3		3	935			935	654	78
		商品林	343	47						1	179			179	112	4

（续）

统计单位	林地使用权	森林类别	合计	有林地	灌木林地			未成林造林地	苗圃地	疏林地	无立木林地				宜林地	林业辅助生产用地
				乔木林地	小计	特灌	一般灌木林地				小计	采伐迹地	火烧迹地	其他无立木林地		
吉林省重点国有林区	合计	合计	34068	32421	110	26	84	119	12	6	686	5	1	680	414	300
		生态公益林	18474	17928	90	6	84	54	2	4	205	2		203	126	65
		商品林	15594	14493	20	20		65	10	2	481	3	1	477	288	235
	国有	合计	34068	32421	110	26	84	119	12	6	686	5	1	680	414	300
		生态公益林	18474	17928	90	6	84	54	2	4	205	2		203	126	65
		商品林	15594	14493	20	20		65	10	2	481	3	1	477	288	235
黑龙江重点国有林区	合计	合计	100470	86850	90		90	70	31	64	8492		1	8491	4182	691
		生态公益林	77377	67839	70		70	53	20	55	5707			5707	3244	389
		商品林	23093	19011	20		20	17	11	9	2785		1	2784	938	302
	国有	合计	100470	86850	90		90	70	31	64	8492		1	8491	4182	691
		生态公益林	77377	67839	70		70	53	20	55	5707			5707	3244	389
		商品林	23093	19011	20		20	17	11	9	2785		1	2784	938	302
黑龙江大兴安岭重点国有林区	合计	合计	79060	68888	141		141	6	4	32	1614		7	1607	8128	247
		生态公益林	42565	36523	124		124	3	3	13	923		2	921	4856	120
		商品林	36495	32365	17		17	3	1	19	691		5	686	3272	127
	国有	合计	78407	68760	141		141	6	4	31	1554		7	1547	7671	240
		生态公益林	42167	36441	124		124	3	3	13	873		2	871	4595	115
		商品林	36240	32319	17		17	3	1	18	681		5	676	3076	125
	集体	合计	653	128						1	60			60	457	7
		生态公益林	398	82							50			50	261	5
		商品林	255	46						1	10			10	196	2

注：特灌指特殊灌木林。

附表 2 各类林木面积（株数）蓄积统计表

百公顷、百立方米、百株

统计单位	林木经营权	活立木总蓄积	乔木林		疏林		四旁树		散生木	
			面积	蓄积	面积	蓄积	株数	蓄积	株数	蓄积
合计	合计	30695110	271818	30069784	314	7866	230	33	983797	617427
	国有	30660171	271193	30037733	310	7819	203	30	968411	614589
	集体	34514	619	31628	4	47	18	2	15385	2837
	个人	425	6	423			9	1	1	1
内蒙古重点国有林区	合计	9320126	83659	9065315	212	4879			513030	249932
	国有	9294835	83183	9041956	208	4845			499995	248034
	集体	25291	476	23359	4	34			13035	1898
吉林省重点国有林区	合计	5150890	32421	5137956	6	199	230	33	16556	12702
	国有	5148912	32400	5135986	6	198	203	30	16548	12698
	集体	1553	15	1547		1	18	2	7	3
	个人	425	6	423			9	1	1	1
黑龙江重点国有林区	合计	10329960	86850	10114724	64	2040			225970	213196
	国有	10329960	86850	10114724	64	2040			225970	213196
黑龙江大兴安岭重点国有林区	合计	5894134	68888	5751789	32	748			228241	141597
	国有	5886464	68760	5745067	32	736			225898	140661
	集体	7670	128	6722		12			2343	936

附表3 森林各林种面积按起源统计表

百公顷

统计单位	起源	类型	合计	防护林	特用林	用材林	经济林
合计	合计	合计	272747	132232	50406	90089	20
		乔木林	271818	131606	50123	90089	
		特灌	929	626	283		20
	天然	合计	254164	122105	47683	84376	
		乔木林	253262	121481	47405	84376	
		特灌	902	624	278		
	人工	合计	18583	10127	2723	5713	20
		乔木林	18556	10125	2718	5713	
		特灌	27	2	5		20
	其中：人天混	合计	6665	3604	982	2079	
		乔木林	6665	3604	982	2079	
内蒙古重点国有林区	合计	合计	84562	44399	15943	24220	
		乔木林	83659	43774	15665	24220	
		特灌	903	625	278		
	天然	合计	79865	41388	15323	23154	
		乔木林	78963	40764	15045	23154	
		特灌	902	624	278		

（续）

统计单位	起源	类型	合计	防护林	特用林	用材林	经济林
内蒙古重点国有林区	人工	合计	4697	3011	620	1066	
		乔木林	4696	3010	620	1066	
		特灌	1	1			
	其中：人天混	合计	841	576	81	184	
		乔木林	841	576	81	184	
吉林省重点国有林区	合计	合计	32447	9749	8185	14493	20
		乔木林	32421	9748	8180	14493	
		特灌	26	1	5		20
	天然	合计	28990	8832	7719	12439	
		乔木林	28990	8832	7719	12439	
	人工	合计	3457	917	466	2054	20
		乔木林	3431	916	461	2054	
		特灌	26	1	5		20
	其中：人天混	合计	1466	331	197	938	
		乔木林	1466	331	197	938	
黑龙江重点国有林区	合计	合计	86850	46256	21583	19011	
		乔木林	86850	46256	21583	19011	
	天然	合计	78299	40664	20307	17328	
		乔木林	78299	40664	20307	17328	
	人工	合计	8551	5592	1276	1683	
		乔木林	8551	5592	1276	1683	

（续）

统计单位	起 源	类 型	合 计	防护林	特用林	用材林	经济林
黑龙江重点国有林区	其中：人天混	合计	4028	2572	685	771	
		乔木林	4028	2572	685	771	
黑龙江大兴安岭重点国有林区	合计	合计	68888	31828	4695	32365	
		乔木林	68888	31828	4695	32365	
	天然	合计	67010	31221	4334	31455	
		乔木林	67010	31221	4334	31455	
	人工	合计	1878	607	361	910	
		乔木林	1878	607	361	910	
	其中：人天混	合计	330	125	19	186	
		乔木林	330	125	19	186	

附表 4　乔木林各龄组面积蓄积按起源和林种统计表

百公顷、百立方米

统计单位	起源	林种	合计		幼龄林		中龄林		近熟林		成熟林		过熟林	
			面积	蓄积	面积	蓄积	面积	蓄积	面积	蓄积	面积	蓄积	面积	蓄积
合计	合计	合计	271818	30069784	32974	1892451	152853	16496885	51862	6894099	28567	3936436	5562	849913
		防护林	131606	14064945	16505	889765	76980	8254557	23127	2949951	12818	1661108	2176	309564
		特用林	50123	6232887	4971	319919	24381	2795661	11317	1638122	7238	1115680	2216	363505
		用材林	90089	9771944	11498	682760	51492	5446666	17418	2306026	8511	1159648	1170	176844
		经济林		8		7		1						
	天然	合计	253262	27906436	27777	1528747	144424	15452706	48437	6380463	27208	3718063	5416	826457
		防护林	121481	12904427	13521	691099	72412	7674989	21256	2674653	12171	1562285	2121	301401
		特用林	47405	5923560	4217	265450	23147	2651303	10820	1565206	7031	1082078	2190	359523
		用材林	84376	9078441	10039	572191	48865	5126413	16361	2140604	8006	1073700	1105	165533
		经济林		8		7		1						
	人工	合计	18556	2163348	5197	363704	8429	1044179	3425	513636	1359	218373	146	23456
		防护林	10125	1160518	2984	198666	4568	579568	1871	275298	647	98823	55	8163
		特用林	2718	309327	754	54469	1234	144358	497	72916	207	33602	26	3982
		用材林	5713	693503	1459	110569	2627	320253	1057	165422	505	85948	65	11311
	其中：人天混	合计	6665	802563	2070	177157	3146	407202	1018	151686	382	58789	49	7729
		防护林	3604	417771	1180	95233	1717	221439	513	73408	174	24696	20	2995
		特用林	982	115846	324	27859	473	60113	130	19391	46	7098	9	1385
		用材林	2079	268946	566	54065	956	125650	375	58887	162	26995	20	3349

（续）

统计单位	起源	林种	合计		幼龄林		中龄林		近熟林		成熟林		过熟林	
			面积	蓄积	面积	蓄积	面积	蓄积	面积	蓄积	面积	蓄积	面积	蓄积
内蒙古重点国有林区	合计	合计	83659	9065315	6290	277299	45986	4893796	15485	1814379	12540	1601782	3358	478059
		防护林	43774	4442989	4491	181111	25826	2694390	7183	794479	5022	596980	1252	176029
		特用林	15665	2012373	616	30722	5506	628307	3468	463515	4405	639311	1670	250518
		用材林	24220	2609953	1183	65466	14654	1571099	4834	556385	3113	365491	436	51512
	天然	合计	78963	8583885	4914	219490	44025	4659424	14482	1673073	12203	1556145	3339	475753
		防护林	40764	4164344	3454	141639	24585	2553850	6648	721217	4835	572758	1242	174880
		特用林	15045	1943250	457	24082	5314	604107	3264	435293	4346	630046	1664	249722
		用材林	23154	2476291	1003	53769	14126	1501467	4570	516563	3022	353341	433	51151
	人工	合计	4696	481430	1376	57809	1961	234372	1003	141306	337	45637	19	2306
		防护林	3010	278645	1037	39472	1241	140540	535	73262	187	24222	10	1149
		特用林	620	69123	159	6640	192	24200	204	28222	59	9265	6	796
		用材林	1066	133662	180	11697	528	69632	264	39822	91	12150	3	361
	其中：人天混	合计	841	74037	387	25152	263	27716	118	13231	71	7634	2	304
		防护林	576	47437	285	16814	168	16947	75	8347	46	5079	2	250
		特用林	81	7081	50	3691	20	2108	8	951	3	319		12
		用材林	184	19519	52	4647	75	8661	35	3933	22	2236		42

（续）

统计单位	起源	林种	合计		幼龄林		中龄林		近熟林		成熟林		过熟林	
			面积	蓄积	面积	蓄积	面积	蓄积	面积	蓄积	面积	蓄积	面积	蓄积
吉林省重点国有林区	合计	合计	32421	5137956	2176	173657	8427	1216333	13538	2244390	7103	1270780	1177	232796
		防护林	9748	1527640	613	43532	2266	312272	4154	678722	2381	428314	334	64800
		特用林	8180	1312496	372	27900	2533	365202	3457	573081	1557	289673	261	56640
		用材林	14493	2297820	1191	102225	3628	538859	5927	992587	3165	552793	582	111356
	天然	合计	28990	4671930	1228	101978	7322	1058153	12803	2123194	6567	1174033	1070	214572
		防护林	8832	1407325	356	25507	1972	271428	3951	646038	2251	404695	302	59657
		特用林	7719	1255657	243	19272	2394	347202	3364	558938	1473	276253	245	53992
		用材林	12439	2008948	629	57199	2956	439523	5488	918218	2843	493085	523	100923
	人工	合计	3431	466026	948	71679	1105	158180	735	121196	536	96747	107	18224
		防护林	916	120315	257	18025	294	40844	203	32684	130	23619	32	5143
		特用林	461	56839	129	8628	139	18000	93	14143	84	13420	16	2648
		用材林	2054	288872	562	45026	672	99336	439	74369	322	59708	59	10433
	其中：人天混	合计	1466	208920	417	41829	556	82397	306	51488	157	28233	30	4973
		防护林	331	41999	113	9655	122	16837	64	10098	25	4304	7	1105
		特用林	197	25446	59	4783	69	9352	39	6177	24	4135	6	999
		用材林	938	141475	245	27391	365	56208	203	35213	108	19794	17	2869

（续）

统计单位	起 源	林 种	合 计		幼龄林		中龄林		近熟林		成熟林		过熟林	
			面积	蓄积	面积	蓄积	面积	蓄积	面积	蓄积	面积	蓄积	面积	蓄积
黑龙江重点国有林区	合计	合计	86850	10114724	11327	861099	57645	6738457	14796	2044451	2820	417007	262	53710
		防护林	46256	5398367	5840	442375	30867	3636694	8009	1100738	1472	208984	68	9576
		特用林	21583	2492318	3087	227079	13823	1572444	3723	522214	787	130384	163	40197
		用材林	19011	2224031	2400	191638	12955	1529318	3064	421499	561	77639	31	3937
		经济林		8		7		1						
	天然	合计	78299	9007192	8939	651558	53581	6162074	13198	1801168	2339	341565	242	50827
		防护林	40664	4667549	4330	308928	28223	3258227	6912	934373	1144	158281	55	7740
		特用林	20307	2329394	2693	191840	13195	1485489	3537	492908	723	119498	159	39659
		用材林	17328	2010241	1916	150783	12163	1418357	2749	373887	472	63786	28	3428
		经济林		8		7		1						
	人工	合计	8551	1107532	2388	209541	4064	576383	1598	243283	481	75442	20	2883
		防护林	5592	730818	1510	133447	2644	378467	1097	166365	328	50703	13	1836
		特用林	1276	162924	394	35239	628	86955	186	29306	64	10886	4	538
		用材林	1683	213790	484	40855	792	110961	315	47612	89	13853	3	509
	其中：人天混	合计	4028	500310	1137	103753	2134	284866	586	86320	154	22919	17	2452
		防护林	2572	321771	722	65809	1364	184233	372	54776	103	15313	11	1640
		特用林	685	82309	209	19110	371	47923	83	12258	19	2644	3	374
		用材林	771	96230	206	18834	399	52710	131	19286	32	4962	3	438

（续）

统计单位	起源	林种	合计		幼龄林		中龄林		近熟林		成熟林		过熟林	
			面积	蓄积	面积	蓄积	面积	蓄积	面积	蓄积	面积	蓄积	面积	蓄积
黑龙江大兴安岭重点国有林区	合计	合计	68888	5751789	13181	580396	40795	3648299	8043	790879	6104	646867	765	85348
		防护林	31828	2695949	5561	222747	18021	1611201	3781	376012	3943	426830	522	59159
		特用林	4695	415700	896	34218	2519	229708	669	79312	489	56312	122	16150
		用材林	32365	2640140	6724	323431	20255	1807390	3593	335555	1672	163725	121	10039
	天然	合计	67010	5643429	12696	555721	39496	3573055	7954	783028	6099	646320	765	85305
		防护林	31221	2665209	5381	215025	17632	1591484	3745	373025	3941	426551	522	59124
		特用林	4334	395259	824	30256	2244	214505	655	78067	489	56281	122	16150
		用材林	31455	2582961	6491	310440	19620	1767066	3554	331936	1669	163488	121	10031
	人工	合计	1878	108360	485	24675	1299	75244	89	7851	5	547		43
		防护林	607	30740	180	7722	389	19717	36	2987	2	279		35
		特用林	361	20441	72	3962	275	15203	14	1245		31		
		用材林	910	57179	233	12991	635	40324	39	3619	3	237		8
	其中：人天混	合计	330	19296	129	6423	193	12223	8	647		3		
		防护林	125	6564	60	2955	63	3422	2	187				
		特用林	19	1010	6	275	13	730		5				
		用材林	186	11722	63	3193	117	8071	6	455		3		

附表 5　乔木林各龄组面积蓄积按起源和优势树种统计表

百公顷、百立方米

统计单位	起源	优势树种	合计		幼龄林		中龄林		近熟林		成熟林		过熟林	
			面积	蓄积	面积	蓄积	面积	蓄积	面积	蓄积	面积	蓄积	面积	蓄积
合计	合计	合计	271818	30069784	32974	1892451	152853	16496885	51862	6894099	28567	3936436	5562	849913
		冷杉（臭松）	8187	1139179	318	31275	5972	797583	1571	252516	306	54177	20	3628
		云杉	4812	584464	1103	82863	2787	344466	610	97336	278	52398	34	7401
		落叶松	98996	10754512	5978	383490	62954	6652248	15496	1871914	11903	1485577	2665	361283
		红松	5390	782969	1187	114044	2673	364265	766	132753	479	99732	285	72175
		樟子松	2348	307915	151	7138	771	84522	549	77686	641	100421	236	38148
		赤松	84	11068	2	218	63	8003	17	2592	2	255		
		其他针叶树种	4	490	1	46	3	256		111		73		4
		蒙古栎	25303	2885825	4173	219335	12543	1401044	6846	988982	1593	250611	148	25853
		白桦	67760	6351171	13413	630199	37303	3673501	10692	1252403	5472	676274	880	118794
		枫桦	9734	1241897	803	67692	5595	683004	2449	353045	817	125104	70	13052
		黑桦	2628	197877	619	29295	1500	123071	419	37817	73	6584	17	1110
		水曲柳	7081	898365	571	61589	3928	445219	1968	285740	554	92958	60	12859
		胡桃楸	5764	812474	435	46714	2325	280290	1970	303200	965	169389	69	12881
		黄波罗	401	50979	35	3924	213	23878	113	16615	37	6040	3	522
		榆树	2794	310336	145	8924	1487	145446	671	83985	359	51086	132	20895
		其他硬阔类	254	30787	92	8556	138	18260	21	3497	3	434		40
		椴树	11295	1609096	528	49331	4629	549017	4033	630528	1851	327645	254	52575
		杨树	983	136053	71	4303	301	34538	234	35237	239	38078	138	23897

（续）

统计单位	起源	优势树种	合计		幼龄林		中龄林		近熟林		成熟林		过熟林	
			面积	蓄积	面积	蓄积	面积	蓄积	面积	蓄积	面积	蓄积	面积	蓄积
合计	合计	柳树	537	37047	126	2985	179	12489	78	6396	103	9206	51	5971
		其他软阔类	1135	117933	433	25221	484	61774	157	21864	55	8108	6	966
		山杨	11421	1261833	2270	86451	4790	580314	1895	267367	2061	264365	405	63336
		毛赤杨	738	48862	274	11018	395	30815	48	4664	19	2104	2	261
		白牛槭	48	6909		3	1	106	16	2320	30	4353	1	127
		槭树	3455	431919	136	13185	1429	148225	1144	153655	671	104179	75	12675
		山槐	138	13411	11	740	88	8335	21	2388	16	1736	2	212
		千斤榆	7	923			3	255	1	246	2	237	1	185
		暴马丁香	38	2915	11	520	19	1590	4	443	3	324	1	38
		青楷槭	91	9038	4	263	60	5423	17	2098	8	1039	2	215
		花楷槭	160	13696	10	580	116	9518	21	2252	10	1034	3	312
		波纹柳	86	4333	45	1015	36	2772	3	338	2	161		47
		稠李	18	1347	5	205	11	918	2	172		49		3
		山桃稠李	36	4494	5	547	24	2796	4	658	2	365	1	128
		山丁子	22	1497	7	238	12	877	3	334		48		
		岳桦	16	1588			7	610	7	719	2	259		
		花曲柳	26	3911	1	45	7	749	10	1487	8	1568		62
		钻天柳	3	297		53	1	53	1	64	1	117		10
		其他阔叶树种	10	767	5	109	3	259	2	302		88		9
		假色槭	3	507		17		79	1	99	1	170	1	142
		其他亚乔木	12	1100	6	320	3	317	2	276	1	90		97

（续）

统计单位	起源	优势树种	合计		幼龄林		中龄林		近熟林		成熟林		过熟林	
			面积	蓄积	面积	蓄积	面积	蓄积	面积	蓄积	面积	蓄积	面积	蓄积
合计	天然	合计	253262	27906436	27777	1528747	144424	15452706	48437	6380463	27208	3718063	5416	826457
		冷杉（臭松）	8165	1135962	312	30677	5960	795684	1568	251946	305	54037	20	3618
		云杉	3939	514506	416	38917	2618	321012	597	95344	275	51953	33	7280
		落叶松	85756	9177406	3289	216689	56525	5873833	12563	1431705	10779	1303574	2600	351605
		红松	3653	582016	231	25756	1946	261158	718	124280	473	98682	285	72140
		樟子松	1827	249043	88	4234	557	63291	382	54682	565	88870	235	37966
		赤松	83	10873	2	203	63	7994	17	2563	1	113		
		其他针叶树种	4	333	1	30	3	225		42		32		4
		蒙古栎	25303	2885825	4173	219335	12543	1401044	6846	988982	1593	250611	148	25853
		白桦	67755	6350656	13411	630098	37302	3673421	10690	1252069	5472	676274	880	118794
		枫桦	9734	1241897	803	67692	5595	683004	2449	353045	817	125104	70	13052
		黑桦	2628	197877	619	29295	1500	123071	419	37817	73	6584	17	1110
		水曲柳	6918	878398	483	52869	3876	438018	1948	282249	551	92424	60	12838
		胡桃楸	5556	784132	329	34411	2252	269472	1945	298773	961	168661	69	12815
		黄波罗	385	48561	27	2881	207	22971	111	16205	37	5982	3	522
		榆树	2742	303127	137	8160	1459	141526	662	82498	355	50474	129	20469
		椴树	11230	1600370	507	47147	4600	544909	4022	628677	1849	327353	252	52284
		杨树	681	95715	41	2860	231	27522	188	29209	151	23850	70	12274
		柳树	532	36436	124	2922	177	12157	77	6252	103	9155	51	5950
		其他软阔类	230	24503	42	1825	88	8496	67	9041	29	4521	4	620
		山杨	11256	1243961	2232	84763	4717	571368	1863	263019	2043	262003	401	62808

（续）

统计单位	起源	优势树种	合计		幼龄林		中龄林		近熟林		成熟林		过熟林	
			面积	蓄积	面积	蓄积	面积	蓄积	面积	蓄积	面积	蓄积	面积	蓄积
合计	天然	毛赤杨	735	48489	273	10946	393	30539	48	4639	19	2104	2	261
		白牛槭	48	6909		3	1	106	16	2320	30	4353	1	127
		槭树	3447	430818	133	12869	1425	147817	1143	153373	671	104089	75	12670
		山槐	137	13257	11	713	87	8236	21	2360	16	1736	2	212
		千斤榆	7	923			3	255	1	246	2	237	1	185
		暴马丁香	38	2915	11	520	19	1590	4	443	3	324	1	38
		青楷槭	91	9038	4	263	60	5423	17	2098	8	1039	2	215
		花楷槭	160	13696	10	580	116	9518	21	2252	10	1034	3	312
		波纹柳	86	4333	45	1015	36	2772	3	338	2	161		47
		稠李	18	1347	5	205	11	918	2	172		49		3
		山桃稠李	33	3951	3	266	23	2574	4	630	2	355	1	126
		山丁子	22	1497	7	238	12	877	3	334		48		
		岳桦	16	1588			7	610	7	719	2	259		
		花曲柳	26	3911	1	45	7	749	10	1487	8	1568		62
		钻天柳	3	297		53	1	53	1	64	1	117		10
		其他阔叶树种	4	448	2	32	1	126	1	215		73		2
		假色槭	3	507		17		79	1	99	1	170	1	142
		其他亚乔木	11	915	5	218	3	288	2	276	1	90		43
		合计	18556	2163348	5197	363704	8429	1044179	3425	513636	1359	218373	146	23456
	人工	冷杉（臭松）	22	3217	6	598	12	1899	3	570	1	140		10
		云杉	873	69958	687	43946	169	23454	13	1992	3	445	1	121

（续）

统计单位	起源	优势树种	合计		幼龄林		中龄林		近熟林		成熟林		过熟林	
			面积	蓄积	面积	蓄积	面积	蓄积	面积	蓄积	面积	蓄积	面积	蓄积
合计	人工	落叶松	13240	1577106	2689	166801	6429	778415	2933	440209	1124	182003	65	9678
		红松	1737	200953	956	88288	727	103107	48	8473	6	1050		35
		樟子松	521	58872	63	2904	214	21231	167	23004	76	11551	1	182
		赤松	1	195		15		9		29	1	142		
		其他针叶树种		157		16		31		69		41		
		白桦	5	515	2	101	1	80	2	334				
		水曲柳	163	19967	88	8720	52	7201	20	3491	3	534		21
		胡桃楸	208	28342	106	12303	73	10818	25	4427	4	728		66
		黄波罗	16	2418	8	1043	6	907	2	410		58		
		榆树	52	7209	8	764	28	3920	9	1487	4	612	3	426
		其他硬阔类	254	30787	92	8556	138	18260	21	3497	3	434		40
		椴树	65	8726	21	2184	29	4108	11	1851	2	292	2	291
		杨树	302	40338	30	1443	70	7016	46	6028	88	14228	68	11623
		柳树	5	611	2	63	2	332	1	144		51		21
		其他软阔类	905	93430	391	23396	396	53278	90	12823	26	3587	2	346
		山杨	165	17872	38	1688	73	8946	32	4348	18	2362	4	528
		毛赤杨	3	373	1	72	2	276		25				
		槭树	8	1101	3	316	4	408	1	282		90		5
		山槐	1	154		27	1	99		28				
		山桃稠李	3	543	2	281	1	222		28		10		2

（续）

统计单位	起源	优势树种	合计		幼龄林		中龄林		近熟林		成熟林		过熟林	
			面积	蓄积	面积	蓄积	面积	蓄积	面积	蓄积	面积	蓄积	面积	蓄积
合计	人工	其他阔叶树种	6	319	3	77	2	133	1	87		15		7
		其他亚乔木	1	185	1	102		29						54
	其中：人天混	合计	6665	802563	2070	177157	3146	407202	1018	151686	382	58789	49	7729
		冷杉（臭松）	22	3217	6	598	12	1899	3	570	1	140		10
		云杉	346	33063	233	17815	104	13950	7	1025	2	220		53
		落叶松	3586	451901	636	55033	1864	235019	760	111361	300	46743	26	3745
		红松	826	92314	473	44669	332	44469	18	2755	3	421		
		樟子松	90	9659	11	689	48	4853	23	3019	8	1085		13
		其他针叶树种		37		4		9		21		3		
		水曲柳	123	18523	56	7910	45	6669	19	3392	3	531		21
		胡桃楸	197	27175	103	12173	67	10132	23	4163	4	682		25
		黄波罗	15	2377	7	1020	6	895	2	408		54		
		榆树	52	7209	8	764	28	3920	9	1487	4	612	3	426
		其他硬阔类	254	30787	92	8556	138	18260	21	3497	3	434		40
		椴树	65	8726	21	2184	29	4108	11	1851	2	292	2	291
		杨树	74	9757	9	513	22	2528	12	1835	16	2395	15	2486
		柳树	4	585	1	60	2	331	1	144		50		
		其他软阔类	902	93358	389	23365	396	53246	89	12814	26	3587	2	346
		山杨	90	11235	17	948	43	5758	19	2897	10	1427	1	205
		毛赤杨	3	373	1	72	2	276		25				
		槭树	8	1101	3	316	4	408	1	282		90		5

（续）

统计单位	起源	优势树种	合计		幼龄林		中龄林		近熟林		成熟林		过熟林	
			面积	蓄积	面积	蓄积	面积	蓄积	面积	蓄积	面积	蓄积	面积	蓄积
合计	其中：人天混	山槐	1	154		27	1	99		28				
		山桃稠李	3	543	2	281	1	222		28		10		2
		其他阔叶树种	3	284	1	58	2	122		84		13		7
		其他亚乔木	1	185	1	102		29						54
内蒙古重点国有林区	合计	合计	83659	9065315	6290	277299	45986	4893796	15485	1814379	12540	1601782	3358	478059
		云杉	11	885	10	756	1	113		16				
		落叶松	55063	6243238	2921	167119	34587	3829773	8443	1041545	7036	910493	2076	294308
		红松		13		13								
		樟子松	1030	165142	21	971	105	15091	228	37321	446	74386	230	37373
		蒙古栎	2731	137427	1147	38078	939	53460	445	31284	171	12627	29	1978
		白桦	20651	2133517	1556	50688	9268	911329	5709	645501	3482	439655	636	86344
		枫桦	12	938			2	129	7	559	3	230		20
		黑桦	1097	62554	354	13581	459	28644	213	14756	54	4478	17	1095
		榆树	1	53		13	1	37		2		1		
		其他硬阔类	5	225	4	183	1	37		5				
		杨树	39	4423	2	43	2	137	4	414	16	1568	15	2261
		柳树	229	16401	40	613	37	1948	42	3055	66	5577	44	5208
		其他软阔类	241	15102	112	1701	78	7827	36	3858	15	1685		31
		山杨	2518	283370	112	3067	493	44462	355	35812	1247	150588	311	49441
		毛赤杨	30	2026	10	472	13	809	3	251	4	494		
		山丁子	1	1	1	1								

（续）

统计单位	起源	优势树种	合计		幼龄林		中龄林		近熟林		成熟林		过熟林	
			面积	蓄积	面积	蓄积	面积	蓄积	面积	蓄积	面积	蓄积	面积	蓄积
内蒙古重点国有林区	天然	合计	78963	8583885	4914	219490	44025	4659424	14482	1673073	12203	1556145	3339	475753
		云杉		2		2								
		落叶松	50668	5783400	1678	112302	32721	3605263	7490	906045	6722	867700	2057	292090
		樟子松	999	161312	16	745	96	13946	216	35646	441	73621	230	37354
		蒙古栎	2731	137427	1147	38078	939	53460	445	31284	171	12627	29	1978
		白桦	20651	2133517	1556	50688	9268	911329	5709	645501	3482	439655	636	86344
		枫桦	12	938			2	129	7	559	3	230		20
		黑桦	1097	62554	354	13581	459	28644	213	14756	54	4478	17	1095
		榆树	1	53		13	1	37		2		1		
		杨树	37	4234	1	8	1	62	4	395	16	1545	15	2224
		柳树	229	16378	40	613	37	1925	42	3055	66	5577	44	5208
		山杨	2507	282044	111	2987	488	43821	353	35579	1244	150217	311	49440
		毛赤杨	30	2025	10	472	13	808	3	251	4	494		
		山丁子	1	1	1	1								
	人工	合计	4696	481430	1376	57809	1961	234372	1003	141306	337	45637	19	2306
		云杉	11	883	10	754	1	113		16				
		落叶松	4395	459838	1243	54817	1866	224510	953	135500	314	42793	19	2218
		红松		13		13								
		樟子松	31	3830	5	226	9	1145	12	1675	5	765		19
		其他硬阔类	5	225	4	183	1	37		5				
		杨树	2	189	1	35	1	75		19		23		37

（续）

统计单位	起源	优势树种	合计		幼龄林		中龄林		近熟林		成熟林		过熟林	
			面积	蓄积	面积	蓄积	面积	蓄积	面积	蓄积	面积	蓄积	面积	蓄积
内蒙古重点国有林区	人工	柳树		23				23						
		其他软阔类	241	15102	112	1701	78	7827	36	3858	15	1685		31
		山杨	11	1326	1	80	5	641	2	233	3	371		1
		毛赤杨		1				1						
	其中：人天混	合计	841	74037	387	25152	263	27716	118	13231	71	7634	2	304
		云杉	4	356	4	327		29						
		落叶松	579	56853	265	22725	179	19148	80	9133	53	5576	2	271
		樟子松	1	145	1	133		8		2		2		
		其他硬阔类	5	225	4	183	1	37		5				
		杨树		6		3		2						1
		柳树		23				23						
		其他软阔类	241	15102	112	1701	78	7827	36	3858	15	1685		31
		山杨	11	1326	1	80	5	641	2	233	3	371		1
		毛赤杨		1				1						
吉林省重点国有林区	合计	合计	32421	5137956	2176	173657	8427	1216333	13538	2244390	7103	1270780	1177	232796
		冷杉（臭松）	1019	180995	16	1715	353	59902	450	81881	192	36070	8	1427
		云杉	1089	166121	298	20072	265	44693	265	48315	228	45816	33	7225
		落叶松	2548	391508	200	14051	981	139153	837	140322	488	90909	42	7073
		红松	1101	194311	150	9608	264	46223	216	38224	279	54937	192	45319
		樟子松	124	16314	14	857	48	6227	35	4931	26	4144	1	155
		其他针叶树种	2	296	1	31	1	116		90		57		2

（续）

统计单位	起源	优势树种	合计		幼龄林		中龄林		近熟林		成熟林		过熟林	
			面积	蓄积	面积	蓄积	面积	蓄积	面积	蓄积	面积	蓄积	面积	蓄积
吉林省重点国有林区	合计	蒙古栎	6761	1072638	227	16596	2041	281842	3390	564362	1001	187722	102	22116
		白桦	2860	428167	313	23897	1151	168030	1043	174012	305	53432	48	8796
		枫桦	1441	241099	83	9113	286	43635	681	116921	346	62043	45	9387
		黑桦	28	4151	1	34	7	1023	18	2796	2	298		
		水曲柳	1816	285374	97	8581	328	47124	947	152222	402	69357	42	8090
		胡桃楸	3551	557224	306	32341	797	112685	1455	235836	925	163672	68	12690
		黄波罗	128	20424	18	2290	29	4513	47	7863	31	5236	3	522
		榆树	907	126475	36	2165	206	24638	294	41996	251	38453	120	19223
		其他硬阔类	88	11984	37	3827	36	5442	14	2456	1	219		40
		椴树	5524	939954	60	5552	790	119523	2717	455321	1708	307865	249	51693
		杨树	704	103969	53	3313	174	21002	180	28158	181	30816	116	20680
		柳树	54	3652	25	691	16	1509	9	901	3	312	1	239
		其他软阔类	560	70297	153	12333	249	33868	113	16910	39	6251	6	935
		山杨	620	99215	42	3358	216	32024	240	42230	95	17052	27	4551
		毛赤杨	61	5856	16	887	32	3358	12	1452	1	159		
		白牛槭	48	6909		3	1	106	16	2320	30	4353	1	127
		槭树	1292	198425	13	1052	128	16459	530	80615	552	88489	69	11810
		山槐	11	1420	1	97	4	469	5	690	1	144		20
		千斤榆	5	725			1	88	1	215	2	237	1	185
		暴马丁香	3	398	1	58	1	130	1	162		48		

（续）

统计单位	起源	优势树种	合计		幼龄林		中龄林		近熟林		成熟林		过熟林	
			面积	蓄积	面积	蓄积	面积	蓄积	面积	蓄积	面积	蓄积	面积	蓄积
吉林省重点国有林区	合计	青楷槭	8	1158		54	2	209	2	349	3	445	1	101
		花楷槭	5	633		7	1	96	2	276	1	186	1	68
		稠李	4	362	1	69	2	166	1	97		27		3
		山桃稠李	10	1508	4	485	5	744	1	195		82		2
		山丁子	7	766	2	131	4	404	1	190		41		
		花曲柳	23	3544	1	39	4	427	10	1459	8	1557		62
		钻天柳		54		35						12		7
		其他阔叶树种	6	589	2	39	2	173	2	283		85		9
		假色槭	3	475		13		54	1	96	1	170	1	142
		其他亚乔木	10	966	5	263	2	278	2	244	1	84		97
	天然	合计	28990	4671930	1228	101978	7322	1058153	12803	2123194	6567	1174033	1070	214572
		冷杉（臭松）	1005	178933	12	1353	347	58922	447	81311	191	35930	8	1417
		云杉	782	142859	29	2962	237	40229	258	47098	226	45466	32	7104
		落叶松	930	147538	36	2556	446	66357	340	58670	96	17882	12	2073
		红松	847	164101	14	1707	174	29768	193	33358	274	53984	192	45284
		樟子松	11	1859	1	151	4	720	3	456	3	527		5
		其他针叶树种	2	176	1	15	1	85		42		32		2
		蒙古栎	6761	1072638	227	16596	2041	281842	3390	564362	1001	187722	102	22116
		白桦	2856	427695	312	23830	1150	167959	1041	173678	305	53432	48	8796
		枫桦	1441	241099	83	9113	286	43635	681	116921	346	62043	45	9387
		黑桦	28	4151	1	34	7	1023	18	2796	2	298		

（续）

统计单位	起源	优势树种	合计		幼龄林		中龄林		近熟林		成熟林		过熟林	
			面积	蓄积	面积	蓄积	面积	蓄积	面积	蓄积	面积	蓄积	面积	蓄积
吉林省重点国有林区	天然	水曲柳	1721	274335	46	4666	303	43419	931	149358	399	68823	42	8069
		胡桃楸	3378	533734	213	21793	743	104481	1433	231892	921	162944	68	12624
		黄波罗	114	18269	10	1292	25	3810	45	7467	31	5178	3	522
		榆树	873	121401	30	1550	190	22173	288	40912	248	37969	117	18797
		椴树	5488	934811	49	4365	777	117580	2709	453891	1706	307573	247	51402
		杨树	411	64604	25	1976	107	14236	135	22324	94	16805	50	9263
		柳树	49	3088	23	638	14	1213	8	757	3	262	1	218
		其他软阔类	230	24478	42	1808	88	8488	67	9041	29	4521	4	620
		山杨	582	94246	36	2984	198	29681	231	40636	92	16637	25	4308
		毛赤杨	59	5676	15	836	31	3247	12	1434	1	159		
		白牛槭	48	6909		3	1	106	16	2320	30	4353	1	127
		槭树	1287	197701	11	898	126	16262	529	80337	552	88399	69	11805
		山槐	11	1334	1	75	4	431	5	664	1	144		20
		千斤榆	5	725			1	88	1	215	2	237	1	185
		暴马丁香	3	398	1	58	1	130	1	162		48		
		青楷槭	8	1158		54	2	209	2	349	3	445	1	101
		花楷槭	5	633		7	1	96	2	276	1	186	1	68
		稠李	4	362	1	69	2	166	1	97		27		3
		山桃稠李	7	1020	2	204	4	561	1	183		72		
		山丁子	7	766	2	131	4	404	1	190		41		
		花曲柳	23	3544	1	39	4	427	10	1459	8	1557		62

（续）

统计单位	起源	优势树种	合计		幼龄林		中龄林		近熟林		成熟林		过熟林	
			面积	蓄积	面积	蓄积	面积	蓄积	面积	蓄积	面积	蓄积	面积	蓄积
吉林省重点国有林区	天然	钻天柳		54		35						12		7
		其他阔叶树种	2	379		6	1	102	1	198		71		2
		假色槭	3	475		13		54	1	96	1	170	1	142
		其他亚乔木	9	781	4	161	2	249	2	244	1	84		43
	人工	合计	3431	466026	948	71679	1105	158180	735	121196	536	96747	107	18224
		冷杉（臭松）	14	2062	4	362	6	980	3	570	1	140		10
		云杉	307	23262	269	17110	28	4464	7	1217	2	350	1	121
		落叶松	1618	243970	164	11495	535	72796	497	81652	392	73027	30	5000
		红松	254	30210	136	7901	90	16455	23	4866	5	953		35
		樟子松	113	14455	13	706	44	5507	32	4475	23	3617	1	150
		其他针叶树种		120		16		31		48		25		
		白桦	4	472	1	67	1	71	2	334				
		水曲柳	95	11039	51	3915	25	3705	16	2864	3	534		21
		胡桃楸	173	23490	93	10548	54	8204	22	3944	4	728		66
		黄波罗	14	2155	8	998	4	703	2	396		58		
		榆树	34	5074	6	615	16	2465	6	1084	3	484	3	426
		其他硬阔类	88	11984	37	3827	36	5442	14	2456	1	219		40
		椴树	36	5143	11	1187	13	1943	8	1430	2	292	2	291
		杨树	293	39365	28	1337	67	6766	45	5834	87	14011	66	11417
		柳树	5	564	2	53	2	296	1	144		50		21

（续）

统计单位	起源	优势树种	合计		幼龄林		中龄林		近熟林		成熟林		过熟林	
			面积	蓄积	面积	蓄积	面积	蓄积	面积	蓄积	面积	蓄积	面积	蓄积
吉林省重点国有林区	人工	其他软阔类	330	45819	111	10525	161	25380	46	7869	10	1730	2	315
		山杨	38	4969	6	374	18	2343	9	1594	3	415	2	243
		毛赤杨	2	180	1	51	1	111		18				
		槭树	5	724	2	154	2	197	1	278		90		5
		山槐		86		22		38		26				
		山桃稠李	3	488	2	281	1	183		12		10		2
		其他阔叶树种	4	210	2	33	1	71	1	85		14		7
		其他亚乔木	1	185	1	102		29						54
	其中：人天混	合计	1466	208920	417	41829	556	82397	306	51488	157	28233	30	4973
		冷杉（臭松）	14	2062	4	362	6	980	3	570	1	140		10
		云杉	57	6105	44	3910	9	1457	3	516	1	169		53
		落叶松	481	72811	36	2850	170	23216	156	25102	111	20446	8	1197
		红松	47	6267	24	2306	17	2832	4	789	2	340		
		樟子松	22	2710	3	172	11	1364	6	850	2	324		
		其他针叶树种		13		4		9						
		水曲柳	63	10009	24	3180	20	3416	16	2861	3	531		21
		胡桃楸	163	22416	91	10437	48	7581	20	3691	4	682		25
		黄波罗	13	2125	7	978	4	699	2	394		54		
		榆树	34	5074	6	615	16	2465	6	1084	3	484	3	426
		其他硬阔类	88	11984	37	3827	36	5442	14	2456	1	219		40
		椴树	36	5143	11	1187	13	1943	8	1430	2	292	2	291

（续）

统计单位	起源	优势树种	合计		幼龄林		中龄林		近熟林		成熟林		过熟林	
			面积	蓄积	面积	蓄积	面积	蓄积	面积	蓄积	面积	蓄积	面积	蓄积
吉林省重点国有林区	其中：人天混	杨树	71	9373	9	481	21	2455	12	1763	15	2296	14	2378
		柳树	4	542	1	53	2	295	1	144		50		
		其他软阔类	327	45747	109	10494	161	25348	45	7860	10	1730	2	315
		山杨	34	4687	5	342	17	2273	9	1560	2	363	1	149
		毛赤杨	2	180	1	51	1	111		18				
		槭树	5	724	2	154	2	197	1	278		90		5
		山槐		86		22		38		26				
		山桃稠李	3	488	2	281	1	183		12		10		2
		其他阔叶树种	1	189		21	1	64		84		13		7
		其他亚乔木	1	185	1	102		29						54
黑龙江重点国有林区	合计	合计	86850	10114724	11327	861099	57645	6738457	14796	2044451	2820	417007	262	53710
		冷杉（臭松）	7168	958184	302	29560	5619	737681	1121	170635	114	18107	12	2201
		云杉	3430	390816	788	61632	2288	277500	313	45935	40	5588	1	161
		落叶松	9339	1184346	1333	110644	5817	742723	1722	258070	449	70396	18	2513
		红松	4288	588571	1036	104349	2409	318042	550	94529	200	44795	93	26856
		樟子松	263	34473	26	1368	79	10241	110	15746	48	7105		13
		赤松	84	11068	2	218	63	8003	17	2592	2	255		
		其他针叶树种	2	194		15	2	140		21		16		2
		蒙古栎	14048	1584303	1827	128123	9112	1037258	2843	380804	261	37282	5	836
		白桦	14494	1457925	2926	169823	10286	1117853	1130	149878	145	19346	7	1025
		枫桦	8281	999860	720	58579	5307	639240	1761	235565	468	62831	25	3645

（续）

统计单位	起源	优势树种	合计		幼龄林		中龄林		近熟林		成熟林		过熟林	
			面积	蓄积	面积	蓄积	面积	蓄积	面积	蓄积	面积	蓄积	面积	蓄积
黑龙江重点国有林区	合计	黑桦	1178	112348	97	6706	900	85264	171	19087	10	1276		15
		水曲柳	5260	612381	472	52838	3597	397662	1021	133518	152	23594	18	4769
		胡桃楸	2213	255250	129	14373	1528	167605	515	67364	40	5717	1	191
		黄波罗	273	30555	17	1634	184	19365	66	8752	6	804		
		榆树	1881	183612	109	6736	1276	120638	377	41971	107	12595	12	1672
		其他硬阔类	161	18578	51	4546	101	12781	7	1036	2	215		
		椴树	5771	669129	468	43766	3839	429494	1316	175207	143	19780	5	882
		杨树	140	17950	10	626	79	9720	29	4302	18	2787	4	515
		柳树	35	2139	15	465	17	1301	2	244	1	129		
		其他软阔类	243	27858	81	6857	153	19733	8	1096	1	172		
		山杨	4918	653485	455	33088	2976	396486	1000	154478	441	62909	46	6524
		毛赤杨	647	40980	248	9659	350	26648	33	2961	14	1451	2	261
		槭树	2163	233494	123	12133	1301	131766	614	73040	119	15690	6	865
		山槐	127	11991	10	643	84	7866	16	1698	15	1592	2	192
		千斤榆	2	198			2	167		31				
		暴马丁香	35	2517	10	462	18	1460	3	281	3	276	1	38
		青楷槭	83	7880	4	209	58	5214	15	1749	5	594	1	114
		花楷槭	155	13063	10	573	115	9422	19	1976	9	848	2	244
		波纹柳	86	4333	45	1015	36	2772	3	338	2	161		47
		稠李	14	985	4	136	9	752	1	75		22		
		山桃稠李	26	2986	1	62	19	2052	3	463	2	283	1	126

（续）

统计单位	起源	优势树种	合计		幼龄林		中龄林		近熟林		成熟林		过熟林	
			面积	蓄积	面积	蓄积	面积	蓄积	面积	蓄积	面积	蓄积	面积	蓄积
黑龙江重点国有林区	合计	山丁子	14	730	4	106	8	473	2	144		7		
		岳桦	16	1588			7	610	7	719	2	259		
		花曲柳	3	367		6	3	322		28		11		
		钻天柳	3	243		18	1	53	1	64	1	105		3
		其他阔叶树种	4	178	3	70	1	86		19		3		
		假色槭		32		4		25		3				
		其他亚乔木	2	134	1	57	1	39		32		6		
	天然	合计	78299	9007192	8939	651558	53581	6162074	13198	1801168	2339	341565	242	50827
		冷杉（臭松）	7160	957029	300	29324	5613	736762	1121	170635	114	18107	12	2201
		云杉	2876	345078	381	35578	2148	258653	307	45191	39	5495	1	161
		落叶松	3772	407682	422	29467	2998	331777	315	41712	35	4630	2	96
		红松	2806	417915	217	24049	1772	231390	525	90922	199	44698	93	26856
		樟子松	6	488	2	72	3	323		29	1	64		
		赤松	83	10873	2	203	63	7994	17	2563	1	113		
		其他针叶树种	2	157		15	2	140						2
		蒙古栎	14048	1584303	1827	128123	9112	1037258	2843	380804	261	37282	5	836
		白桦	14493	1457882	2925	169789	10286	1117844	1130	149878	145	19346	7	1025
		枫桦	8281	999860	720	58579	5307	639240	1761	235565	468	62831	25	3645
		黑桦	1178	112348	97	6706	900	85264	171	19087	10	1276		15
		水曲柳	5192	603453	435	48033	3570	394166	1017	132891	152	23594	18	4769
		胡桃楸	2178	250398	116	12618	1509	164991	512	66881	40	5717	1	191

（续）

统计单位	起源	优势树种	合计		幼龄林		中龄林		近熟林		成熟林		过熟林	
			面积	蓄积	面积	蓄积	面积	蓄积	面积	蓄积	面积	蓄积	面积	蓄积
黑龙江重点国有林区	天然	黄波罗	271	30292	17	1589	182	19161	66	8738	6	804		
		榆树	1863	181477	107	6587	1264	119183	374	41568	106	12467	12	1672
		椴树	5742	665546	458	42769	3823	427329	1313	174786	143	19780	5	882
		杨树	133	17166	9	555	77	9545	28	4127	17	2593	2	346
		柳树	35	2115	15	455	17	1288	2	244	1	128		
		其他软阔类		25		17		8						
		山杨	4807	642207	428	32109	2927	390568	979	151957	429	61333	44	6240
		毛赤杨	646	40788	248	9638	349	26484	33	2954	14	1451	2	261
		槭树	2160	233117	122	11971	1299	131555	614	73036	119	15690	6	865
		山槐	126	11923	10	638	83	7805	16	1696	15	1592	2	192
		千斤榆	2	198			2	167		31				
		暴马丁香	35	2517	10	462	18	1460	3	281	3	276	1	38
		青楷槭	83	7880	4	209	58	5214	15	1749	5	594	1	114
		花楷槭	155	13063	10	573	115	9422	19	1976	9	848	2	244
		波纹柳	86	4333	45	1015	36	2772	3	338	2	161		47
		稠李	14	985	4	136	9	752	1	75		22		
		山桃稠李	26	2931	1	62	19	2013	3	447	2	283	1	126
		山丁子	14	730	4	106	8	473	2	144		7		
		岳桦	16	1588			7	610	7	719	2	259		
		花曲柳	3	367		6	3	322		28		11		
		钻天柳	3	243		18	1	53	1	64	1	105		3

（续）

统计单位	起源	优势树种	合计		幼龄林		中龄林		近熟林		成熟林		过熟林	
			面积	蓄积	面积	蓄积	面积	蓄积	面积	蓄积	面积	蓄积	面积	蓄积
黑龙江重点国有林区	天然	其他阔叶树种	2	69	2	26		24		17		2		
		假色槭		32		4		25		3				
		其他亚乔木	2	134	1	57	1	39		32		6		
	人工	合计	8551	1107532	2388	209541	4064	576383	1598	243283	481	75442	20	2883
		冷杉（臭松）	8	1155	2	236	6	919						
		云杉	554	45738	407	26054	140	18847	6	744	1	93		
		落叶松	5567	776664	911	81177	2819	410946	1407	216358	414	65766	16	2417
		红松	1482	170656	819	80300	637	86652	25	3607	1	97		
		樟子松	257	33985	24	1296	76	9918	110	15717	47	7041		13
		赤松	1	195		15		9		29	1	142		
		其他针叶树种		37						21		16		
		白桦	1	43	1	34		9						
		水曲柳	68	8928	37	4805	27	3496	4	627				
		胡桃楸	35	4852	13	1755	19	2614	3	483				
		黄波罗	2	263		45	2	204		14				
		榆树	18	2135	2	149	12	1455	3	403	1	128		
		其他硬阔类	161	18578	51	4546	101	12781	7	1036	2	215		
		椴树	29	3583	10	997	16	2165	3	421				
		杨树	7	784	1	71	2	175	1	175	1	194	2	169
		柳树		24		10		13				1		
		其他软阔类	243	27833	81	6840	153	19725	8	1096	1	172		

（续）

统计单位	起源	优势树种	合计		幼龄林		中龄林		近熟林		成熟林		过熟林	
			面积	蓄积	面积	蓄积	面积	蓄积	面积	蓄积	面积	蓄积	面积	蓄积
黑龙江重点国有林区	人工	山杨	111	11278	27	979	49	5918	21	2521	12	1576	2	284
		毛赤杨	1	192		21	1	164		7				
		槭树	3	377	1	162	2	211		4				
		山槐	1	68		5	1	61		2				
		山桃稠李		55				39		16				
		其他阔叶树种	2	109	1	44	1	62		2		1		
	其中：人天混	合计	4028	500310	1137	103753	2134	284866	586	86320	154	22919	17	2452
		冷杉（臭松）	8	1155	2	236	6	919						
		云杉	285	26589	185	13576	95	12454	4	509	1	50		
		落叶松	2308	308744	299	27683	1341	181556	516	76509	136	20719	16	2277
		红松	779	86047	449	42363	315	41637	14	1966	1	81		
		樟子松	51	5989	5	323	23	2757	17	2137	6	759		13
		其他针叶树种		24						21		3		
		水曲柳	60	8514	32	4730	25	3253	3	531				
		胡桃楸	34	4759	12	1736	19	2551	3	472				
		黄波罗	2	252		42	2	196		14				
		榆树	18	2135	2	149	12	1455	3	403	1	128		
		其他硬阔类	161	18578	51	4546	101	12781	7	1036	2	215		
		椴树	29	3583	10	997	16	2165	3	421				
		杨树	3	378		29	1	71		72	1	99	1	107
		柳树		20		7		13						

（续）

统计单位	起源	优势树种	合计		幼龄林		中龄林		近熟林		成熟林		过熟林	
			面积	蓄积	面积	蓄积	面积	蓄积	面积	蓄积	面积	蓄积	面积	蓄积
黑龙江重点国有林区	其中：人天混	其他软阔类	243	27833	81	6840	153	19725	8	1096	1	172		
		山杨	40	4923	7	271	20	2800	8	1104	5	693		55
		毛赤杨	1	192		21	1	164		7				
		槭树	3	377	1	162	2	211		4				
		山槐	1	68		5	1	61		2				
		山桃稠李		55				39		16				
		其他阔叶树种	2	95	1	37	1	58						
黑龙江大兴安岭重点国有林区	合计	合计	68888	5751789	13181	580396	40795	3648299	8043	790879	6104	646867	765	85348
		云杉	282	26642	7	403	233	22160	32	3070	10	994		15
		落叶松	32046	2935420	1524	91676	21569	1940599	4494	431977	3930	413779	529	57389
		红松	1	74	1	74								
		樟子松	931	91986	90	3942	539	52963	176	19688	121	14786	5	607
		蒙古栎	1763	91457	972	36538	451	28484	168	12532	160	12980	12	923
		白桦	29755	2331562	8618	385791	16598	1476289	2810	283012	1540	163841	189	22629
		黑桦	325	18824	167	8974	134	8140	17	1178	7	532		
		水曲柳	5	610	2	170	3	433				7		
		榆树	5	196		10	4	133		16	1	37		
		椴树		13		13								
		杨树	100	9711	6	321	46	3679	21	2363	24	2907	3	441
		柳树	219	14855	46	1216	109	7731	25	2196	33	3188	6	524
		其他软阔类	91	4676	87	4330	4	346						

（续）

统计单位	起源	优势树种	合计		幼龄林		中龄林		近熟林		成熟林		过熟林	
			面积	蓄积	面积	蓄积	面积	蓄积	面积	蓄积	面积	蓄积	面积	蓄积
黑龙江大兴安岭重点国有林区	合计	山杨	3365	225763	1661	46938	1105	107342	300	34847	278	33816	21	2820
	天然	合计	67010	5643429	12696	555721	39496	3573055	7954	783028	6099	646320	765	85305
		云杉	281	26567	6	375	233	22130	32	3055	10	992		15
		落叶松	30386	2838786	1153	72364	20360	1870436	4418	425278	3926	413362	529	57346
		樟子松	811	85384	69	3266	454	48302	163	18551	120	14658	5	607
		蒙古栎	1763	91457	972	36538	451	28484	168	12532	160	12980	12	923
		白桦	29755	2331562	8618	385791	16598	1476289	2810	283012	1540	163841	189	22629
		黑桦	325	18824	167	8974	134	8140	17	1178	7	532		
		水曲柳	5	610	2	170	3	433				7		
		榆树	5	196		10	4	133		16	1	37		
		椴树		13		13								
		杨树	100	9711	6	321	46	3679	21	2363	24	2907	3	441
		柳树	219	14855	46	1216	109	7731	25	2196	33	3188	6	524
		山杨	3360	225464	1657	46683	1104	107298	300	34847	278	33816	21	2820
	人工	合计	1878	108360	485	24675	1299	75244	89	7851	5	547		43
		云杉	1	75	1	28		30		15		2		
		落叶松	1660	96634	371	19312	1209	70163	76	6699	4	417		43
		红松	1	74	1	74								
		樟子松	120	6602	21	676	85	4661	13	1137	1	128		
		其他软阔类	91	4676	87	4330	4	346						
		山杨	5	299	4	255	1	44						

（续）

统计单位	起 源	优势树种	合 计		幼龄林		中龄林		近熟林		成熟林		过熟林	
			面积	蓄积	面积	蓄积	面积	蓄积	面积	蓄积	面积	蓄积	面积	蓄积
黑龙江大兴安岭重点国有林区	其中：人天混	合计	330	19296	129	6423	193	12223	8	647		3		
		云杉		13		2		10				1		
		落叶松	218	13493	36	1775	174	11099	8	617		2		
		樟子松	16	815	2	61	14	724		30				
		其他软阔类	91	4676	87	4330	4	346						
		山杨	5	299	4	255	1	44						

附表 6　乔木林各林种面积蓄积按优势树种统计表

百公顷、百立方米

统计单位	优势树种	合计		防护林		特用林		用材林		经济林	
		面积	蓄积	面积	蓄积	面积	蓄积	面积	蓄积	面积	蓄积
合计	合计	271818	30069784	131606	14064945	50123	6232887	90089	9771944		8
	冷杉（臭松）	8187	1139179	3398	464079	2264	316460	2525	358640		
	云杉	4812	584464	1959	223303	1296	172296	1557	188865		
	落叶松	98996	10754512	48659	5207506	16457	2050015	33880	3496991		
	红松	5390	782969	2595	337239	1377	245561	1418	200169		
	樟子松	2348	307915	863	101840	843	136698	642	69377		
	赤松	84	11068	58	7668	25	3302	1	98		
	其他针叶树种	4	490	1	174	1	95	2	221		
	蒙古栎	25303	2885825	13440	1427866	6803	864553	5060	593399		7
	白桦	67760	6351171	32241	2971853	9360	977638	26159	2401680		
	枫桦	9734	1241897	4954	626825	2122	256408	2658	358664		
	黑桦	2628	197877	1753	124954	325	30728	550	42195		
	水曲柳	7081	898365	3265	399079	1563	194525	2253	304761		
	胡桃楸	5764	812474	2557	353920	904	115751	2303	342803		
	黄波罗	401	50979	177	21293	74	8786	150	20900		
	榆树	2794	310336	1459	157250	520	54978	815	98108		
	其他硬阔类	254	30787	150	17628	42	4731	62	8428		

（续）

统计单位	优势树种	合计		防护林		特用林		用材林		经济林	
		面积	蓄积	面积	蓄积	面积	蓄积	面积	蓄积	面积	蓄积
合计	椴树	11295	1609096	4594	618193	3093	448649	3608	542254		
	杨树	983	136053	336	43173	120	16019	527	76861		
	柳树	537	37047	399	27252	62	4169	76	5626		
	其他软阔类	1135	117933	520	46030	216	22657	399	49246		
	山杨	11421	1261833	5845	628394	1707	211571	3869	421867		1
	毛赤杨	738	48862	368	23709	171	10866	199	14287		
	白牛槭	48	6909	14	2318	2	352	32	4239		
	槭树	3455	431919	1627	200097	642	74902	1186	156920		
	山槐	138	13411	76	7624	20	1855	42	3932		
	千斤榆	7	923	2	438	2	184	3	301		
	暴马丁香	38	2915	22	1746	8	568	8	601		
	青楷槭	91	9038	46	4549	21	1893	24	2596		
	花楷槭	160	13696	108	9195	37	3139	15	1362		
	波纹柳	86	4333	50	2646	18	815	18	872		
	稠李	18	1347	11	840	2	129	5	378		
	山桃稠李	36	4494	17	2019	4	496	15	1979		
	山丁子	22	1497	13	791	3	138	6	568		
	岳桦	16	1588	3	214	13	1374				
	花曲柳	26	3911	17	2387	2	229	7	1295		

（续）

统计单位	优势树种	合计		防护林		特用林		用材林		经济林	
		面积	蓄积	面积	蓄积	面积	蓄积	面积	蓄积	面积	蓄积
合计	钻天柳	3	297	2	95	1	132		70		
	其他阔叶树种	10	767	4	367	2	75	4	325		
	假色槭	3	507		133		24	3	350		
	其他亚乔木	12	1100	3	258	1	126	8	716		
内蒙古重点国有林区	合计	83659	9065315	43774	4442989	15665	2012373	24220	2609953		
	云杉	11	885	4	336	5	331	2	218		
	落叶松	55063	6243238	27016	2951945	11714	1498093	16333	1793200		
	红松		13		1		12				
	樟子松	1030	165142	227	30950	703	120815	100	13377		
	蒙古栎	2731	137427	2171	107688	147	8216	413	21523		
	白桦	20651	2133517	11458	1110366	2686	333798	6507	689353		
	枫桦	12	938	7	441		40	5	457		
	黑桦	1097	62554	914	50470	35	2844	148	9240		
	榆树	1	53	1	28		22		3		
	其他硬阔类	5	225	5	209		1		15		
	杨树	39	4423	24	2826	13	1449	2	148		
	柳树	229	16401	186	13380	38	2584	5	437		
	其他软阔类	241	15102	183	10154	16	1058	42	3890		
	山杨	2518	283370	1562	163248	300	42435	656	77687		
	毛赤杨	30	2026	16	946	7	675	7	405		
	山丁子	1	1		1	1					

（续）

统计单位	优势树种	合计		防护林		特用林		用材林		经济林	
		面积	蓄积	面积	蓄积	面积	蓄积	面积	蓄积	面积	蓄积
吉林省重点国有林区	合计	32421	5137956	9748	1527640	8180	1312496	14493	2297820		
	冷杉（臭松）	1019	180995	194	35310	459	78849	366	66836		
	云杉	1089	166121	207	28812	377	65481	505	71828		
	落叶松	2548	391508	662	100083	648	95428	1238	195997		
	红松	1101	194311	289	48690	333	66811	479	78810		
	樟子松	124	16314	54	7250	29	3936	41	5128		
	其他针叶树种	2	296		73	1	74	1	149		
	蒙古栎	6761	1072638	2503	392388	2353	365691	1905	314559		
	白桦	2860	428167	699	105558	675	100331	1486	222278		
	枫桦	1441	241099	301	49416	401	67300	739	124383		
	黑桦	28	4151	16	2337	2	339	10	1475		
	水曲柳	1816	285374	523	81793	219	35747	1074	167834		
	胡桃楸	3551	557224	1343	212979	257	41887	1951	302358		
	黄波罗	128	20424	25	4080	11	1901	92	14443		
	榆树	907	126475	350	47725	126	17142	431	61608		
	其他硬阔类	88	11984	30	3952	17	1929	41	6103		
	椴树	5524	939954	1564	264549	1720	291984	2240	383421		
	杨树	704	103969	166	23660	67	9624	471	70685		

（续）

统计单位	优势树种	合计		防护林		特用林		用材林		经济林	
		面积	蓄积	面积	蓄积	面积	蓄积	面积	蓄积	面积	蓄积
吉林省重点国有林区	柳树	54	3652	15	1045	9	538	30	2069		
	其他软阔类	560	70297	151	17144	140	15062	269	38091		
	山杨	620	99215	131	20338	160	26103	329	52774		
	毛赤杨	61	5856	16	1372	14	1471	31	3013		
	白牛槭	48	6909	14	2318	2	352	32	4239		
	槭树	1292	198425	458	71595	153	23569	681	103261		
	山槐	11	1420	4	595	1	128	6	697		
	千斤榆	5	725	2	383	1	109	2	233		
	暴马丁香	3	398		124	1	101	2	173		
	青楷槭	8	1158	2	288	1	146	5	724		
	花楷槭	5	633	2	338	1	70	2	225		
	稠李	4	362	2	109		48	2	205		
	山桃稠李	10	1508	2	305		44	8	1159		
	山丁子	7	766	3	281		41	4	444		
	花曲柳	23	3544	15	2126	1	150	7	1268		
	钻天柳		54		7				47		
	其他阔叶树种	6	589	2	260	1	54	3	275		
	假色槭	3	475		115		11	3	349		
	其他亚乔木	10	966	3	242		45	7	679		

（续）

统计单位	优势树种	合计		防护林		特用林		用材林		经济林	
		面积	蓄积	面积	蓄积	面积	蓄积	面积	蓄积	面积	蓄积
黑龙江重点国有林区	合计	86850	10114724	46256	5398367	21583	2492318	19011	2224031		8
	冷杉（臭松）	7168	958184	3204	428769	1805	237611	2159	291804		
	云杉	3430	390816	1657	185517	898	104858	875	100441		
	落叶松	9339	1184346	5277	687762	2065	251163	1997	245421		
	红松	4288	588571	2306	288548	1044	178738	938	121285		
	樟子松	263	34473	193	25361	29	3922	41	5190		
	赤松	84	11068	58	7668	25	3302	1	98		
	其他针叶树种	2	194	1	101		21	1	72		
	蒙古栎	14048	1584303	8044	890826	4107	481042	1897	212428		7
	白桦	14494	1457925	7134	731815	3879	368556	3481	357554		
	枫桦	8281	999860	4646	576968	1721	189068	1914	233824		
	黑桦	1178	112348	667	63234	261	25965	250	23149		
	水曲柳	5260	612381	2737	316703	1344	158771	1179	136907		
	胡桃楸	2213	255250	1214	140941	647	73864	352	40445		
	黄波罗	273	30555	152	17213	63	6885	58	6457		
	榆树	1881	183612	1106	109396	394	37814	381	36402		
	其他硬阔类	161	18578	115	13467	25	2801	21	2310		
	椴树	5771	669129	3030	353639	1373	156665	1368	158825		
	杨树	140	17950	73	9674	37	4689	30	3587		

（续）

统计单位	优势树种	合　计		防护林		特用林		用材林		经济林	
		面积	蓄积	面积	蓄积	面积	蓄积	面积	蓄积	面积	蓄积
黑龙江重点国有林区	柳树	35	2139	21	1378	8	417	6	344		
	其他软阔类	243	27858	140	16573	58	6397	45	4888		
	山杨	4918	653485	2639	354793	1035	129486	1244	169205		1
	毛赤杨	647	40980	336	21391	150	8720	161	10869		
	槭树	2163	233494	1169	128502	489	51333	505	53659		
	山槐	127	11991	72	7029	19	1727	36	3235		
	千斤榆	2	198		55	1	75	1	68		
	暴马丁香	35	2517	22	1622	7	467	6	428		
	青楷槭	83	7880	44	4261	20	1747	19	1872		
	花楷槭	155	13063	106	8857	36	3069	13	1137		
	波纹柳	86	4333	50	2646	18	815	18	872		
	稠李	14	985	9	731	2	81	3	173		
	山桃稠李	26	2986	15	1714	4	452	7	820		
	山丁子	14	730	10	509	2	97	2	124		
	岳桦	16	1588	3	214	13	1374				
	花曲柳	3	367	2	261	1	79		27		
	钻天柳	3	243	2	88	1	132		23		
	其他阔叶树种	4	178	2	107	1	21	1	50		
	假色槭		32		18		13		1		
	其他亚乔木	2	134		16	1	81	1	37		

（续）

统计单位	优势树种	合 计		防护林		特用林		用材林		经济林	
		面积	蓄积	面积	蓄积	面积	蓄积	面积	蓄积	面积	蓄积
黑龙江大兴安岭重点国有林区	合计	68888	5751789	31828	2695949	4695	415700	32365	2640140		
	云杉	282	26642	91	8638	16	1626	175	16378		
	落叶松	32046	2935420	15704	1467716	2030	205331	14312	1262373		
	红松	1	74					1	74		
	樟子松	931	91986	389	38279	82	8025	460	45682		
	蒙古栎	1763	91457	722	36964	196	9604	845	44889		
	白桦	29755	2331562	12950	1024114	2120	174953	14685	1132495		
	黑桦	325	18824	156	8913	27	1580	142	8331		
	水曲柳	5	610	5	583		7		20		
	榆树	5	196	2	101			3	95		
	椴树		13		5				8		
	杨树	100	9711	73	7013	3	257	24	2441		
	柳树	219	14855	177	11449	7	630	35	2776		
	其他软阔类	91	4676	46	2159	2	140	43	2377		
	山杨	3365	225763	1513	90015	212	13547	1640	122201		

附表 7 用材林近成过熟林面积蓄积按可及度统计表

百公顷、百立方米

统计单位	可及度	合计		近熟林		成熟林		过熟林	
		面积	蓄积	面积	蓄积	面积	蓄积	面积	蓄积
合计	合计	27099	3642518	17418	2306026	8511	1159648	1170	176844
	即可及	23932	3222102	15606	2082884	7404	1007083	922	132135
	将可及	2598	353195	1460	183247	920	129993	218	39955
	不可及	569	67221	352	39895	187	22572	30	4754
内蒙古重点国有林区	合计	8383	973388	4834	556385	3113	365491	436	51512
	即可及	7115	832411	4059	473567	2677	314300	379	44544
	将可及	1068	119610	648	70084	375	44118	45	5408
	不可及	200	21367	127	12734	61	7073	12	1560
吉林省重点国有林区	合计	9674	1656736	5927	992587	3165	552793	582	111356
	即可及	8391	1442231	5317	898495	2678	469551	396	74185
	将可及	1098	185122	505	77673	424	73354	169	34095
	不可及	185	29383	105	16419	63	9888	17	3076
黑龙江重点国有林区	合计	3656	503075	3064	421499	561	77639	31	3937
	即可及	3458	476674	2893	398511	535	74342	30	3821
	将可及	191	25538	167	22491	23	2963	1	84
	不可及	7	863	4	497	3	334		32
黑龙江大兴安岭重点国有林区	合计	5386	509319	3593	335555	1672	163725	121	10039
	即可及	4968	470786	3337	312311	1514	148890	117	9585
	将可及	241	22925	140	12999	98	9558	3	368
	不可及	177	15608	116	10245	60	5277	1	86

附表 8　乔木林各龄组面积蓄积按林种和郁闭度等级统计表

百公顷、百立方米

统计单位	林种	郁闭度等级	合计		幼龄林		中龄林		近熟林		成熟林		过熟林	
			面积	蓄积	面积	蓄积	面积	蓄积	面积	蓄积	面积	蓄积	面积	蓄积
合　计	合　计	合　计	271818	30069784	32974	1892451	152853	16496885	51862	6894099	28567	3936436	5562	849913
		0.20～0.39	8090	342231	3003	57222	3273	166043	904	56718	726	49642	184	12606
		0.40～0.69	168526	17034169	20920	1121181	97347	9730553	29738	3546945	17666	2231194	2855	404296
		0.70 以上	95202	12693384	9051	714048	52233	6600289	21220	3290436	10175	1655600	2523	433011
	防护林	合　计	131606	14064945	16505	889765	76980	8254557	23127	2949951	12818	1661108	2176	309564
		0.20～0.39	4146	168349	1661	28960	1616	81953	421	27098	360	24615	88	5723
		0.40～0.69	81540	8099515	9825	489103	48155	4823981	13760	1595338	8571	1029698	1229	161395
		0.70 以上	45920	5797081	5019	371702	27209	3348623	8946	1327515	3887	606795	859	142446
	特用林	合　计	50123	6232887	4971	319919	24381	2795661	11317	1638122	7238	1115680	2216	363505
		0.20～0.39	1242	61668	379	8440	481	27138	195	12432	152	10741	35	2917
		0.40～0.69	28679	3220001	3263	199704	14660	1528033	5979	788726	3760	542274	1017	161264
		0.70 以上	20202	2951218	1329	111775	9240	1240490	5143	836964	3326	562665	1164	199324
	用材林	合　计	90089	9771944	11498	682760	51492	5446666	17418	2306026	8511	1159648	1170	176844
		0.20～0.39	2702	112214	963	19822	1176	56952	288	17188	214	14286	61	3966
		0.40～0.69	58307	5714652	7832	432373	34532	3378539	9999	1162881	5335	659222	609	81637
		0.70 以上	29080	3945078	2703	230565	15784	2011175	7131	1125957	2962	486140	500	91241
	经济林	合　计		8		7		1						
		0.20～0.39												
		0.40～0.69		1		1								
		0.70 以上		7		6		1						

（续）

统计单位	林种	郁闭度等级	合计		幼龄林		中龄林		近熟林		成熟林		过熟林	
			面积	蓄积	面积	蓄积	面积	蓄积	面积	蓄积	面积	蓄积	面积	蓄积
内蒙古重点国有林区	合　计	合　计	83659	9065315	6290	277299	45986	4893796	15485	1814379	12540	1601782	3358	478059
		0.20～0.39	2063	77794	736	11390	773	33804	260	13604	239	14821	55	4175
		0.40～0.69	39944	3945632	3070	115007	20837	2024615	7847	828007	6663	777131	1527	200872
		0.70以上	41652	5041889	2484	150902	24376	2835377	7378	972768	5638	809830	1776	273012
	防护林	合　计	43774	4442989	4491	181111	25826	2694390	7183	794479	5022	596980	1252	176029
		0.20～0.39	1092	36332	493	7319	424	18944	88	4618	68	4140	19	1311
		0.40～0.69	21414	1999009	2256	75849	11836	1138116	3854	389614	2880	318467	588	76963
		0.70以上	21268	2407648	1742	97943	13566	1537330	3241	400247	2074	274373	645	97755
	特用林	合　计	15665	2012373	616	30722	5506	628307	3468	463515	4405	639311	1670	250518
		0.20～0.39	510	23460	122	1821	135	5901	112	5710	116	7746	25	2282
		0.40～0.69	6457	737616	272	11187	2273	224979	1369	159182	1867	247020	676	95248
		0.70以上	8698	1251297	222	17714	3098	397427	1987	298623	2422	384545	969	152988
	用材林	合　计	24220	2609953	1183	65466	14654	1571099	4834	556385	3113	365491	436	51512
		0.20～0.39	461	18002	121	2250	214	8959	60	3276	55	2935	11	582
		0.40～0.69	12073	1209007	542	27971	6728	661520	2624	279211	1916	211644	263	28661
		0.70以上	11686	1382944	520	35245	7712	900620	2150	273898	1142	150912	162	22269
吉林省重点国有林区	合　计	合　计	32421	5137956	2176	173657	8427	1216333	13538	2244390	7103	1270780	1177	232796
		0.20～0.39	262	14568	139	1692	30	1753	31	3011	46	5788	16	2324
		0.40～0.69	11843	1708583	680	38615	2480	308613	4744	704812	3454	571709	485	84834
		0.70以上	20316	3414805	1357	133350	5917	905967	8763	1536567	3603	693283	676	145638

（续）

统计单位	林种	郁闭度等级	合计		幼龄林		中龄林		近熟林		成熟林		过熟林	
			面积	蓄积	面积	蓄积	面积	蓄积	面积	蓄积	面积	蓄积	面积	蓄积
吉林省重点国有林区	防护林	合　计	9748	1527640	613	43532	2266	312272	4154	678722	2381	428314	334	64800
		0.20～0.39	65	4023	32	310	6	380	10	941	11	1620	6	772
		0.40～0.69	3512	494450	207	11533	682	79718	1414	204737	1067	174880	142	23582
		0.70 以上	6171	1029167	374	31689	1578	232174	2730	473044	1303	251814	186	40446
	特用林	合　计	8180	1312496	372	27900	2533	365202	3457	573081	1557	289673	261	56640
		0.20～0.39	59	2604	30	404	12	578	8	670	8	790	1	162
		0.40～0.69	3173	466318	135	7278	786	96975	1288	191350	863	151455	101	19260
		0.70 以上	4948	843574	207	20218	1735	267649	2161	381061	686	137428	159	37218
	用材林	合　计	14493	2297820	1191	102225	3628	538859	5927	992587	3165	552793	582	111356
		0.20～0.39	138	7941	77	978	12	795	13	1400	27	3378	9	1390
		0.40～0.69	5158	747815	338	19804	1012	131920	2042	308725	1524	245374	242	41992
		0.70 以上	9197	1542064	776	81443	2604	406144	3872	682462	1614	304041	331	67974
黑龙江重点国有林区	合　计	合　计	86850	10114724	11327	861099	57645	6738457	14796	2044451	2820	417007	262	53710
		0.20～0.39	1967	115112	605	19558	1056	69097	235	20096	63	5860	8	501
		0.40～0.69	57241	6316083	6795	493326	38369	4205482	9931	1300664	1952	276065	194	40546
		0.70 以上	27642	3683529	3927	348215	18220	2463878	4630	723691	805	135082	60	12663
	防护林	合　计	46256	5398367	5840	442375	30867	3636694	8009	1100738	1472	208984	68	9576
		0.20～0.39	960	55004	311	9088	491	31794	124	10872	33	3162	1	88
		0.40～0.69	29196	3215651	3163	225108	19938	2197448	5080	656506	970	130435	45	6154
		0.70 以上	16100	2127712	2366	208179	10438	1407452	2805	433360	469	75387	22	3334

（续）

统计单位	林种	郁闭度等级	合　计		幼龄林		中龄林		近熟林		成熟林		过熟林	
			面积	蓄积	面积	蓄积	面积	蓄积	面积	蓄积	面积	蓄积	面积	蓄积
黑龙江重点国有林区	特用林	合　计	21583	2492318	3087	227079	13823	1572444	3723	522214	787	130384	163	40197
		0.20～0.39	500	30453	136	4906	279	18350	63	5390	16	1463	6	344
		0.40～0.69	15142	1674672	2126	151765	9541	1023480	2764	374600	587	93551	124	31276
		0.70 以上	5941	787193	825	70408	4003	530614	896	142224	184	35370	33	8577
	用材林	合　计	19011	2224031	2400	191638	12955	1529318	3064	421499	561	77639	31	3937
		0.20～0.39	507	29655	158	5564	286	18953	48	3834	14	1235	1	69
		0.40～0.69	12903	1425759	1506	116452	8890	984554	2087	269558	395	52079	25	3116
		0.70 以上	5601	768617	736	69622	3779	525811	929	148107	152	24325	5	752
	经济林	合　计		8		7		1						
		0.20～0.39												
		0.40～0.69		1		1								
		0.70 以上		7		6		1						
黑龙江大兴安岭重点国有林区	合　计	合　计	68888	5751789	13181	580396	40795	3648299	8043	790879	6104	646867	765	85348
		0.20～0.39	3798	134757	1523	24582	1414	61389	378	20007	378	23173	105	5606
		0.40～0.69	59498	5063871	10375	474233	35661	3191843	7216	713462	5597	606289	649	78044
		0.70 以上	5592	553161	1283	81581	3720	395067	449	57410	129	17405	11	1698
	防护林	合　计	31828	2695949	5561	222747	18021	1611201	3781	376012	3943	426830	522	59159
		0.20～0.39	2029	72990	825	12243	695	30835	199	10667	248	15693	62	3552
		0.40～0.69	27418	2390405	4199	176613	15699	1408699	3412	344481	3654	405916	454	54696
		0.70 以上	2381	232554	537	33891	1627	171667	170	20864	41	5221	6	911

（续）

统计单位	林种	郁闭度等级	合计		幼龄林		中龄林		近熟林		成熟林		过熟林	
			面积	蓄积	面积	蓄积	面积	蓄积	面积	蓄积	面积	蓄积	面积	蓄积
黑龙江大兴安岭重点国有林区	特用林	合　计	4695	415700	896	34218	2519	229708	669	79312	489	56312	122	16150
		0.20～0.39	173	5151	91	1309	55	2309	12	662	12	742	3	129
		0.40～0.69	3907	341395	730	29474	2060	182599	558	63594	443	50248	116	15480
		0.70 以上	615	69154	75	3435	404	44800	99	15056	34	5322	3	541
	用材林	合　计	32365	2640140	6724	323431	20255	1807390	3593	335555	1672	163725	121	10039
		0.20～0.39	1596	56616	607	11030	664	28245	167	8678	118	6738	40	1925
		0.40～0.69	28173	2332071	5446	268146	17902	1600545	3246	305387	1500	150125	79	7868
		0.70 以上	2596	251453	671	44255	1689	178600	180	21490	54	6862	2	246

附表 9　天然乔木林各龄组面积蓄积按林种和郁闭度等级统计表

百公顷、百立方米

统计单位	林种	郁闭度等级	合计		幼龄林		中龄林		近熟林		成熟林		过熟林	
			面积	蓄积	面积	蓄积	面积	蓄积	面积	蓄积	面积	蓄积	面积	蓄积
合计	合计	合计	253262	27906436	27777	1528747	144424	15452706	48437	6380463	27208	3718063	5416	826457
		0.20～0.39	7372	323269	2489	49223	3123	158877	869	54436	710	48332	181	12401
		0.40～0.69	160808	16311498	18655	997860	93694	9363830	28517	3393109	17136	2159511	2806	397188
		0.70 以上	85082	11271669	6633	481664	47607	5929999	19051	2932918	9362	1510220	2429	416868
	防护林	合计	121481	12904427	13521	691099	72412	7674989	21256	2674653	12171	1562285	2121	301401
		0.20～0.39	3748	157249	1374	23928	1534	77809	402	25931	351	23927	87	5654
		0.40～0.69	77342	7709389	8496	425294	46279	4625209	13068	1508403	8294	992430	1205	158053
		0.70 以上	40391	5037789	3651	241877	24599	2971971	7786	1140319	3526	545928	829	137694
	特用林	合计	47405	5923560	4217	265450	23147	2651303	10820	1565206	7031	1082078	2190	359523
		0.20～0.39	1115	58817	285	7495	457	26012	190	11995	149	10466	34	2849
		0.40～0.69	27427	3101211	2916	176422	14037	1468584	5795	765809	3673	530709	1006	159687
		0.70 以上	18863	2763532	1016	81533	8653	1156707	4835	787402	3209	540903	1150	196987
	用材林	合计	84376	9078441	10039	572191	48865	5126413	16361	2140604	8006	1073700	1105	165533
		0.20～0.39	2509	107203	830	17800	1132	55056	277	16510	210	13939	60	3898
		0.40～0.69	56039	5500897	7243	396143	33378	3270037	9654	1118897	5169	636372	595	79448
		0.70 以上	25828	3470341	1966	158248	14355	1801320	6430	1005197	2627	423389	450	82187
	经济林	合计		8		7		1						
		0.20～0.39												
		0.40～0.69		1		1								
		0.70 以上		7		6		1						

（续）

统计单位	林 种	郁闭度等级	合 计		幼龄林		中龄林		近熟林		成熟林		过熟林	
			面积	蓄积	面积	蓄积	面积	蓄积	面积	蓄积	面积	蓄积	面积	蓄积
内蒙古重点国有林区	合 计	合 计	78963	8583885	4914	219490	44025	4659424	14482	1673073	12203	1556145	3339	475753
		0.20～0.39	1714	69669	454	6876	727	31402	247	12897	232	14364	54	4130
		0.40～0.69	38079	3807151	2374	97577	20152	1958472	7514	790230	6518	760634	1521	200238
		0.70 以上	39170	4707065	2086	115037	23146	2669550	6721	869946	5453	781147	1764	271385
	防护林	合 计	40764	4164344	3454	141639	24585	2553850	6648	721217	4835	572758	1242	174880
		0.20～0.39	866	30287	314	3792	388	17080	82	4311	63	3809	19	1295
		0.40～0.69	20134	1916740	1672	63435	11396	1096814	3683	370804	2798	309035	585	76651
		0.70 以上	19764	2217317	1468	74411	12801	1439956	2883	346102	1974	259914	638	96934
	特用林	合 计	15045	1943250	457	24082	5314	604107	3264	435293	4346	630046	1664	249722
		0.20～0.39	444	22863	63	1597	133	5786	109	5539	115	7688	24	2253
		0.40～0.69	6257	719659	225	10216	2216	219407	1296	150598	1846	244467	674	94971
		0.70 以上	8344	1200728	169	12269	2965	378914	1859	279156	2385	377891	966	152498
	用材林	合 计	23154	2476291	1003	53769	14126	1501467	4570	516563	3022	353341	433	51151
		0.20～0.39	404	16519	77	1487	206	8536	56	3047	54	2867	11	582
		0.40～0.69	11688	1170752	477	23925	6540	642251	2535	268828	1874	207132	262	28616
		0.70 以上	11062	1289020	449	28357	7380	850680	1979	244688	1094	143342	160	21953
吉林省重点国有林区	合 计	合 计	28990	4671930	1228	101978	7322	1058153	12803	2123194	6567	1174033	1070	214572
		0.20～0.39	176	13003	67	1125	25	1492	28	2769	42	5436	14	2181
		0.40～0.69	11029	1622820	403	24595	2274	284620	4591	683696	3306	549672	455	80237
		0.70 以上	17785	3036107	758	76258	5023	772041	8184	1436729	3219	618925	601	132154

（续）

统计单位	林种	郁闭度等级	合计		幼龄林		中龄林		近熟林		成熟林		过熟林	
			面积	蓄积	面积	蓄积	面积	蓄积	面积	蓄积	面积	蓄积	面积	蓄积
吉林省重点国有林区	防护林	合　计	8832	1407325	356	25507	1972	271428	3951	646038	2251	404695	302	59657
		0.20～0.39	44	3653	15	206	5	315	9	887	10	1520	5	725
		0.40～0.69	3287	470082	136	7848	624	72874	1368	198572	1030	169042	129	21746
		0.70 以上	5501	933590	205	17453	1343	198239	2574	446579	1211	234133	168	37186
	特用林	合　计	7719	1255657	243	19272	2394	347202	3364	558938	1473	276253	245	53992
		0.20～0.39	45	2333	18	321	11	526	8	641	7	722	1	123
		0.40～0.69	3022	452380	85	4928	750	93690	1265	188600	827	146796	95	18366
		0.70 以上	4652	800944	140	14023	1633	252986	2091	369697	639	128735	149	35503
	用材林	合　计	12439	2008948	629	57199	2956	439523	5488	918218	2843	493085	523	100923
		0.20～0.39	87	7017	34	598	9	651	11	1241	25	3194	8	1333
		0.40～0.69	4720	700358	182	11819	900	118056	1958	296524	1449	233834	231	40125
		0.70 以上	7632	1301573	413	44782	2047	320816	3519	620453	1369	256057	284	59465
黑龙江重点国有林区	合　计	合　计	78299	9007192	8939	651558	53581	6162074	13198	1801168	2339	341565	242	50827
		0.20～0.39	1790	108185	494	17477	1010	65928	220	18931	58	5365	8	484
		0.40～0.69	53668	5900836	5875	421064	36637	3987157	9256	1210548	1719	243355	181	38712
		0.70 以上	22841	2998171	2570	213017	15934	2108989	3722	571689	562	92845	53	11631
	防护林	合　计	40664	4667549	4330	308928	28223	3258227	6912	934373	1144	158281	55	7740
		0.20～0.39	859	51257	248	8063	465	30026	115	10181	30	2905	1	82
		0.40～0.69	26966	2954831	2623	183393	18864	2061391	4628	596407	814	108645	37	4995
		0.70 以上	12839	1661461	1459	117472	8894	1166810	2169	327785	300	46731	17	2663

（续）

统计单位	林种	郁闭度等级	合计		幼龄林		中龄林		近熟林		成熟林		过熟林	
			面积	蓄积	面积	蓄积	面积	蓄积	面积	蓄积	面积	蓄积	面积	蓄积
黑龙江重点国有林区	特用林	合　计	20307	2329394	2693	191840	13195	1485489	3537	492908	723	119498	159	39659
		0.20～0.39	472	28913	119	4384	271	17702	61	5169	15	1314	6	344
		0.40～0.69	14533	1604648	1931	135043	9238	985728	2686	363778	557	89229	121	30870
		0.70 以上	5302	695833	643	52413	3686	482059	790	123961	151	28955	32	8445
	用材林	合　计	17328	2010241	1916	150783	12163	1418357	2749	373887	472	63786	28	3428
		0.20～0.39	459	28015	127	5030	274	18200	44	3581	13	1146	1	58
		0.40～0.69	12169	1341356	1321	102627	8535	940038	1942	250363	348	45481	23	2847
		0.70 以上	4700	640870	468	43126	3354	460119	763	119943	111	17159	4	523
	经济林	合　计		8		7		1						
		0.20～0.39												
		0.40～0.69		1		1								
		0.70 以上		7		6		1						
黑龙江大兴安岭重点国有林区	合　计	合　计	67010	5643429	12696	555721	39496	3573055	7954	783028	6099	646320	765	85305
		0.20～0.39	3692	132412	1474	23745	1361	60055	374	19839	378	23167	105	5606
		0.40～0.69	58032	4980691	10003	454624	34631	3133581	7156	708635	5593	605850	649	78001
		0.70 以上	5286	530326	1219	77352	3504	379419	424	54554	128	17303	11	1698
	防护林	合　计	31221	2665209	5381	215025	17632	1591484	3745	373025	3941	426551	522	59124
		0.20～0.39	1979	72052	797	11867	676	30388	196	10552	248	15693	62	3552
		0.40～0.69	26955	2367736	4065	170617	15395	1394130	3389	342620	3652	405708	454	54661
		0.70 以上	2287	225421	519	32541	1561	166966	160	19853	41	5150	6	911

（续）

统计单位	林种	郁闭度等级	合计		幼龄林		中龄林		近熟林		成熟林		过熟林	
			面积	蓄积	面积	蓄积	面积	蓄积	面积	蓄积	面积	蓄积	面积	蓄积
黑龙江大兴安岭重点国有林区	特用林	合　计	4334	395259	824	30256	2244	214505	655	78067	489	56281	122	16150
		0.20～0.39	154	4708	85	1193	42	1998	12	646	12	742	3	129
		0.40～0.69	3615	324524	675	26235	1833	169759	548	62833	443	50217	116	15480
		0.70 以上	565	66027	64	2828	369	42748	95	14588	34	5322	3	541
	用材林	合　计	31455	2582961	6491	310440	19620	1767066	3554	331936	1669	163488	121	10031
		0.20～0.39	1559	55652	592	10685	643	27669	166	8641	118	6732	40	1925
		0.40～0.69	27462	2288431	5263	257772	17403	1569692	3219	303182	1498	149925	79	7860
		0.70 以上	2434	238878	636	41983	1574	169705	169	20113	53	6831	2	246

附表 10　人工乔木林各龄组面积蓄积按林种和郁闭度等级统计表

百公顷、百立方米

统计单位	林种	郁闭度等级	合计		幼龄林		中龄林		近熟林		成熟林		过熟林	
			面积	蓄积	面积	蓄积	面积	蓄积	面积	蓄积	面积	蓄积	面积	蓄积
合计	合计	合计	18556	2163348	5197	363704	8429	1044179	3425	513636	1359	218373	146	23456
		0.20～0.39	718	18962	514	7999	150	7166	35	2282	16	1310	3	205
		0.40～0.69	7718	722671	2265	123321	3653	366723	1221	153836	530	71683	49	7108
		0.70以上	10120	1421715	2418	232384	4626	670290	2169	357518	813	145380	94	16143
	防护林	合计	10125	1160518	2984	198666	4568	579568	1871	275298	647	98823	55	8163
		0.20～0.39	398	11100	287	5032	82	4144	19	1167	9	688	1	69
		0.40～0.69	4198	390126	1329	63809	1876	198772	692	86935	277	37268	24	3342
		0.70以上	5529	759292	1368	129825	2610	376652	1160	187196	361	60867	30	4752
	特用林	合计	2718	309327	754	54469	1234	144358	497	72916	207	33602	26	3982
		0.20～0.39	127	2851	94	945	24	1126	5	437	3	275	1	68
		0.40～0.69	1252	118790	347	23282	623	59449	184	22917	87	11565	11	1577
		0.70以上	1339	187686	313	30242	587	83783	308	49562	117	21762	14	2337
	用材林	合计	5713	693503	1459	110569	2627	320253	1057	165422	505	85948	65	11311
		0.20～0.39	193	5011	133	2022	44	1896	11	678	4	347	1	68
		0.40～0.69	2268	213755	589	36230	1154	108502	345	43984	166	22850	14	2189
		0.70以上	3252	474737	737	72317	1429	209855	701	120760	335	62751	50	9054
内蒙古重点国有林区	合计	合计	4696	481430	1376	57809	1961	234372	1003	141306	337	45637	19	2306
		0.20～0.39	349	8125	282	4514	46	2402	13	707	7	457	1	45
		0.40～0.69	1865	138481	696	17430	685	66143	333	37777	145	16497	6	634
		0.70以上	2482	334824	398	35865	1230	165827	657	102822	185	28683	12	1627

（续）

统计单位	林种	郁闭度等级	合计		幼龄林		中龄林		近熟林		成熟林		过熟林	
			面积	蓄积	面积	蓄积	面积	蓄积	面积	蓄积	面积	蓄积	面积	蓄积
内蒙古重点国有林区	防护林	合　计	3010	278645	1037	39472	1241	140540	535	73262	187	24222	10	1149
		0.20～0.39	226	6045	179	3527	36	1864	6	307	5	331		16
		0.40～0.69	1280	82269	584	12413	440	41302	171	18810	82	9432	3	312
		0.70 以上	1504	190331	274	23532	765	97374	358	54145	100	14459	7	821
	特用林	合　计	620	69123	159	6640	192	24200	204	28222	59	9265	6	796
		0.20～0.39	66	597	59	224	2	115	3	171	1	58	1	29
		0.40～0.69	200	17957	47	971	57	5572	73	8584	21	2553	2	277
		0.70 以上	354	50569	53	5445	133	18513	128	19467	37	6654	3	490
	用材林	合　计	1066	133662	180	11697	528	69632	264	39822	91	12150	3	361
		0.20～0.39	57	1483	44	763	8	423	4	229	1	68		
		0.40～0.69	385	38255	65	4046	188	19269	89	10383	42	4512	1	45
		0.70 以上	624	93924	71	6888	332	49940	171	29210	48	7570	2	316
吉林省重点国有林区	合　计	合　计	3431	466026	948	71679	1105	158180	735	121196	536	96747	107	18224
		0.20～0.39	86	1565	72	567	5	261	3	242	4	352	2	143
		0.40～0.69	814	85763	277	14020	206	23993	153	21116	148	22037	30	4597
		0.70 以上	2531	378698	599	57092	894	133926	579	99838	384	74358	75	13484
	防护林	合　计	916	120315	257	18025	294	40844	203	32684	130	23619	32	5143
		0.20～0.39	21	370	17	104	1	65	1	54	1	100	1	47
		0.40～0.69	225	24368	71	3685	58	6844	46	6165	37	5838	13	1836
		0.70 以上	670	95577	169	14236	235	33935	156	26465	92	17681	18	3260

（续）

统计单位	林种	郁闭度等级	合计		幼龄林		中龄林		近熟林		成熟林		过熟林	
			面积	蓄积	面积	蓄积	面积	蓄积	面积	蓄积	面积	蓄积	面积	蓄积
吉林省重点国有林区	特用林	合　计	461	56839	129	8628	139	18000	93	14143	84	13420	16	2648
		0.20～0.39	14	271	12	83	1	52		29	1	68		39
		0.40～0.69	151	13938	50	2350	36	3285	23	2750	36	4659	6	894
		0.70以上	296	42630	67	6195	102	14663	70	11364	47	8693	10	1715
	用材林	合　计	2054	288872	562	45026	672	99336	439	74369	322	59708	59	10433
		0.20～0.39	51	924	43	380	3	144	2	159	2	184	1	57
		0.40～0.69	438	47457	156	7985	112	13864	84	12201	75	11540	11	1867
		0.70以上	1565	240491	363	36661	557	85328	353	62009	245	47984	47	8509
黑龙江重点国有林区	合　计	合　计	8551	1107532	2388	209541	4064	576383	1598	243283	481	75442	20	2883
		0.20～0.39	177	6927	111	2081	46	3169	15	1165	5	495		17
		0.40～0.69	3573	415247	920	72262	1732	218325	675	90116	233	32710	13	1834
		0.70以上	4801	685358	1357	135198	2286	354889	908	152002	243	42237	7	1032
	防护林	合　计	5592	730818	1510	133447	2644	378467	1097	166365	328	50703	13	1836
		0.20～0.39	101	3747	63	1025	26	1768	9	691	3	257		6
		0.40～0.69	2230	260820	540	41715	1074	136057	452	60099	156	21790	8	1159
		0.70以上	3261	466251	907	90707	1544	240642	636	105575	169	28656	5	671
	特用林	合　计	1276	162924	394	35239	628	86955	186	29306	64	10886	4	538
		0.20～0.39	28	1540	17	522	8	648	2	221	1	149		
		0.40～0.69	609	70024	195	16722	303	37752	78	10822	30	4322	3	406
		0.70以上	639	91360	182	17995	317	48555	106	18263	33	6415	1	132

（续）

统计单位	林种	郁闭度等级	合计		幼龄林		中龄林		近熟林		成熟林		过熟林	
			面积	蓄积	面积	蓄积	面积	蓄积	面积	蓄积	面积	蓄积	面积	蓄积
黑龙江重点国有林区	用材林	合　计	1683	213790	484	40855	792	110961	315	47612	89	13853	3	509
		0.20～0.39	48	1640	31	534	12	753	4	253	1	89		11
		0.40～0.69	734	84403	185	13825	355	44516	145	19195	47	6598	2	269
		0.70 以上	901	127747	268	26496	425	65692	166	28164	41	7166	1	229
黑龙江大兴安岭重点国有林区	合　计	合　计	1878	108360	485	24675	1299	75244	89	7851	5	547		43
		0.20～0.39	106	2345	49	837	53	1334	4	168		6		
		0.40～0.69	1466	83180	372	19609	1030	58262	60	4827	4	439		43
		0.70 以上	306	22835	64	4229	216	15648	25	2856	1	102		
	防护林	合　计	607	30740	180	7722	389	19717	36	2987	2	279		35
		0.20～0.39	50	938	28	376	19	447	3	115				
		0.40～0.69	463	22669	134	5996	304	14569	23	1861	2	208		35
		0.70 以上	94	7133	18	1350	66	4701	10	1011		71		
	特用林	合　计	361	20441	72	3962	275	15203	14	1245		31		
		0.20～0.39	19	443	6	116	13	311		16				
		0.40～0.69	292	16871	55	3239	227	12840	10	761		31		
		0.70 以上	50	3127	11	607	35	2052	4	468				
	用材林	合　计	910	57179	233	12991	635	40324	39	3619	3	237		8
		0.20～0.39	37	964	15	345	21	576	1	37		6		
		0.40～0.69	711	43640	183	10374	499	30853	27	2205	2	200		8
		0.70 以上	162	12575	35	2272	115	8895	11	1377	1	31		

附表 11 灌木林面积按覆盖度等级统计表

百公顷

统计单位	类 型	合 计	30% ～ 49% 盖度	50% ～ 69% 盖度	70% 以上盖度
合 计	合 计	2201	620	988	593
	特 灌	929	208	405	316
	一般灌木林	1272	412	583	277
内蒙古重点国有林区	合 计	1860	546	788	526
	特 灌	903	199	398	306
	一般灌木林	957	347	390	220
吉林省重点国有林区	合 计	110	37	59	14
	特 灌	26	9	7	10
	一般灌木林	84	28	52	4
黑龙江重点国有林区	合 计	90	19	67	4
	一般灌木林	90	19	67	4
黑龙江大兴安岭重点国有林区	合 计	141	18	74	49
	一般灌木林	141	18	74	49

附表 12 灌木林各林种面积按类型和优势树种统计表

百公顷

统计单位	类 型	优势树种	合 计	防护林	特用林	用材林	经济林
合计	合计	合计	2201	1475	520	186	20
		蒙古栎	1	1			
		暴马丁香	1	1			
		其他阔叶树种	8	5	2		1
		果树类	12		4		8
		苹果	1		1		
		蓝莓	3				3
		榛子	31	21	5	4	1
		柳灌	101	77	19	5	
		沼柳	69	53	13	3	
		柴桦	1397	939	314	144	
		绣线菊	94	60	28	6	
		刺玫	10	9		1	
		偃松	330	231	80	19	
		沙棘	2	1	1		
		东北赤杨	34	25	6	3	
		杜鹃	14	11	2	1	
		兴安柳	9	3	6		
		稠李子	3	2	1		
		五味子	2				2
		其他灌木	79	36	38		5

（续）

统计单位	类 型	优势树种	合 计	防护林	特用林	用材林	经济林
合计	特灌	合计	929	626	283		20
		其他阔叶树种	2	1			1
		果树类	12		4		8
		苹果	1		1		
		蓝莓	3				3
		榛子	1				1
		柳灌	25	18	7		
		沼柳	6	3	3		
		柴桦	612	464	148		
		绣线菊	45	28	17		
		刺玫	5	5			
		偃松	170	90	80		
		东北赤杨	19	14	5		
		杜鹃	1		1		
		稠李子	1		1		
		五味子	2				2
		其他灌木	24	3	16		5
	一般灌木	合计	1272	849	237	186	
		蒙古栎	1	1			
		暴马丁香	1	1			
		其他阔叶树种	6	4	2		
		榛子	30	21	5	4	

（续）

统计单位	类型	优势树种	合计	防护林	特用林	用材林	经济林
合计	一般灌木	柳灌	76	59	12	5	
		沼柳	63	50	10	3	
		柴桦	785	475	166	144	
		绣线菊	49	32	11	6	
		刺玫	5	4		1	
		偃松	160	141		19	
		沙棘	2	1	1		
		东北赤杨	15	11	1	3	
		杜鹃	13	11	1	1	
		兴安柳	9	3	6		
		稠李子	2	2			
		其他灌木	55	33	22		
内蒙古重点国有林区	合计	合计	1860	1264	447	149	
		其他阔叶树种	2	2			
		榛子	22	17	2	3	
		柳灌	73	57	15	1	
		沼柳	65	51	12	2	
		柴桦	1326	917	280	129	
		绣线菊	89	55	28	6	
		刺玫	10	9		1	
		偃松	193	110	80	3	
		东北赤杨	34	25	6	3	

（续）

统计单位	类　型	优势树种	合　计	防护林	特用林	用材林	经济林
		杜鹃	13	11	1	1	
	合计	兴安柳	9	3	6		
		稠李子	2	1	1		
		其他灌木	22	6	16		
		合计	903	625	278		
		柳灌	25	18	7		
		沼柳	6	3	3		
		柴桦	612	464	148		
		绣线菊	45	28	17		
	特灌	刺玫	5	5			
内蒙古重点国有林区		偃松	170	90	80		
		东北赤杨	19	14	5		
		杜鹃	1		1		
		稠李子	1		1		
		其他灌木	19	3	16		
		合计	957	639	169	149	
		其他阔叶树种	2	2			
		榛子	22	17	2	3	
	一般灌木	柳灌	48	39	8	1	
		沼柳	59	48	9	2	
		柴桦	714	453	132	129	
		绣线菊	44	27	11	6	

（续）

统计单位	类　型	优势树种	合　计	防护林	特用林	用材林	经济林
内蒙古重点国有林区	一般灌木	刺玫	5	4		1	
		偃松	23	20		3	
		东北赤杨	15	11	1	3	
		杜鹃	12	11		1	
		兴安柳	9	3	6		
		稠李子	1	1			
		其他灌木	3	3			
吉林省重点国有林区	合计	合计	110	58	32		20
		其他阔叶树种	5	3	1		1
		果树类	12		4		8
		苹果	1		1		
		蓝莓	3				3
		榛子	5	1	3		1
		柳灌	18	15	3		
		柴桦	5	5			
		绣线菊	5	5			
		杜鹃	1		1		
		五味子	2				2
		其他灌木	53	29	19		5
	特灌	合计	26	1	5		20
		其他阔叶树种	2	1			1
		果树类	12		4		8

（续）

统计单位	类 型	优势树种	合 计	防护林	特用林	用材林	经济林
吉林省重点国有林区	特灌	苹果	1		1		
		蓝莓	3				3
		榛子	1				1
		五味子	2				2
		其他灌木	5				5
	一般灌木	合计	84	57	27		
		其他阔叶树种	3	2	1		
		榛子	4	1	3		
		柳灌	18	15	3		
		柴桦	5	5			
		绣线菊	5	5			
		杜鹃	1		1		
		其他灌木	48	29	19		
黑龙江重点国有林区	合计	合计	90	29	41	20	
		蒙古栎	1	1			
		暴马丁香	1	1			
		其他阔叶树种	1		1		
		柳灌	10	5	1	4	
		沼柳	4	2	1	1	
		柴桦	66	17	34	15	
		沙棘	2	1	1		
		稠李子	1	1			
		其他灌木	4	1	3		

（续）

统计单位	类 型	优势树种	合 计	防护林	特用林	用材林	经济林
黑龙江重点国有林区	一般灌木	合计	90	29	41	20	
		蒙古栎	1	1			
		暴马丁香	1	1			
		其他阔叶树种	1		1		
		柳灌	10	5	1	4	
		沼柳	4	2	1	1	
		柴桦	66	17	34	15	
		沙棘	2	1	1		
		稠李子	1	1			
		其他灌木	4	1	3		
黑龙江大兴安岭重点国有林区	合计	合计	141	124		17	
		榛子	4	3		1	
		偃松	137	121		16	
	一般灌木	合计	141	124		17	
		榛子	4	3		1	
		偃松	137	121		16	

附表 13 国家级公益林面积按保护等级统计表

百公顷

统计单位	保护等级	合 计	防护林	特用林
合 计	合计	80513	43247	37266
	一级	28998	14874	14124
	二级	51515	28373	23142
内蒙古重点国有林区	合计	25192	12616	12576
	一级	10627	4489	6138
	二级	14565	8127	6438
吉林省重点国有林区	合计	11009	4037	6972
	一级	3365	1033	2332
	二级	7644	3004	4640
黑龙江重点国有林区	合计	23400	9967	13433
	一级	4112	821	3291
	二级	19288	9146	10142
黑龙江大兴安岭重点国有林区	合计	20912	16627	4285
	一级	10894	8531	2363
	二级	10018	8096	1922

附表 14 可造林封育地面积按立地类型分布表

百公顷

统计单位	立地类型	合 计	疏林地	一般灌木林地	无立木林地				宜林地			
					小计	采伐迹地	火烧迹地	其他无立木林地	小计	宜林荒山荒地	宜林沙荒地	其他宜林地
合 计	合 计	25332	283	1201	10924	4	72	10848	12924	1629	349	10946
	低山平坡厚层土类型	15543	113	553	6455	2	20	6433	8422	705	22	7695
	低山平坡中层土类型	5309	62	280	1894		15	1879	3073	181	95	2797
	低山平坡薄层土类型	143		3	37			37	103	10	47	46
	低山缓阳坡厚层土类型	1309	21	71	833	1	5	827	384	180	1	203
	低山缓阳坡中层土类型	583	11	26	411		3	408	135	68	14	53
	低山缓阳坡薄层土类型	41		1	6			6	34	4	30	
	低山陡阳坡薄层土类型	32		1					31	1	30	
	低山缓阴坡厚层土类型	944	14	29	702	1	2	699	199	98	3	98
	低山缓阴坡中层土类型	476	9	17	360		6	354	90	60	4	26
	低山缓阴坡薄层土类型	15		1	8			8	6	2	4	
	低山斜阳坡厚层土类型	89	3	3	57		1	56	26	18	2	6
	低山斜阳坡中层土类型	77	2	9	33		2	31	33	22	8	3
	低山斜阳坡薄层土类型	46			2			2	44	1	42	1
	低山斜阴坡厚层土类型	69	3	1	52		1	51	13	11	1	1
	低山斜阴坡中层土类型	44	1	4	27		1	26	12	8	3	1
	低山斜阴坡薄层土类型	6		1					5	1	4	
	低山陡阳坡厚层土类型	34	1	1	10			10	22	11	3	8
	低山陡阳坡中层土类型	22		1	1			1	20	8	10	2

（续）

统计单位	立地类型	合　计	疏林地	一般灌木林地	无立木林地				宜林地			
					小计	采伐迹地	火烧迹地	其他无立木林地	小计	宜林荒山荒地	宜林沙荒地	其他宜林地
合　计	低山陡阴坡厚层土类型	10			6			6	4	1	1	2
	低山陡阴坡中层土类型	6		1	1			1	4	2	2	
	低山陡阴坡薄层土类型	1							1		1	
	低山急阳坡厚层土类型	2			1			1	1	1		
	低山急阳坡中层土类型	3							3	2		1
	低山急阴坡厚层土类型	1			1			1				
	低山险坡厚层土类型	3			2			2	1		1	
	中山平坡厚层土类型	19		12	1			1	6	4		2
	中山平坡中层土类型	41		12	2			2	27	26	1	
	中山平坡薄层土类型	9		8					1		1	
	中山缓阳坡厚层土类型	87	14	37	1		1		35	34		1
	中山缓阳坡中层土类型	93	10	19	4		3	1	60	59	1	
	中山缓阳坡薄层土类型	12		10					2		2	
	中山缓阴坡厚层土类型	90	10	44					36	36		
	中山缓阴坡中层土类型	81	6	24	7		6	1	44	42	2	
	中山缓阴坡薄层土类型	17		16					1		1	
	中山斜阳坡厚层土类型	5		2	1		1		2	2		
	中山斜阳坡中层土类型	19	2	2	3		2	1	12	9	3	
	中山斜阳坡薄层土类型	2							2		2	
	中山斜阴坡厚层土类型	9		2					7	7		

（续）

统计单位	立地类型	合　计	疏林地	一般灌木林地	无立木林地				宜林地			
					小计	采伐迹地	火烧迹地	其他无立木林地	小计	宜林荒山荒地	宜林沙荒地	其他宜林地
合　计	中山斜阴坡中层土类型	24	1	3	5		3	2	15	12	3	
	中山斜阴坡薄层土类型	2		1					1		1	
	中山陡阳坡厚层土类型	1		1								
	中山陡阳坡中层土类型	4			1			1	3	2	1	
	中山陡阳坡薄层土类型	1							1		1	
	中山陡阴坡厚层土类型	2		1					1	1		
	中山陡阴坡中层土类型	5		4					1		1	
	中山陡阴坡薄层土类型	1							1		1	
内蒙古重点国有林区	合　计	2356	188	920	154		63	91	1094	361	124	609
	低山平坡厚层土类型	1177	60	459	39		17	22	619	157	1	461
	低山平坡中层土类型	339	41	254	18		14	4	26	9	2	15
	低山平坡薄层土类型	12		2	1			1	9	1	5	3
	低山缓阳坡厚层土类型	287	14	62	55		3	52	156	69		87
	低山缓阳坡中层土类型	79	9	24	3		3		43	6	8	29
	低山缓阳坡薄层土类型	27							27	1	26	
	低山缓阴坡厚层土类型	77	10	21	14		2	12	32	22		10
	低山缓阴坡中层土类型	32	6	15	6		6		5	2	1	2
	低山缓阴坡薄层土类型	2							2		2	
	低山斜阳坡厚层土类型	11	3	1	1		1		6	4	1	1
	低山斜阳坡中层土类型	15	1	8	1		1		5	1	4	

（续）

统计单位	立地类型	合　计	疏林地	一般灌木林地	无立木林地				宜林地			
					小计	采伐迹地	火烧迹地	其他无立木林地	小计	宜林荒山荒地	宜林沙荒地	其他宜林地
内蒙古重点国有林区	低山斜阳坡薄层土类型	38							38		37	1
	低山斜阴坡厚层土类型	4	2		1		1		1	1		
	低山斜阴坡中层土类型	3	1	2								
	低山斜阴坡薄层土类型	1							1		1	
	低山陡阳坡厚层土类型	9							9	7	2	
	低山陡阳坡中层土类型	5							5		5	
	低山陡阳坡薄层土类型	28							28		28	
	低山陡阴坡厚层土类型	1							1	1		
	低山陡阴坡中层土类型	1		1								
	低山急阳坡厚层土类型	1							1	1		
	中山缓阳坡厚层土类型	69	13	28	1		1		27	27		
	中山缓阳坡中层土类型	35	9	9	3		3		14	14		
	中山缓阳坡薄层土类型	1							1		1	
	中山缓阴坡厚层土类型	52	10	20					22	22		
	中山缓阴坡中层土类型	24	6	7	5		5		6	6		
	中山斜阳坡厚层土类型	2			1		1		1	1		
	中山斜阳坡中层土类型	9	2		2		2		5	5		
	中山斜阴坡厚层土类型	2		1					1	1		
	中山斜阴坡中层土类型	7	1	1	3		3		2	2		
	中山陡阳坡厚层土类型	1		1								

（续）

统计单位	立地类型	合　计	疏林地	一般灌木林地	无立木林地				宜林地			
					小计	采伐迹地	火烧迹地	其他无立木林地	小计	宜林荒山荒地	宜林沙荒地	其他宜林地
内蒙古重点国有林区	中山陡阳坡中层土类型	1							1	1		
	中山陡阴坡厚层土类型	1		1								
	中山陡阴坡中层土类型	3		3								
吉林省重点国有林区	合　计	857	6	50	664	4	1	659	137	61	6	70
	低山平坡厚层土类型	504	2	30	390	2		388	82	33	3	46
	低山平坡中层土类型	12		1	6			6	5	2	1	2
	低山平坡薄层土类型	8			4			4	4	1		3
	低山缓阳坡厚层土类型	103	1	6	84	1	1	82	12	9		3
	低山缓阳坡中层土类型	5			3			3	2	1		1
	低山缓阴坡厚层土类型	91	1	2	78	1		77	10	5	1	4
	低山缓阴坡中层土类型	3			2			2	1			1
	低山斜阳坡厚层土类型	41		2	35			35	4	3		1
	低山斜阳坡中层土类型	3			3			3				
	低山斜阳坡薄层土类型	1			1			1				
	低山斜阴坡厚层土类型	42	1	1	34			34	6	6		
	低山斜阴坡中层土类型	5			5			5				
	低山陡阳坡厚层土类型	18		1	9			9	8	1		7
	低山陡阳坡中层土类型	1		1								
	低山陡阴坡厚层土类型	5			5			5				
	低山急阳坡厚层土类型	1			1			1				

（续）

统计单位	立地类型	合 计	疏林地	一般灌木林地	无立木林地				宜林地			
					小计	采伐迹地	火烧迹地	其他无立木林地	小计	宜林荒山荒地	宜林沙荒地	其他宜林地
吉林省重点国有林区	低山急阴坡厚层土类型	1			1			1				
	低山险坡厚层土类型	3			2			2	1		1	
	中山平坡厚层土类型	4		2	1			1	1			1
	中山平坡中层土类型	3		3								
	中山缓阳坡厚层土类型	2	1						1			1
	中山斜阳坡厚层土类型	1		1								
黑龙江重点国有林区	合 计	12206	57	90	8492		1	8491	3567	347	19	3201
	低山平坡厚层土类型	8196	35	60	5240			5240	2861	170	4	2687
	低山平坡中层土类型	1549	8	19	1152			1152	370	34	9	327
	低山平坡薄层土类型	39			29			29	10	1	2	7
	低山缓阳坡厚层土类型	806	6	3	666		1	665	131	39		92
	低山缓阳坡中层土类型	407	1	2	374			374	30	22	1	7
	低山缓阳坡薄层土类型	8			6			6	2	2		
	低山缓阴坡厚层土类型	693	3	2	587			587	101	32	1	68
	低山缓阴坡中层土类型	358	1		334			334	23	16	1	6
	低山缓阴坡薄层土类型	8			7			7	1	1		
	低山斜阳坡厚层土类型	28			21			21	7	5		2
	低山斜阳坡中层土类型	35	1		27			27	7	6		1
	低山斜阳坡薄层土类型	2			1			1	1	1		
	低山斜阴坡厚层土类型	20			16			16	4	3		1
	低山斜阴坡中层土类型	26			21			21	5	4	1	

（续）

统计单位	立地类型	合 计	疏林地	一般灌木林地	无立木林地				宜林地			
					小计	采伐迹地	火烧迹地	其他无立木林地	小计	宜林荒山荒地	宜林沙荒地	其他宜林地
	低山斜阴坡薄层土类型	1							1	1		
	低山陡阳坡厚层土类型	5	1		1			1	3	2		1
	低山陡阳坡中层土类型	3			1			1	2	2		
	低山陡阳坡薄层土类型	2		1					1	1		
	低山陡阴坡厚层土类型	2			1			1	1			1
	低山陡阴坡中层土类型	1			1			1				
	低山急阳坡中层土类型	1							1	1		
黑龙江	中山平坡厚层土类型	1							1			1
重点国	中山平坡中层土类型	3			2			2	1	1		
有林区	中山缓阳坡厚层土类型	1		1								
	中山缓阳坡中层土类型	4	1		1			1	2	2		
	中山缓阴坡厚层土类型	1		1								
	中山缓阴坡中层土类型	2			1			1	1	1		
	中山斜阳坡厚层土类型	1		1								
	中山斜阳坡中层土类型	1			1			1				
	中山斜阴坡中层土类型	1			1			1				
	中山陡阳坡中层土类型	1			1			1				
黑龙江	合 计	9913	32	141	1614		7	1607	8126	860	200	7066
大兴安	低山平坡厚层土类型	5666	16	4	786		3	783	4860	345	14	4501
岭重点	低山平坡中层土类型	3409	13	6	718		1	717	2672	136	83	2453
国有林	低山平坡薄层土类型	84		1	3			3	80	7	40	33
区	低山缓阳坡厚层土类型	113			28			28	85	63	1	21

（续）

统计单位	立地类型	合计	疏林地	一般灌木林地	无立木林地				宜林地			
					小计	采伐迹地	火烧迹地	其他无立木林地	小计	宜林荒山荒地	宜林沙荒地	其他宜林地
黑龙江大兴安岭重点国有林区	低山缓阳坡中层土类型	92	1		31			31	60	39	5	16
	低山缓阳坡薄层土类型	6		1					5	1	4	
	低山缓阴坡厚层土类型	83		4	23			23	56	39	1	16
	低山缓阴坡中层土类型	83	2	2	18			18	61	42	2	17
	低山缓阴坡薄层土类型	5		1	1			1	3	1	2	
	低山斜阳坡厚层土类型	9							9	6	1	2
	低山斜阳坡中层土类型	24		1	2		1	1	21	15	4	2
	低山斜阳坡薄层土类型	5							5		5	
	低山斜阴坡厚层土类型	3			1			1	2	1	1	
	低山斜阴坡中层土类型	10		2	1		1		7	4	2	1
	低山斜阴坡薄层土类型	4		1					3		3	
	低山陡阳坡厚层土类型	2							2	1	1	
	低山陡阳坡中层土类型	13							13	6	5	2
	低山陡阳坡薄层土类型	2							2		2	
	低山陡阴坡厚层土类型	2							2		1	1
	低山陡阴坡中层土类型	4							4	2	2	
	低山陡阴坡薄层土类型	1							1		1	
	低山急阳坡中层土类型	2							2	1		1
	中山平坡厚层土类型	14		10					4	4		
	中山平坡中层土类型	35		9					26	25	1	

（续）

统计单位	立地类型	合计	疏林地	一般灌木林地	无立木林地				宜林地			
					小计	采伐迹地	火烧迹地	其他无立木林地	小计	宜林荒山荒地	宜林沙荒地	其他宜林地
黑龙江大兴安岭重点国有林区	中山平坡薄层土类型	9		8					1		1	
	中山缓阳坡厚层土类型	15		8					7	7		
	中山缓阳坡中层土类型	54		10					44	43	1	
	中山缓阳坡薄层土类型	11		10					1		1	
	中山缓阴坡厚层土类型	37		23					14	14		
	中山缓阴坡中层土类型	55		17	1		1		37	35	2	
	中山缓阴坡薄层土类型	17		16					1		1	
	中山斜阳坡厚层土类型	1							1	1		
	中山斜阳坡中层土类型	9		2					7	4	3	
	中山斜阳坡薄层土类型	2							2		2	
	中山斜阴坡厚层土类型	7		1					6	6		
	中山斜阴坡中层土类型	16		2	1			1	13	10	3	
	中山斜阴坡薄层土类型	2		1					1		1	
	中山陡阳坡中层土类型	2							2	1	1	
	中山陡阳坡薄层土类型	1							1		1	
	中山陡阴坡厚层土类型	1							1	1		
	中山陡阴坡中层土类型	2		1					1		1	
	中山陡阴坡薄层土类型	1							1		1	

附表 15　乔木林各龄组面积蓄积按起源和林分类型统计表

百公顷、百立方米

统计单位	起源	林分类型	小计		幼龄林		中龄林		近熟林		成熟林		过熟林	
			面积	蓄积	面积	蓄积	面积	蓄积	面积	蓄积	面积	蓄积	面积	蓄积
合计	合计	合计	271818	30069784	32974	1892451	152853	16496885	51862	6894099	28567	3936436	5562	849913
		纯林	112302	11271862	18585	925865	58790	6003852	18903	2287192	13174	1645902	2850	409051
		针叶林	64939	7014957	5420	339306	37094	3883885	10726	1284213	9425	1178143	2274	329410
		阔叶林	47363	4256905	13165	586559	21696	2119967	8177	1002979	3749	467759	576	79641
		混交林	159516	18797922	14389	966586	94063	10493033	32959	4606907	15393	2290534	2712	440862
		针叶混	9695	1228824	594	47980	5694	675569	1759	254282	1314	195948	334	55045
		针阔混	62491	7321429	4222	345922	41394	4639554	10400	1400301	5303	756040	1172	179612
		阔叶混	87330	10247669	9573	572684	46975	5177910	20800	2952324	8776	1338546	1206	206205
	天然	合计	253262	27906436	27777	1528747	144424	15452706	48437	6380463	27208	3718063	5416	826457
		纯林	100445	9926774	15124	711871	53651	5377353	16642	1946095	12267	1496786	2761	394669
		针叶林	53527	5709983	2132	128764	32053	3267317	8515	949243	8593	1041138	2234	323521
		阔叶林	46918	4216791	12992	583107	21598	2110036	8127	996852	3674	455648	527	71148
		混交林	152817	17979662	12653	816876	90773	10075353	31795	4434368	14941	2221277	2655	431788
		针叶混	8607	1099750	329	27904	5208	617104	1535	221312	1208	179498	327	53932
		针阔混	57016	6648103	2788	218520	38633	4285303	9479	1263416	4976	706166	1140	174698
		阔叶混	87194	10231809	9536	570452	46932	5172946	20781	2949640	8757	1335613	1188	203158
	人工	合计	18556	2163348	5197	363704	8429	1044179	3425	513636	1359	218373	146	23456
		纯林	11857	1345088	3461	213994	5139	626499	2261	341097	907	149116	89	14382
		针叶林	11412	1304974	3288	210542	5041	616568	2211	334970	832	137005	40	5889

（续）

统计单位	起源	林分类型	小计		幼龄林		中龄林		近熟林		成熟林		过熟林	
			面积	蓄积	面积	蓄积	面积	蓄积	面积	蓄积	面积	蓄积	面积	蓄积
合计	人工	阔叶林	445	40114	173	3452	98	9931	50	6127	75	12111	49	8493
		混交林	6699	818260	1736	149710	3290	417680	1164	172539	452	69257	57	9074
		针叶混	1088	129074	265	20076	486	58465	224	32970	106	16450	7	1113
		针阔混	5475	673326	1434	127402	2761	354251	921	136885	327	49874	32	4914
		阔叶混	136	15860	37	2232	43	4964	19	2684	19	2933	18	3047
	其中：人天混	合计	6665	802563	2070	177157	3146	407202	1018	151686	382	58789	49	7729
		纯林	800	73019	567	41984	219	28893	9	1630	3	258	2	254
		针叶林	675	68485	466	40860	202	26423	5	849	1	146	1	207
		阔叶林	125	4534	101	1124	17	2470	4	781	2	112	1	47
		混交林	5865	729544	1503	135173	2927	378309	1009	150056	379	58531	47	7475
		针叶混	474	62340	84	8275	240	31234	99	14572	46	7420	5	839
		针阔混	5282	654699	1388	124859	2654	343232	894	133419	318	48811	28	4378
		阔叶混	109	12505	31	2039	33	3843	16	2065	15	2300	14	2258
内蒙古重点国有林区	合计	合计	83659	9065315	6290	277299	45986	4893796	15485	1814379	12540	1601782	3358	478059
		纯林	52123	5515670	4480	169078	28145	2964031	9651	1119159	7847	983765	2000	279637
		针叶林	38026	4236985	2317	113908	22583	2462719	6041	734393	5493	701738	1592	224227
		阔叶林	14097	1278685	2163	55170	5562	501312	3610	384766	2354	282027	408	55410
		混交林	31536	3549645	1810	108221	17841	1929765	5834	695220	4693	618017	1358	198422
		针叶混	1664	235102	22	1824	368	43840	388	54628	608	90767	278	44043
		针阔混	21946	2560920	746	60367	13949	1566403	3877	478257	2595	346442	779	109451
		阔叶混	7926	753623	1042	46030	3524	319522	1569	162335	1490	180808	301	44928

（续）

统计单位	起源	林分类型	小计		幼龄林		中龄林		近熟林		成熟林		过熟林	
			面积	蓄积	面积	蓄积	面积	蓄积	面积	蓄积	面积	蓄积	面积	蓄积
内蒙古重点国有林区	天然	合计	78963	8583885	4914	219490	44025	4659424	14482	1673073	12203	1556145	3339	475753
		纯林	48209	5114273	3327	130996	26524	2765339	8788	993794	7587	946602	1983	277542
		针叶林	34202	3835958	1251	75908	20965	2264221	5178	609062	5233	664598	1575	222169
		阔叶林	14007	1278315	2076	55088	5559	501118	3610	384732	2354	282004	408	55373
		混交林	30754	3469612	1587	88494	17501	1894085	5694	679279	4616	609543	1356	198211
		针叶混	1587	226788	9	622	337	40472	366	52093	597	89561	278	44040
		针阔混	21257	2490672	541	42220	13648	1534774	3761	465073	2530	339362	777	109243
		阔叶混	7910	752152	1037	45652	3516	318839	1567	162113	1489	180620	301	44928
	人工	合计	4696	481430	1376	57809	1961	234372	1003	141306	337	45637	19	2306
		纯林	3914	401397	1153	38082	1621	198692	863	125365	260	37163	17	2095
		针叶林	3824	401027	1066	38000	1618	198498	863	125331	260	37140	17	2058
		阔叶林	90	370	87	82	3	194		34		23		37
		混交林	782	80033	223	19727	340	35680	140	15941	77	8474	2	211
		针叶混	77	8314	13	1202	31	3368	22	2535	11	1206		3
		针阔混	689	70248	205	18147	301	31629	116	13184	65	7080	2	208
		阔叶混	16	1471	5	378	8	683	2	222	1	188		
	其中：人天混	合计	841	74037	387	25152	263	27716	118	13231	71	7634	2	304
		纯林	204	8999	177	6451	24	2213	1	106	1	23	1	206
		针叶林	116	8792	92	6382	22	2090	1	91		23	1	206
		阔叶林	88	207	85	69	2	123		15	1			

（续）

统计单位	起源	林分类型	小计		幼龄林		中龄林		近熟林		成熟林		过熟林	
			面积	蓄积	面积	蓄积	面积	蓄积	面积	蓄积	面积	蓄积	面积	蓄积
内蒙古重点国有林区	其中：人天混	混交林	637	65038	210	18701	239	25503	117	13125	70	7611	1	98
		针叶混	59	6229	11	1035	21	2277	18	1941	9	973		3
		针阔混	563	57446	194	17320	211	22619	97	10962	60	6450	1	95
		阔叶混	15	1363	5	346	7	607	2	222	1	188		
吉林省重点国有林区	合计	合计	32421	5137956	2176	173657	8427	1216333	13538	2244390	7103	1270780	1177	232796
		纯林	6316	933685	772	47714	2246	310882	2258	375005	829	154895	211	45189
		针叶林	2232	332500	433	26241	690	100618	558	94477	411	78845	140	32319
		阔叶林	4084	601185	339	21473	1556	210264	1700	280528	418	76050	71	12870
		混交林	26105	4204271	1404	125943	6181	905451	11280	1869385	6274	1115885	966	187607
		针叶混	913	150588	101	7674	284	45026	290	51886	211	40347	27	5655
		针阔混	5378	903913	465	46223	1625	257993	1904	335159	1167	219312	217	45226
		阔叶混	19814	3149770	838	72046	4272	602432	9086	1482340	4896	856226	722	136726
	天然	合计	28990	4671930	1228	101978	7322	1058153	12803	2123194	6567	1174033	1070	214572
		纯林	4521	693880	305	20663	1729	238251	1862	310299	484	91373	141	33294
		针叶林	709	125304	25	1661	234	34205	198	34302	134	26480	118	28656
		阔叶林	3812	568576	280	19002	1495	204046	1664	275997	350	64893	23	4638
		混交林	24469	3978050	923	81315	5593	819902	10941	1812895	6083	1082660	929	181278
		针叶混	641	115716	14	1504	212	35339	232	42172	161	31889	22	4812
		针阔混	4112	725299	93	9341	1137	185667	1638	290550	1043	197159	201	42582
		阔叶混	19716	3137035	816	70470	4244	598896	9071	1480173	4879	853612	706	133884

（续）

统计单位	起源	林分类型	小计		幼龄林		中龄林		近熟林		成熟林		过熟林	
			面积	蓄积	面积	蓄积	面积	蓄积	面积	蓄积	面积	蓄积	面积	蓄积
吉林省重点国有林区	人工	合计	3431	466026	948	71679	1105	158180	735	121196	536	96747	107	18224
		纯林	1795	239805	467	27051	517	72631	396	64706	345	63522	70	11895
		针叶林	1523	207196	408	24580	456	66413	360	60175	277	52365	22	3663
		阔叶林	272	32609	59	2471	61	6218	36	4531	68	11157	48	8232
		混交林	1636	226221	481	44628	588	85549	339	56490	191	33225	37	6329
		针叶混	272	34872	87	6170	72	9687	58	9714	50	8458	5	843
		针阔混	1266	178614	372	36882	488	72326	266	44609	124	22153	16	2644
		阔叶混	98	12735	22	1576	28	3536	15	2167	17	2614	16	2842
	其中：人天混	合计	1466	208920	417	41829	556	82397	306	51488	157	28233	30	4973
		纯林	63	7728	29	2239	25	4000	6	1206	2	235	1	48
		针叶林	30	3788	15	1278	12	1935	2	451	1	123		1
		阔叶林	33	3940	14	961	13	2065	4	755	1	112	1	47
		混交林	1403	201192	388	39590	531	78397	300	50282	155	27998	29	4925
		针叶混	114	17428	25	2604	35	4847	29	5179	22	4229	3	569
		针阔混	1213	173883	345	35548	475	70817	260	43513	120	21766	13	2239
		阔叶混	76	9881	18	1438	21	2733	11	1590	13	2003	13	2117
黑龙江重点国有林区	合计	合计	86850	10114724	11327	861099	57645	6738457	14796	2044451	2820	417007	262	53710
		纯林	17588	1949012	4743	313065	9507	1125475	2677	387873	579	99726	82	22873
		针叶林	6366	847682	1668	144609	3069	424262	1158	183126	397	73664	74	22021
		阔叶林	11222	1101330	3075	168456	6438	701213	1519	204747	182	26062	8	852

（续）

统计单位	起源	林分类型	小计		幼龄林		中龄林		近熟林		成熟林		过熟林	
			面积	蓄积	面积	蓄积	面积	蓄积	面积	蓄积	面积	蓄积	面积	蓄积
黑龙江重点国有林区	合计	混交林	69262	8165712	6584	548034	48138	5612982	12119	1656578	2241	317281	180	30837
		针叶混	4241	556493	385	33460	3108	398229	618	99430	112	21288	18	4086
		针阔混	17770	2188893	2097	183768	12492	1539899	2562	372233	550	80086	69	12907
		阔叶混	47251	5420326	4102	330806	32538	3674854	8939	1184915	1579	215907	93	13844
	天然	合计	78299	9007192	8939	651558	53581	6162074	13198	1801168	2339	341565	242	50827
		纯林	12905	1330054	3246	181939	7546	830091	1751	243663	282	51837	80	22524
		针叶林	1766	235859	198	14382	1142	132397	246	40478	107	26706	73	21896
		阔叶林	11139	1094195	3048	167557	6404	697694	1505	203185	175	25131	7	628
		混交林	65394	7677138	5693	469619	46035	5331983	11447	1557505	2057	289728	162	28303
		针叶混	3604	475831	233	21394	2808	356985	480	79128	67	14505	16	3819
		针阔混	14561	1782635	1368	117697	10696	1300889	2030	293757	412	59447	55	10845
		阔叶混	47229	5418672	4092	330528	32531	3674109	8937	1184620	1578	215776	91	13639
	人工	合计	8551	1107532	2388	209541	4064	576383	1598	243283	481	75442	20	2883
		纯林	4683	618958	1497	131126	1961	295384	926	144210	297	47889	2	349
		针叶林	4600	611823	1470	130227	1927	291865	912	142648	290	46958	1	125
		阔叶林	83	7135	27	899	34	3519	14	1562	7	931	1	224
		混交林	3868	488574	891	78415	2103	280999	672	99073	184	27553	18	2534
		针叶混	637	80662	152	12066	300	41244	138	20302	45	6783	2	267
		针阔混	3209	406258	729	66071	1796	239010	532	78476	138	20639	14	2062
		阔叶混	22	1654	10	278	7	745	2	295	1	131	2	205

（续）

统计单位	起源	林分类型	小计		幼龄林		中龄林		近熟林		成熟林		过熟林	
			面积	蓄积	面积	蓄积	面积	蓄积	面积	蓄积	面积	蓄积	面积	蓄积
黑龙江重点国有林区	其中：人天混	合计	4028	500310	1137	103753	2134	284866	586	86320	154	22919	17	2452
		纯林	533	56292	361	33294	170	22680	2	318				
		针叶林	529	55905	359	33200	168	22398	2	307				
		阔叶林	4	387	2	94	2	282		11				
		混交林	3495	444018	776	70459	1964	262186	584	86002	154	22919	17	2452
		针叶混	282	37593	47	4515	167	23173	51	7421	15	2217	2	267
		针阔混	3195	405164	721	65689	1792	238510	530	78328	138	20593	14	2044
		阔叶混	18	1261	8	255	5	503	3	253	1	109	1	141
黑龙江大兴安岭重点国有林区	合计	合计	68888	5751789	13181	580396	40795	3648299	8043	790879	6104	646867	765	85348
		纯林	36275	2873495	8590	396008	18892	1603464	4317	405155	3919	407516	557	61352
		针叶林	18315	1597790	1002	54548	10752	896286	2969	272217	3124	323896	468	50843
		阔叶林	17960	1275705	7588	341460	8140	707178	1348	132938	795	83620	89	10509
		混交林	32613	2878294	4591	184388	21903	2044835	3726	385724	2185	239351	208	23996
		针叶混	2877	286641	86	5022	1934	188474	463	48338	383	43546	11	1261
		针阔混	17397	1667703	914	55564	13328	1275259	2057	214652	991	110200	107	12028
		阔叶混	12339	923950	3591	123802	6641	581102	1206	122734	811	85605	90	10707
	天然	合计	67010	5643429	12696	555721	39496	3573055	7954	783028	6099	646320	765	85305
		纯林	34810	2788567	8246	378273	17852	1543672	4241	398339	3914	406974	557	61309
		针叶林	16850	1512862	658	36813	9712	836494	2893	265401	3119	323354	468	50800
		阔叶林	17960	1275705	7588	341460	8140	707178	1348	132938	795	83620	89	10509

（续）

统计单位	起源	林分类型	小计		幼龄林		中龄林		近熟林		成熟林		过熟林	
			面积	蓄积	面积	蓄积	面积	蓄积	面积	蓄积	面积	蓄积	面积	蓄积
黑龙江大兴安岭重点国有林区	天然	混交林	32200	2854862	4450	177448	21644	2029383	3713	384689	2185	239346	208	23996
		针叶混	2775	281415	73	4384	1851	184308	457	47919	383	43543	11	1261
		针阔混	17086	1649497	786	49262	13152	1263973	2050	214036	991	110198	107	12028
		阔叶混	12339	923950	3591	123802	6641	581102	1206	122734	811	85605	90	10707
	人工	合计	1878	108360	485	24675	1299	75244	89	7851	5	547		43
		纯林	1465	84928	344	17735	1040	59792	76	6816	5	542		43
		针叶林	1465	84928	344	17735	1040	59792	76	6816	5	542		43
		混交林	413	23432	141	6940	259	15452	13	1035		5		
		针叶混	102	5226	13	638	83	4166	6	419		3		
		针阔混	311	18206	128	6302	176	11286	7	616		2		
	其中：人天混	合计	330	19296	129	6423	193	12223	8	647		3		
		混交林	330	19296	129	6423	193	12223	8	647		3		
		针叶混	19	1090	1	121	17	937	1	31		1		
		针阔混	311	18206	128	6302	176	11286	7	616		2		

附表 16 乔木林各林种面积蓄积按起源和林分类型统计表

百公顷、百立方米

统计单位	起源	林分类型	小计		防护林		特用林		用材林		经济林	
			面积	蓄积	面积	蓄积	面积	蓄积	面积	蓄积	面积	蓄积
合　计	合计	合计	271818	30069784	131606	14064945	50123	6232887	90089	9771944		8
		纯林	112302	11271862	57347	5607754	18546	2212765	36409	3451337		6
		针叶林	64939	7014957	32932	3482446	11077	1418088	20930	2114423		
		阔叶林	47363	4256905	24415	2125308	7469	794677	15479	1336914		6
		混交林	159516	18797922	74259	8457191	31577	4020122	53680	6320607		2
		针叶混	9695	1228824	3588	440960	2867	409842	3240	378022		
		针阔混	62491	7321429	28365	3218356	11380	1495687	22746	2607386		
		阔叶混	87330	10247669	42306	4797875	17330	2114593	27694	3335199		2
	天然	合计	253262	27906436	121481	12904427	47405	5923560	84376	9078441		8
		纯林	100445	9926774	50698	4865054	16838	2023635	32909	3038079		6
		针叶林	53527	5709983	26473	2751016	9408	1232433	17646	1726534		
		阔叶林	46918	4216791	24225	2114038	7430	791202	15263	1311545		6
		混交林	152817	17979662	70783	8039373	30567	3899925	51467	6040362		2
		针叶混	8607	1099750	3026	371741	2678	388274	2903	339735		
		针阔混	57016	6648103	25496	2874123	10575	1398958	20945	2375022		
		阔叶混	87194	10231809	42261	4793509	17314	2112693	27619	3325605		2
	人工	合计	18556	2163348	10125	1160518	2718	309327	5713	693503		
		纯林	11857	1345088	6649	742700	1708	189130	3500	413258		
		针叶林	11412	1304974	6459	731430	1669	185655	3284	387889		

（续）

统计单位	起源	林分类型	小计		防护林		特用林		用材林		经济林	
			面积	蓄积	面积	蓄积	面积	蓄积	面积	蓄积	面积	蓄积
合计	人工	阔叶林	445	40114	190	11270	39	3475	216	25369		
		混交林	6699	818260	3476	417818	1010	120197	2213	280245		
		针叶混	1088	129074	562	69219	189	21568	337	38287		
		针阔混	5475	673326	2869	344233	805	96729	1801	232364		
		阔叶混	136	15860	45	4366	16	1900	75	9594		
	其中：人天混	合计	6665	802563	3604	417771	982	115846	2079	268946		
		纯林	800	73019	559	48009	97	9346	144	15664		
		针叶林	675	68485	465	46338	87	8860	123	13287		
		阔叶林	125	4534	94	1671	10	486	21	2377		
		混交林	5865	729544	3045	369762	885	106500	1935	253282		
		针叶混	474	62340	236	31304	87	10310	151	20726		
		针阔混	5282	654699	2770	334791	786	94805	1726	225103		
		阔叶混	109	12505	39	3667	12	1385	58	7453		
内蒙古重点国有林区	合计	合计	83659	9065315	43774	4442989	15665	2012373	24220	2609953		
		纯林	52123	5515670	27560	2743669	9578	1201191	14985	1570810		
		针叶林	38026	4236985	18739	2009265	8080	1028922	11207	1198798		
		阔叶林	14097	1278685	8821	734404	1498	172269	3778	372012		
		混交林	31536	3549645	16214	1699320	6087	811182	9235	1039143		
		针叶混	1664	235102	292	37601	1100	163691	272	33810		
		针阔混	21946	2560920	10783	1215819	4205	551027	6958	794074		
		阔叶混	7926	753623	5139	445900	782	96464	2005	211259		

（续）

统计单位	起源	林分类型	小计		防护林		特用林		用材林		经济林	
			面积	蓄积	面积	蓄积	面积	蓄积	面积	蓄积	面积	蓄积
内蒙古重点国有林区	天然	合计	78963	8583885	40764	4164344	15045	1943250	23154	2476291		
		纯林	48209	5114273	25059	2516013	9030	1139435	14120	1458825		
		针叶林	34202	3835958	16322	1781888	7537	967215	10343	1086855		
		阔叶林	14007	1278315	8737	734125	1493	172220	3777	371970		
		混交林	30754	3469612	15705	1648331	6015	803815	9034	1017466		
		针叶混	1587	226788	246	32736	1091	162671	250	31381		
		针阔混	21257	2490672	10333	1170908	4144	544825	6780	774939		
		阔叶混	7910	752152	5126	444687	780	96319	2004	211146		
	人工	合计	4696	481430	3010	278645	620	69123	1066	133662		
		纯林	3914	401397	2501	227656	548	61756	865	111985		
		针叶林	3824	401027	2417	227377	543	61707	864	111943		
		阔叶林	90	370	84	279	5	49	1	42		
		混交林	782	80033	509	50989	72	7367	201	21677		
		针叶混	77	8314	46	4865	9	1020	22	2429		
		针阔混	689	70248	450	44911	61	6202	178	19135		
		阔叶混	16	1471	13	1213	2	145	1	113		
	其中：人天混	合计	841	74037	576	47437	81	7081	184	19519		
		纯林	204	8999	161	5987	21	1119	22	1893		
		针叶林	116	8792	80	5801	15	1118	21	1873		
		阔叶林	88	207	81	186	6	1	1	20		

（续）

统计单位	起源	林分类型	小计		防护林		特用林		用材林		经济林	
			面积	蓄积	面积	蓄积	面积	蓄积	面积	蓄积	面积	蓄积
内蒙古重点国有林区	其中：人天混	混交林	637	65038	415	41450	60	5962	162	17626		
		针叶混	59	6229	34	3537	7	654	18	2038		
		针阔混	563	57446	369	36809	51	5163	143	15474		
		阔叶混	15	1363	12	1104	2	145	1	114		
吉林省重点国有林区	合计	合计	32421	5137956	9748	1527640	8180	1312496	14493	2297820		
		纯林	6316	933685	2045	299417	1952	293882	2319	340386		
		针叶林	2232	332500	636	93612	562	90332	1034	148556		
		阔叶林	4084	601185	1409	205805	1390	203550	1285	191830		
		混交林	26105	4204271	7703	1228223	6228	1018614	12174	1957434		
		针叶混	913	150588	202	33097	335	55490	376	62001		
		针阔混	5378	903913	1117	180163	1676	285583	2585	438167		
		阔叶混	19814	3149770	6384	1014963	4217	677541	9213	1457266		
	天然	合计	28990	4671930	8832	1407325	7719	1255657	12439	2008948		
		纯林	4521	693880	1503	225814	1726	266154	1292	201912		
		针叶林	709	125304	160	27317	364	65585	185	32402		
		阔叶林	3812	568576	1343	198497	1362	200569	1107	169510		
		混交林	24469	3978050	7329	1181511	5993	989503	11147	1807036		
		针叶混	641	115716	134	24476	273	48595	234	42645		
		针阔混	4112	725299	832	144353	1515	264875	1765	316071		
		阔叶混	19716	3137035	6363	1012682	4205	676033	9148	1448320		

（续）

统计单位	起源	林分类型	小计		防护林		特用林		用材林		经济林	
			面积	蓄积	面积	蓄积	面积	蓄积	面积	蓄积	面积	蓄积
吉林省重点国有林区	人工	合计	3431	466026	916	120315	461	56839	2054	288872		
		纯林	1795	239805	542	73603	226	27728	1027	138474		
		针叶林	1523	207196	476	66295	198	24747	849	116154		
		阔叶林	272	32609	66	7308	28	2981	178	22320		
		混交林	1636	226221	374	46712	235	29111	1027	150398		
		针叶混	272	34872	68	8621	62	6895	142	19356		
		针阔混	1266	178614	285	35810	161	20708	820	122096		
		阔叶混	98	12735	21	2281	12	1508	65	8946		
	其中：人天混	合计	1466	208920	331	41999	197	25446	938	141475		
		纯林	63	7728	21	2501	9	1089	33	4138		
		针叶林	30	3788	11	1329	5	628	14	1831		
		阔叶林	33	3940	10	1172	4	461	19	2307		
		混交林	1403	201192	310	39498	188	24357	905	137337		
		针叶混	114	17428	19	2693	27	3311	68	11424		
		针阔混	1213	173883	273	34955	153	19988	787	118940		
		阔叶混	76	9881	18	1850	8	1058	50	6973		
黑龙江重点国有林区	合计	合计	86850	10114724	46256	5398367	21583	2492318	19011	2224031		8
		纯林	17588	1949012	9911	1098097	4738	534176	2939	316733		6
		针叶林	6366	847682	3757	490081	1369	203339	1240	154262		
		阔叶林	11222	1101330	6154	608016	3369	330837	1699	162471		6

（续）

统计单位	起源	林分类型	小计		防护林		特用林		用材林		经济林	
			面积	蓄积	面积	蓄积	面积	蓄积	面积	蓄积	面积	蓄积
黑龙江重点国有林区	合计	混交林	69262	8165712	36345	4300270	16845	1958142	16072	1907298		2
		针叶混	4241	556493	1913	249980	1248	171740	1080	134773		
		针阔混	17770	2188893	8784	1085331	4336	527453	4650	576109		
		阔叶混	47251	5420326	25648	2964959	11261	1258949	10342	1196416		2
	天然	合计	78299	9007192	40664	4667549	20307	2329394	17328	2010241		8
		纯林	12905	1330054	6759	679383	4135	453482	2011	197183		6
		针叶林	1766	235859	645	75050	772	123090	349	37719		
		阔叶林	11139	1094195	6114	604333	3363	330392	1662	159464		6
		混交林	65394	7677138	33905	3988166	16172	1875912	15317	1813058		2
		针叶混	3604	475831	1497	195954	1142	158596	965	121281		
		针阔混	14561	1782635	6771	828125	3771	458614	4019	495896		
		阔叶混	47229	5418672	25637	2964087	11259	1258702	10333	1195881		2
	人工	合计	8551	1107532	5592	730818	1276	162924	1683	213790		
		纯林	4683	618958	3152	418714	603	80694	928	119550		
		针叶林	4600	611823	3112	415031	597	80249	891	116543		
		阔叶林	83	7135	40	3683	6	445	37	3007		
		混交林	3868	488574	2440	312104	673	82230	755	94240		
		针叶混	637	80662	416	54026	106	13144	115	13492		
		针阔混	3209	406258	2013	257206	565	68839	631	80213		
		阔叶混	22	1654	11	872	2	247	9	535		

（续）

统计单位	起源	林分类型	小计		防护林		特用林		用材林		经济林	
			面积	蓄积	面积	蓄积	面积	蓄积	面积	蓄积	面积	蓄积
黑龙江重点国有林区	其中：人天混	合计	4028	500310	2572	321771	685	82309	771	96230		
		纯林	533	56292	377	39521	67	7138	89	9633		
		针叶林	529	55905	374	39208	67	7114	88	9583		
		阔叶林	4	387	3	313		24	1	50		
		混交林	3495	444018	2195	282250	618	75171	682	86597		
		针叶混	282	37593	179	24816	52	6315	51	6462		
		针阔混	3195	405164	2007	256721	564	68674	624	79769		
		阔叶混	18	1261	9	713	2	182	7	366		
黑龙江大兴安岭重点国有林区	合计	合计	68888	5751789	31828	2695949	4695	415700	32365	2640140		
		纯林	36275	2873495	17831	1466571	2278	183516	16166	1223408		
		针叶林	18315	1597790	9800	889488	1066	95495	7449	612807		
		阔叶林	17960	1275705	8031	577083	1212	88021	8717	610601		
		混交林	32613	2878294	13997	1229378	2417	232184	16199	1416732		
		针叶混	2877	286641	1181	120282	184	18921	1512	147438		
		针阔混	17397	1667703	7681	737043	1163	131624	8553	799036		
		阔叶混	12339	923950	5135	372053	1070	81639	6134	470258		
	天然	合计	67010	5643429	31221	2665209	4334	395259	31455	2582961		
		纯林	34810	2788567	17377	1443844	1947	164564	15486	1180159		
		针叶林	16850	1512862	9346	866761	735	76543	6769	569558		
		阔叶林	17960	1275705	8031	577083	1212	88021	8717	610601		

（续）

统计单位	起源	林分类型	小计		防护林		特用林		用材林		经济林	
			面积	蓄积	面积	蓄积	面积	蓄积	面积	蓄积	面积	蓄积
黑龙江大兴安岭重点国有林区	天然	混交林	32200	2854862	13844	1221365	2387	230695	15969	1402802		
		针叶混	2775	281415	1149	118575	172	18412	1454	144428		
		针阔混	17086	1649497	7560	730737	1145	130644	8381	788116		
		阔叶混	12339	923950	5135	372053	1070	81639	6134	470258		
	人工	合计	1878	108360	607	30740	361	20441	910	57179		
		纯林	1465	84928	454	22727	331	18952	680	43249		
		针叶林	1465	84928	454	22727	331	18952	680	43249		
		混交林	413	23432	153	8013	30	1489	230	13930		
		针叶混	102	5226	32	1707	12	509	58	3010		
		针阔混	311	18206	121	6306	18	980	172	10920		
	其中：人天混	合计	330	19296	125	6564	19	1010	186	11722		
		混交林	330	19296	125	6564	19	1010	186	11722		
		针叶混	19	1090	4	258	1	30	14	802		
		针阔混	311	18206	121	6306	18	980	172	10920		

附表 17　经济林面积按权属和产期统计表

百公顷

统计单位	林木经营权	合　计	产前期	初产期	盛产期	衰产期
合　计	合计	20	2	15	3	
	国有	16	2	11	3	
	集体	3		3		
	个人	1		1		
吉林省重点国有林区	合计	20	2	15	3	
	国有	16	2	11	3	
	集体	3		3		
	个人	1		1		

附表 18　森林各林种和亚林种面积按起源统计表

百公顷

统计单位	起源	总计	公益林																		商品林										
			合计	防护林									特种用途林								合计	用材林				经济林					
				小计	水源涵养林	水土保持林	防风固沙林	农牧防护林	护岸林	护路林	防火林	其他防护林	小计	国防林	实验林	母树林	环境保护林	风景林	名胜纪念林	自然保护林		小计	短轮伐期林	速生丰产林	一般用材林	小计	果树林	食用原料林	林化原料林	药用林	其他经济林
合　计	合计	272747	182638	132232	22059	95538			14006	611	17	1	50406	2922	74	652	1047	7304	6	38402	90089	90089	5176		84913	20	10	1		2	7
	天然	254164	169788	122105	20653	88407			12509	519	17		47683	2870	48	472	873	6548	5	36867	84376	84376	4946		79431						
	人工	18583	12850	10127	1406	7131			1497	92		1	2723	52	26	180	174	756	1	1535	5713	5713	230		5482	20	10	1		2	7
	其中：人天混	6665	4586	3604	529	2552			506	17			982	11	3	29	39	237		663	2079	2079	68		2011						
内蒙古重点国有林区	合计	84562	60342	44399	1914	41450			580	455			15943	783	11	144	559	2666	5	11775	24220	24220			24220						
	天然	79865	56711	41388	1860	38608			532	388			15323	754	10	83	431	2395	4	11645	23154	23154			23155						
	人工	4697	3631	3011	54	2842			48	67			620	29	1	61	128	271	1	130	1066	1066			1065						
	其中：人天混	841	657	576	12	550			6	8			81	3		3	25	34		16	184	184			184						
吉林省重点国有林区	合计	32447	17934	9749	5939	2257			1466	87			8185	216		237		1074		6658	14493	14493			14493	20	10	1		2	7
	天然	28990	16551	8832	5480	1943			1335	74			7719	207		209		953		6350	12439	12439			12439						
	人工	3457	1383	917	459	314			131	13			466	9		28		121		308	2054	2054			2054	20	10	1		2	7
	其中：人天混	1466	528	331	168	122			36	5			197	2		5		50		140	938	938			938						
黑龙江重点国有林区	合计	86850	67839	46256	5889	33441			6839	69	17	1	21583	725	1	193	385	3536	1	16742	19011	19011	268		18743						
	天然	78299	60971	40664	5029	29778			5783	57	17		20307	717	1	121	343	3179	1	15945	17328	17328	231		17097						
	人工	8551	6868	5592	860	3663			1056	12		1	1276	8		72	42	357		797	1683	1683	37		1646						
	其中：人天混	4028	3257	2572	347	1803			418	4			685	3		20	14	153		495	771	771	20		751						
黑龙江大兴安岭重点国有林区	合计	68888	36523	31828	8317	18390			5121				4695	1198	62	78	103	28		3227	32365	32365	4908		27457						
	天然	67010	35555	31221	8284	18078			4859				4334	1192	37	59	99	21		2927	31455	31455	4715		26740						
	人工	1878	968	607	33	312			262				361	6	25	19	4	7		300	910	910	193		717						
	其中：人天混	330	144	125	2	77			46				19	3	3	1				12	186	186	48		138						

附　图

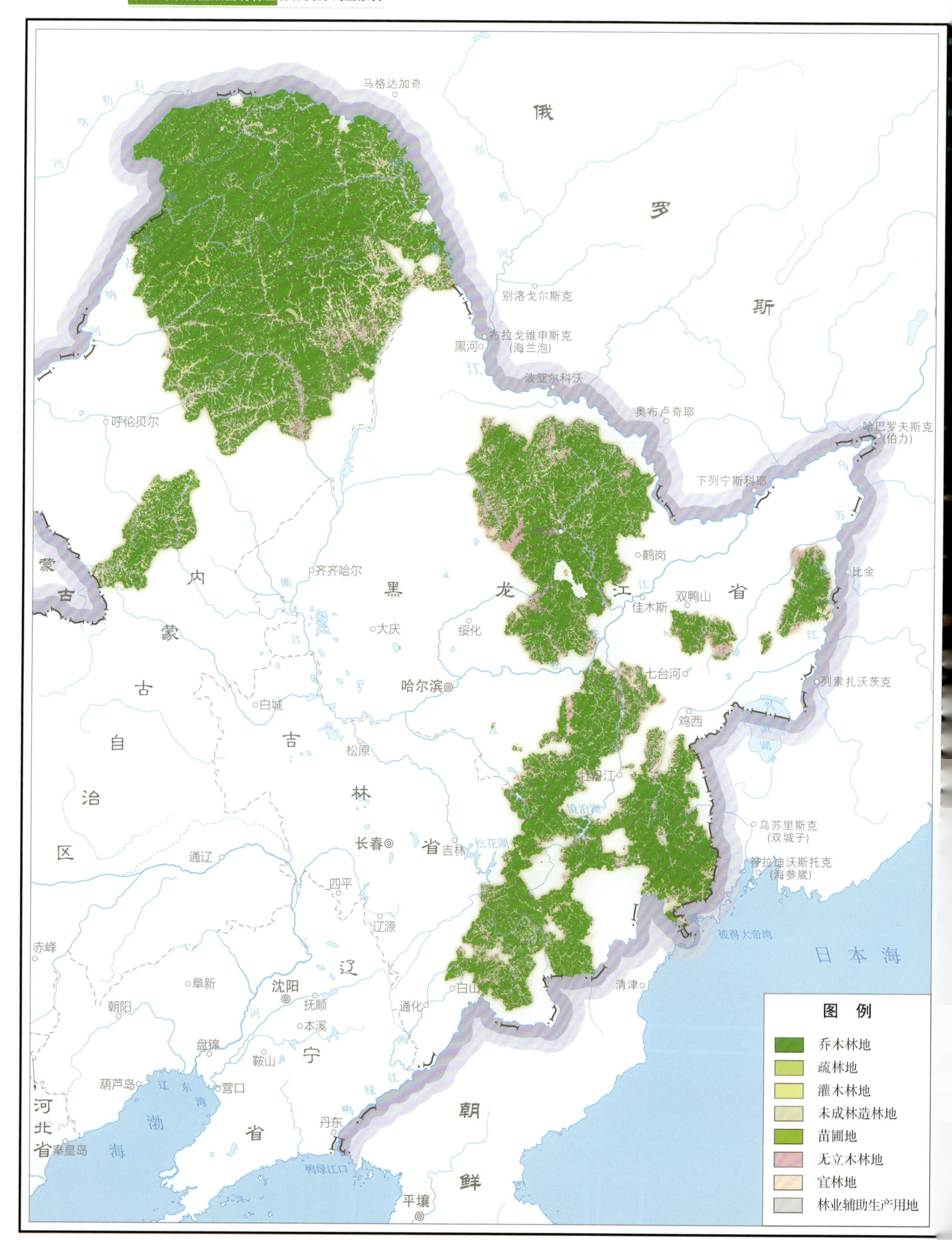

俄
罗
斯
马格达加奇
别洛戈尔斯克
布拉戈维申斯克
(海兰泡)
黑河
波亚尔科沃
奥布卢奇耶
哈巴罗夫斯克
(伯力)
下列宁斯科耶
呼伦贝尔
蒙
古
内
蒙
古
自
治
区
齐齐哈尔
黑
龙
江
省
鹤岗
双鸭山
佳木斯
比金
大庆
绥化
七台河
哈尔滨
列索扎沃茨克
白城
鸡西
吉
林
省
松原
牡丹江
镜泊湖
乌苏里斯克
(双城子)
符拉迪沃斯托克
(海参崴)
长春
吉林
松花湖
通辽
四平
辽源
彼得大帝湾
日 本 海
赤峰
辽
宁
省
阜新
沈阳
抚顺
白山
清津
朝阳
通化
本溪
盘锦
鞍山
葫芦岛
营口
辽东湾
渤
海
河
北
省
秦皇岛
丹东
鸭绿江口
朝
鲜
平壤
图 例
乔木林地
疏林地
灌木林地
未成林造林地
苗圃地
无立木林地
宜林地
林业辅助生产用地

附图 1　林地地类分布图

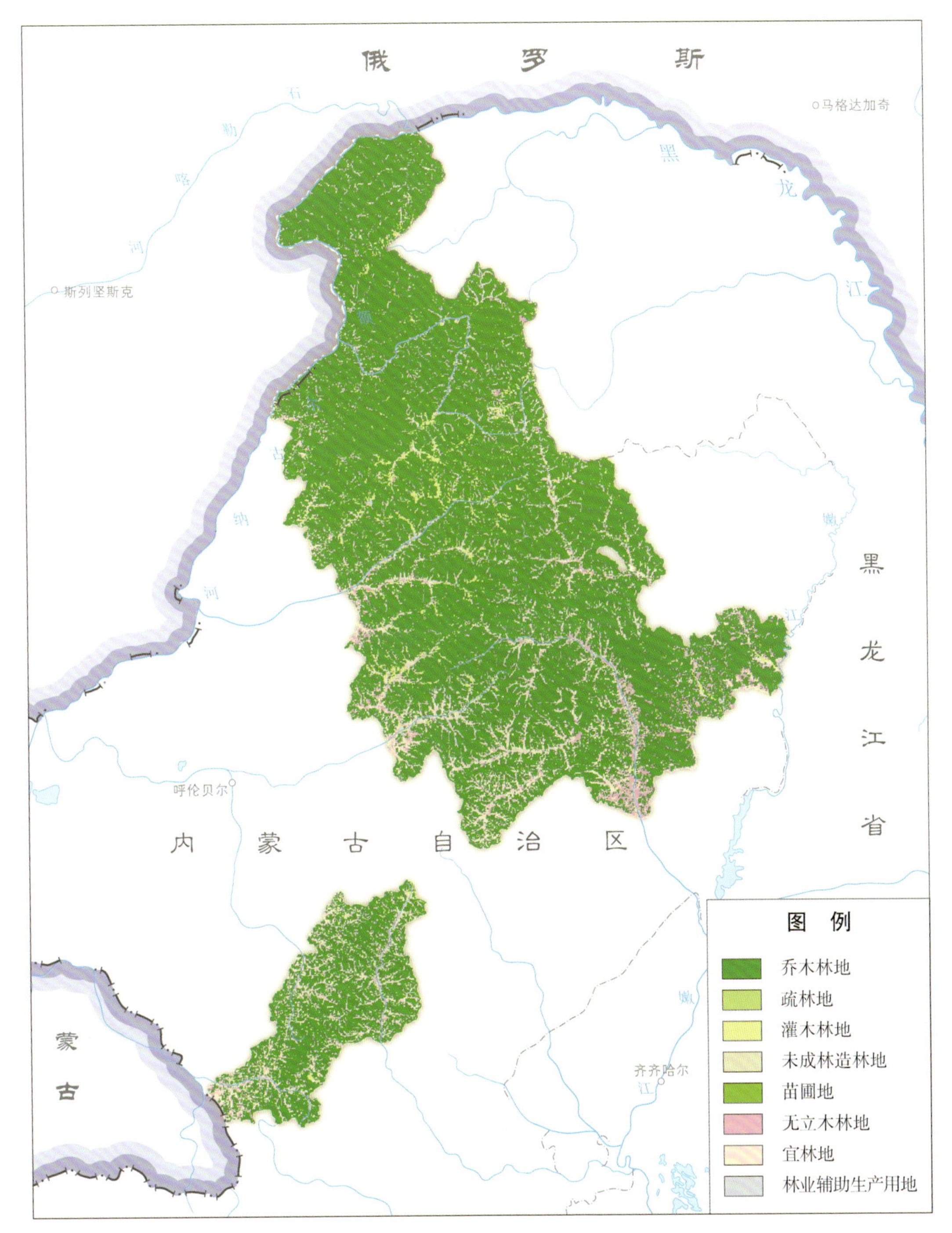

附图 1-1 内蒙古重点国有林区林地地类分布图

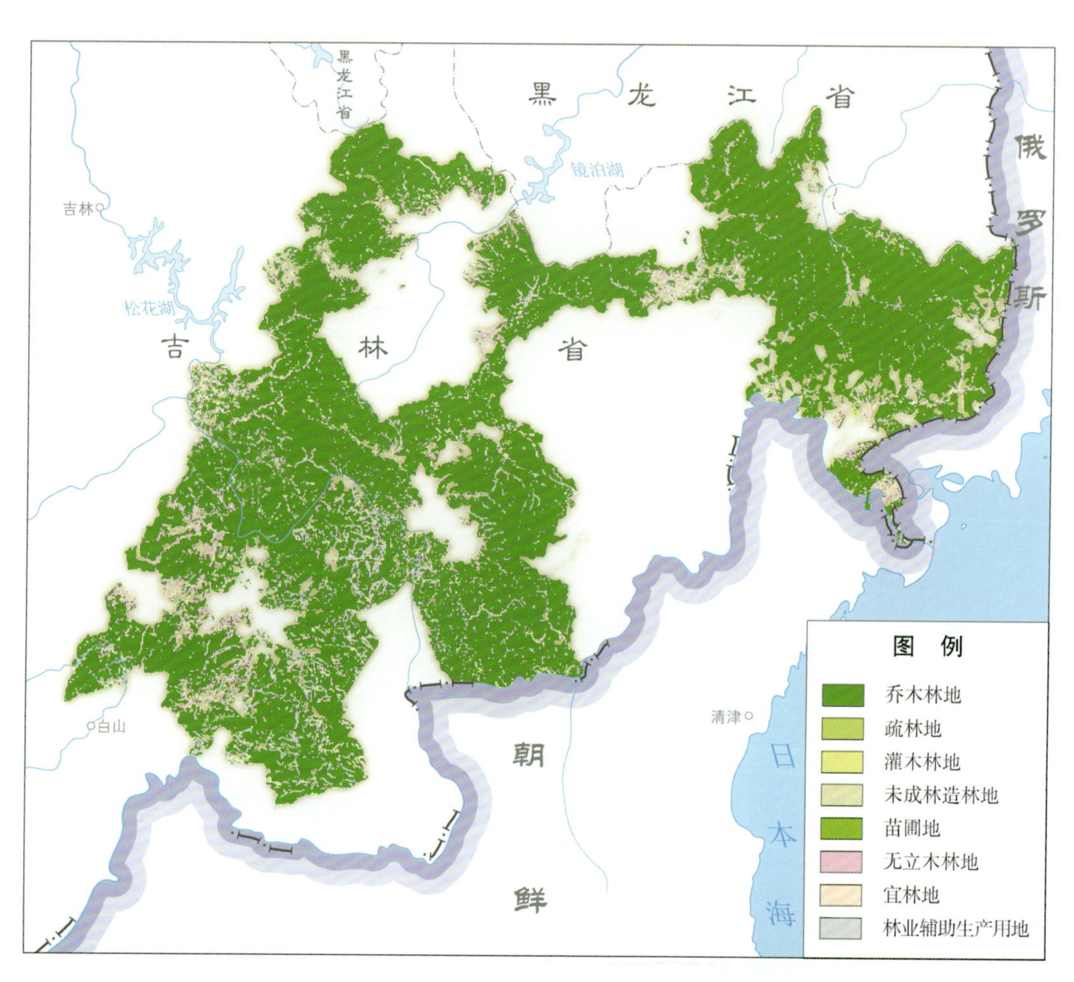

附图 1-2　吉林省重点国有林区林地地类分布图

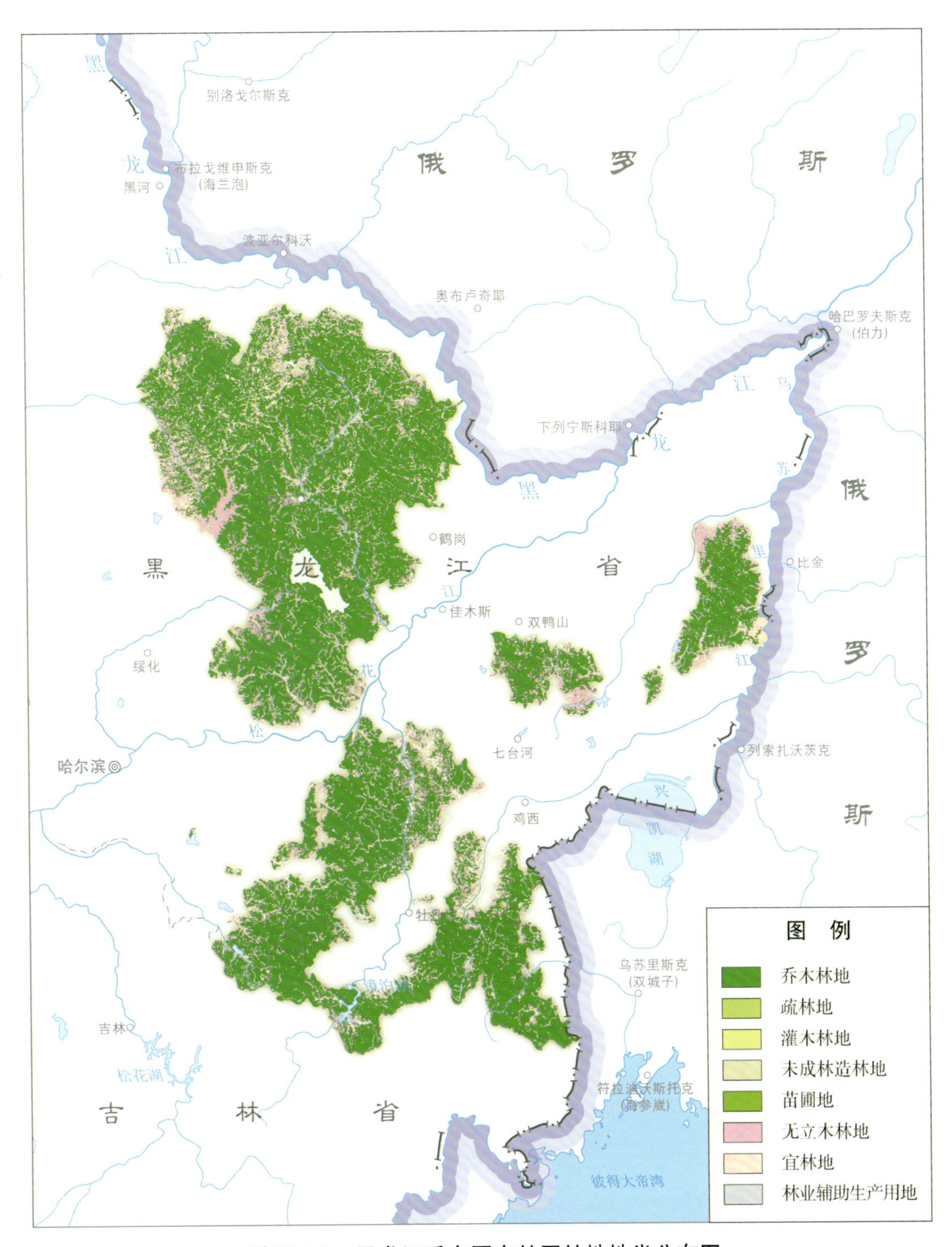

附图 1-3　黑龙江重点国有林区林地地类分布图

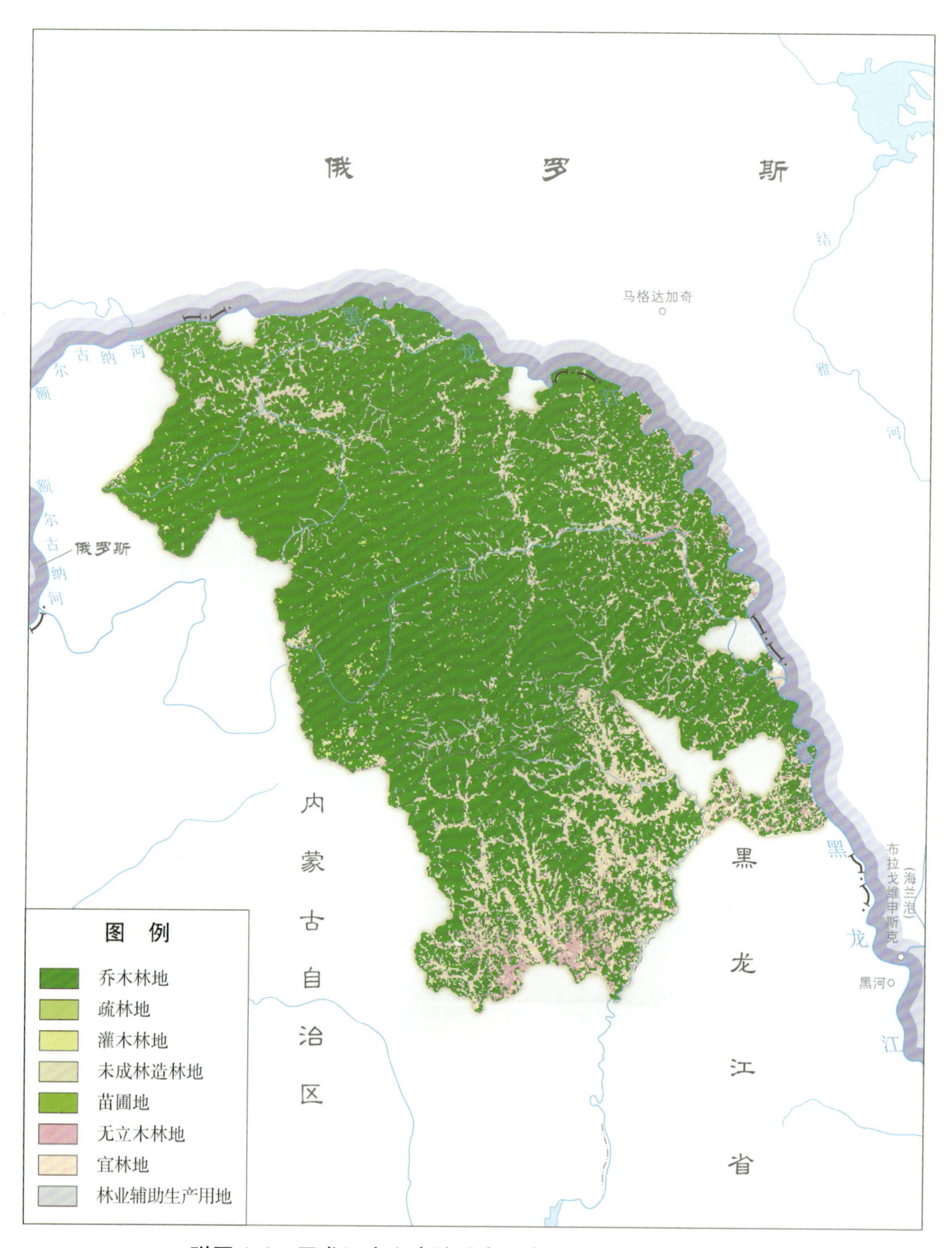

附图 1-4　黑龙江大兴安岭重点国有林区林地地类分布图

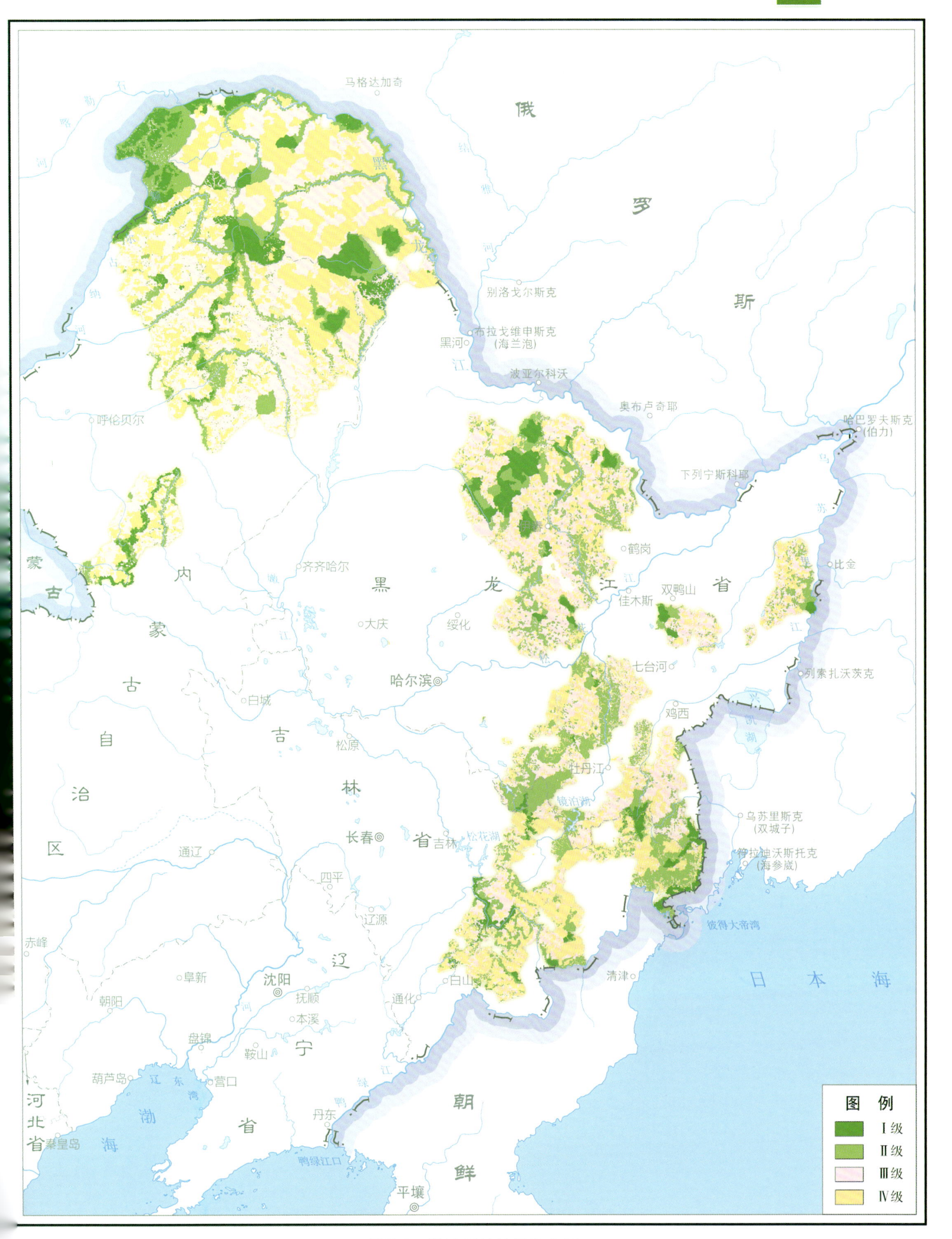

附图 2　林地保护等级分布图

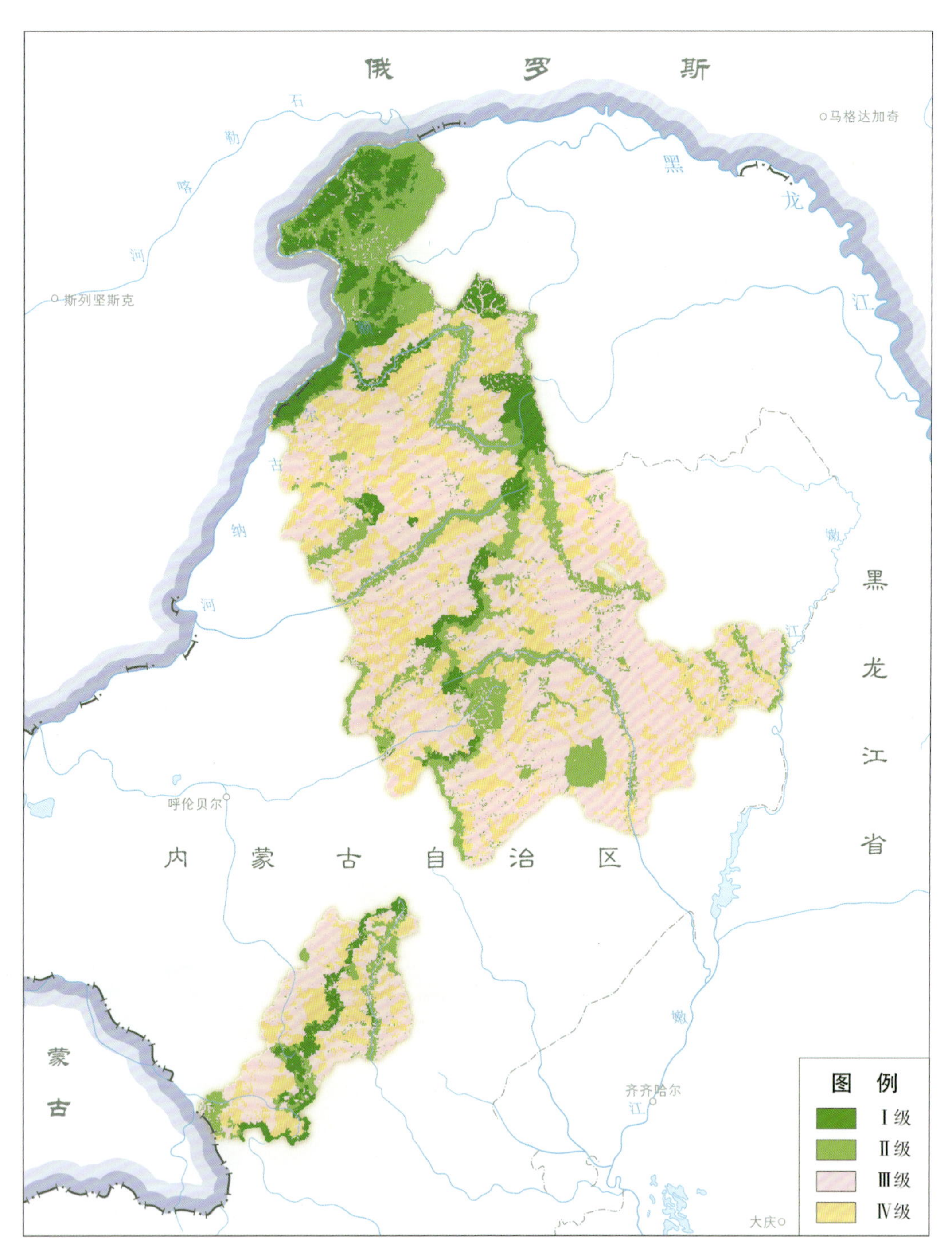

附图 2-1 内蒙古重点国有林区林地保护等级分布图

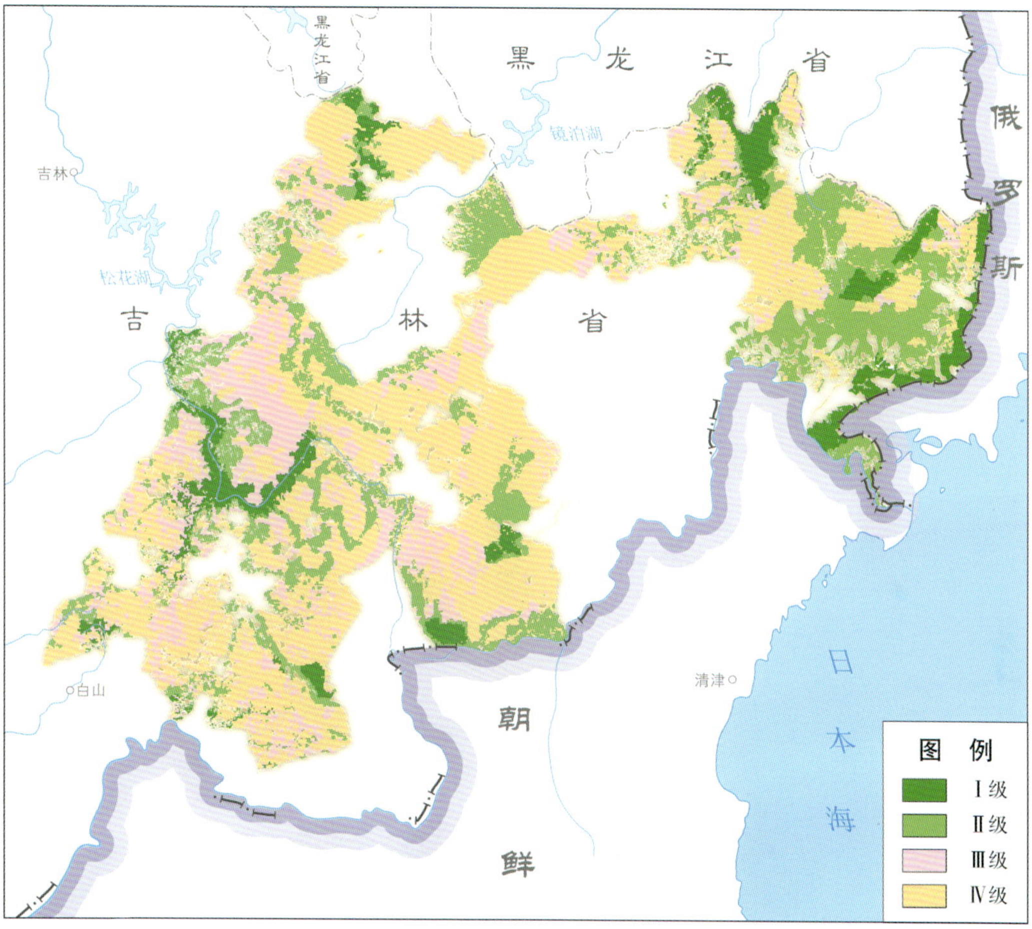

附图 2-2　吉林省重点国有林区林地保护等级分布图

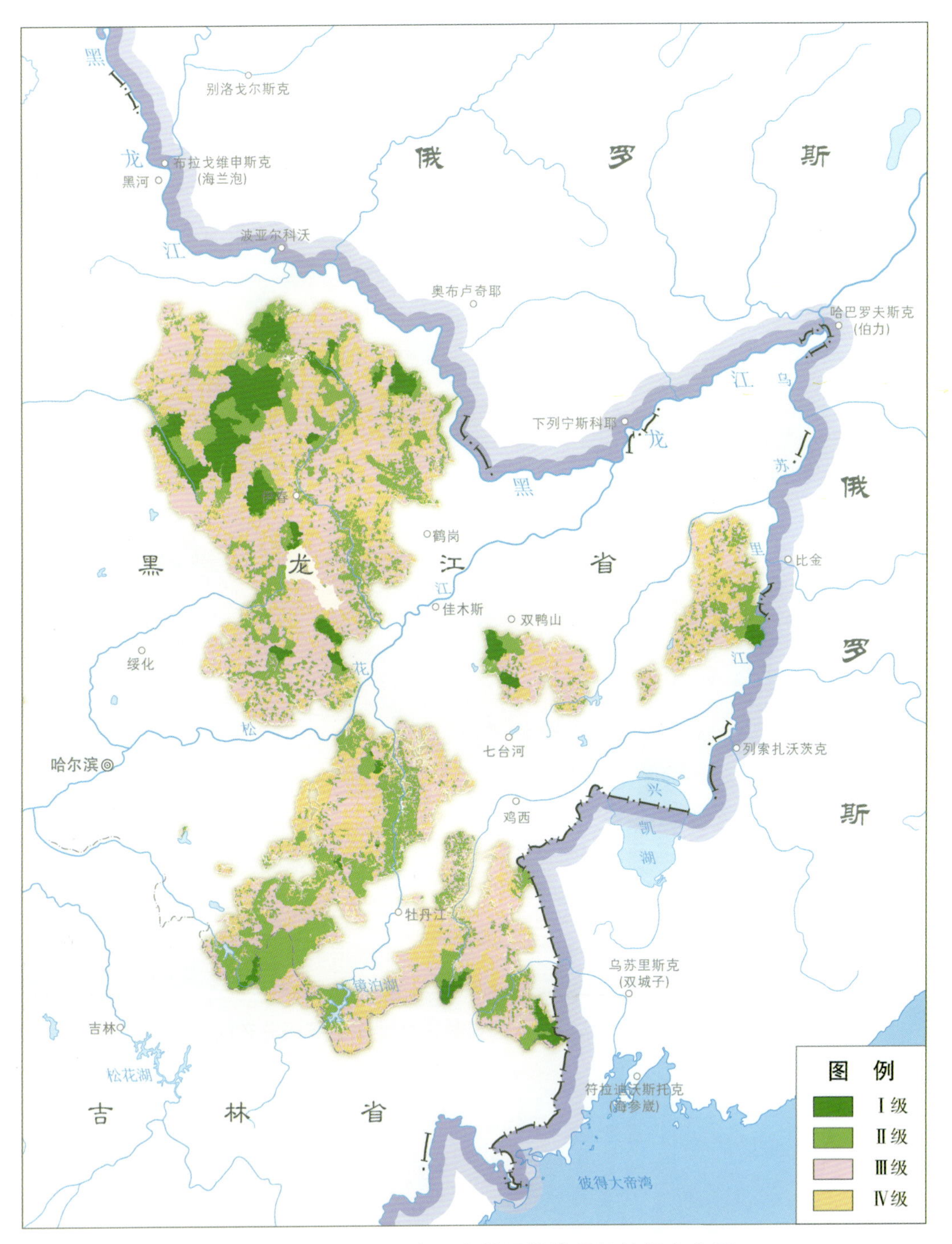

附图 2-3　黑龙江重点国有林区林地保护等级分布图

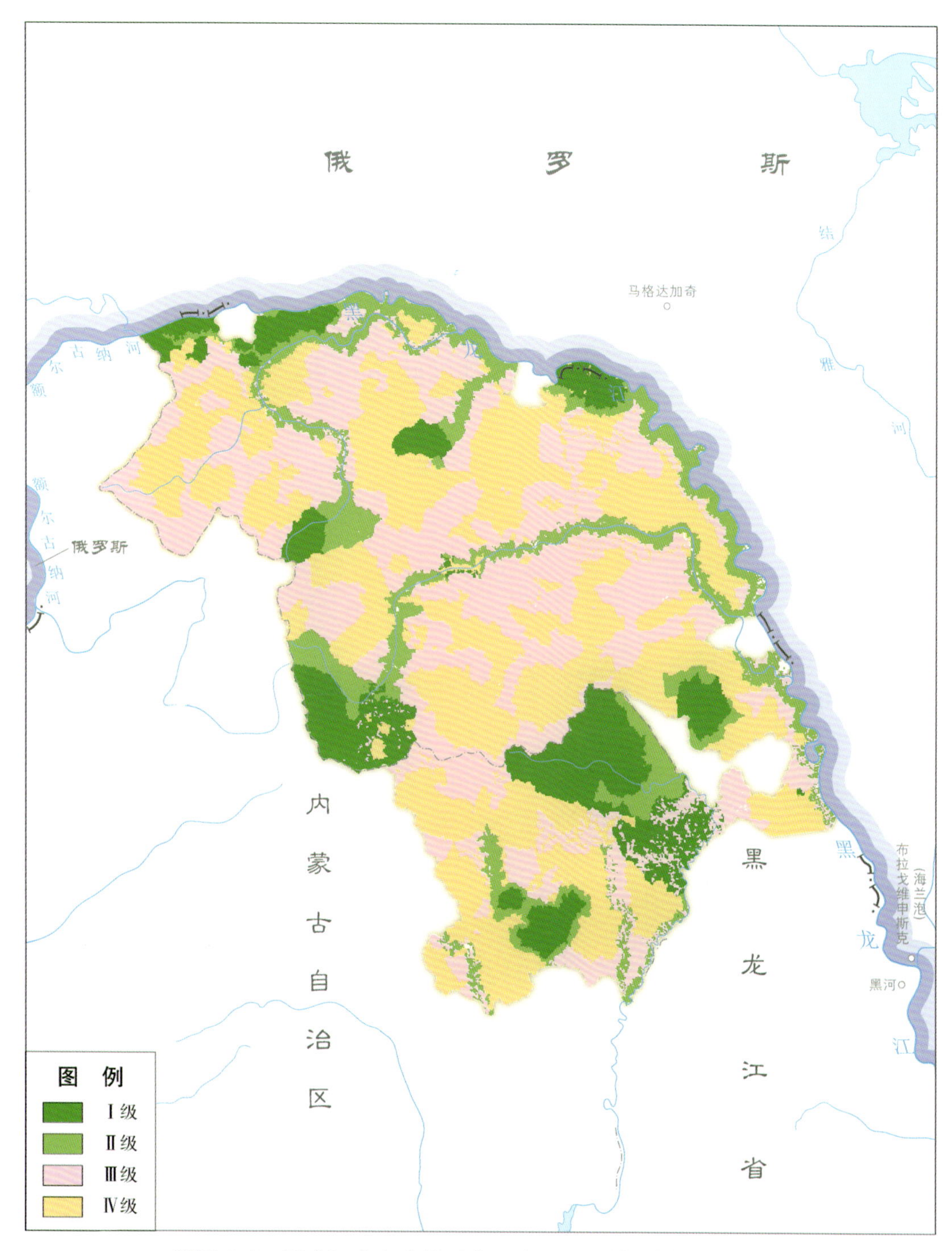

附图 2-4 黑龙江大兴安岭重点国有林区林地保护等级分布图

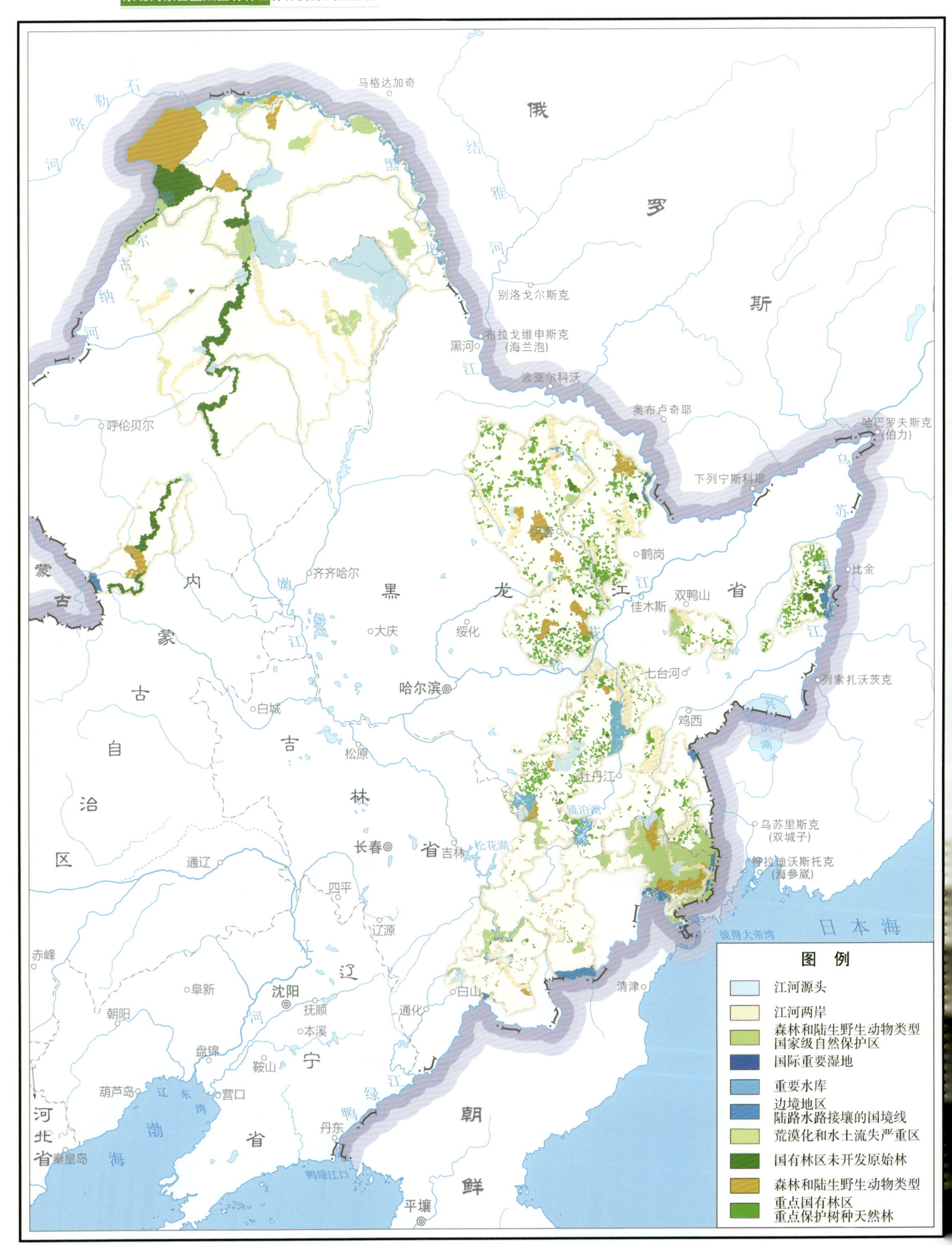

附图3 国家级公益林按生态区位分布图

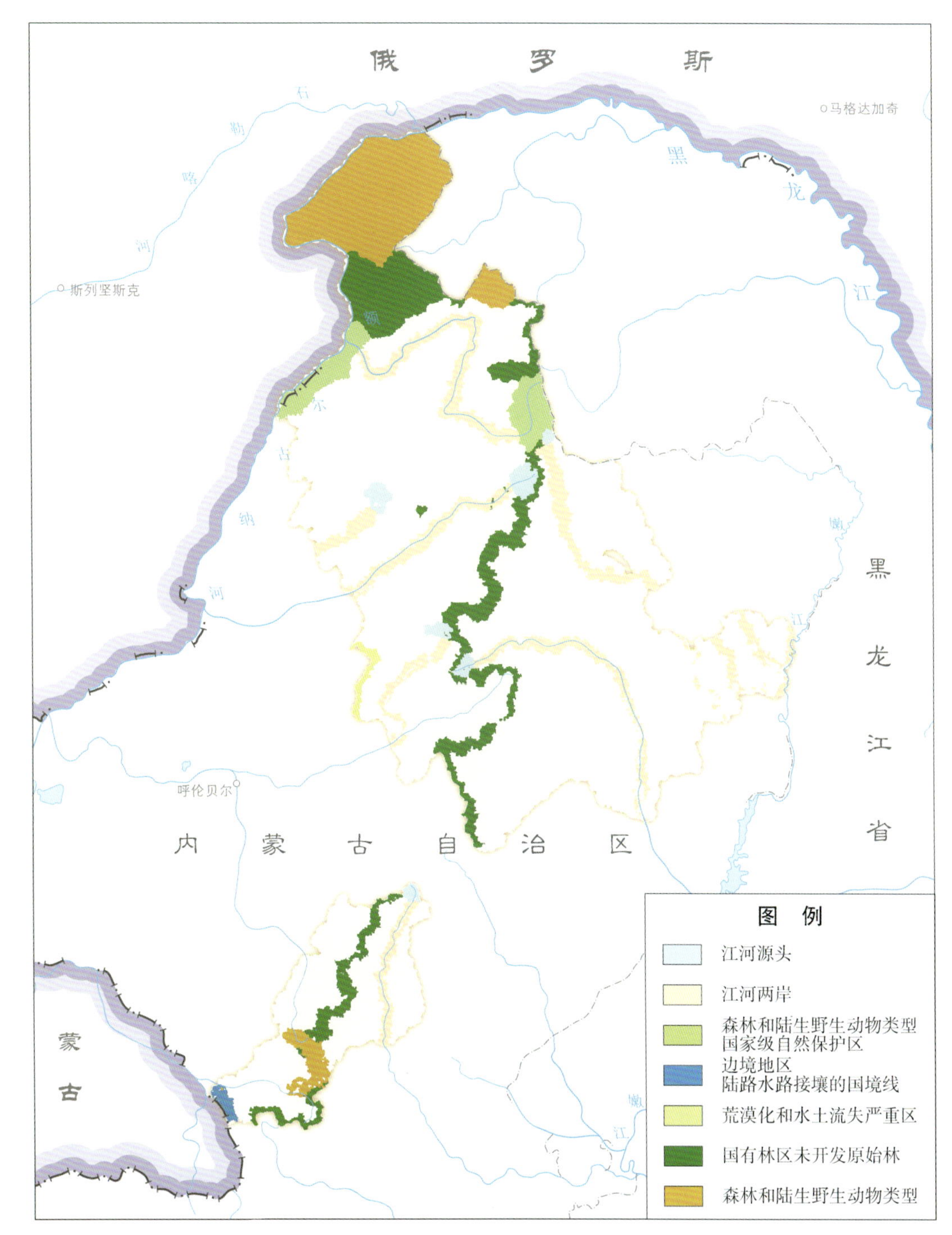

附图 3-1 内蒙古重点国有林区国家级公益林按生态区位分布图

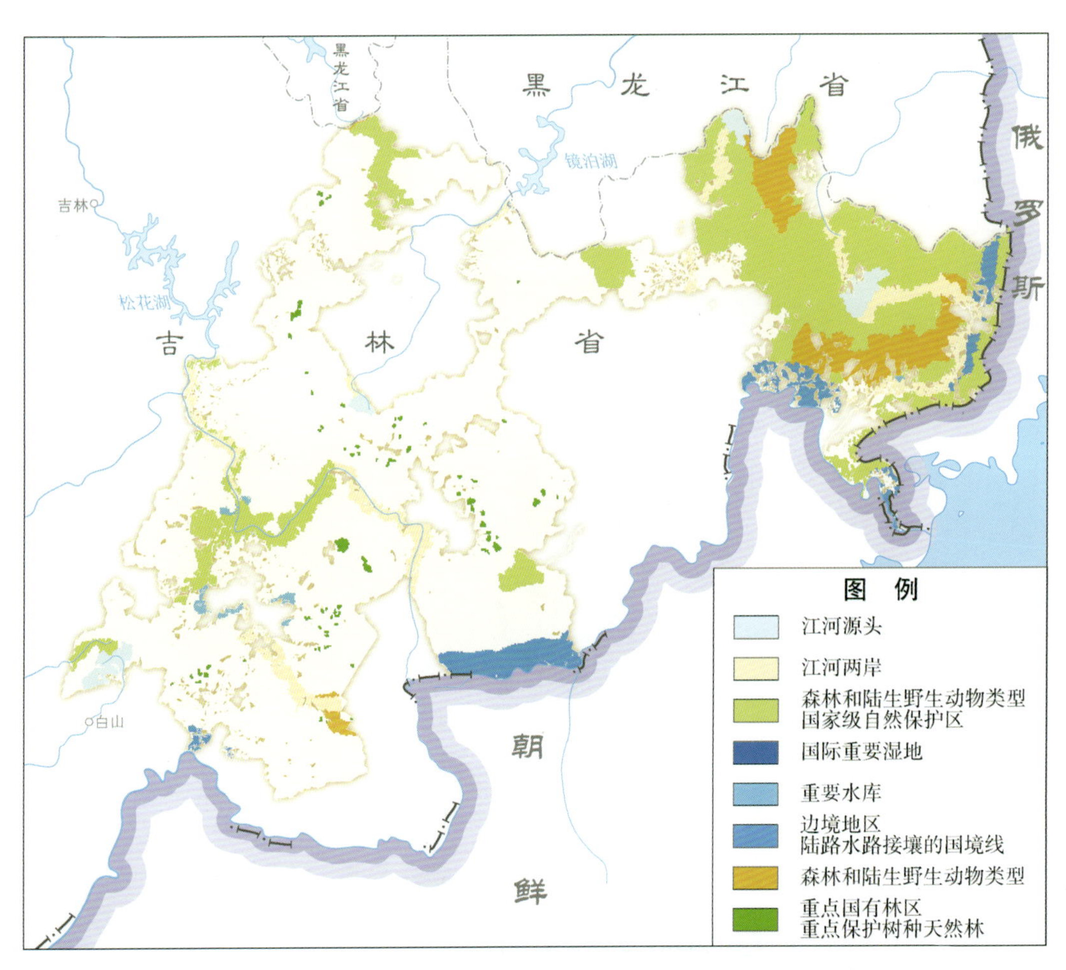

附图 3-2　吉林省重点国有林区国家级公益林按生态区位分布图

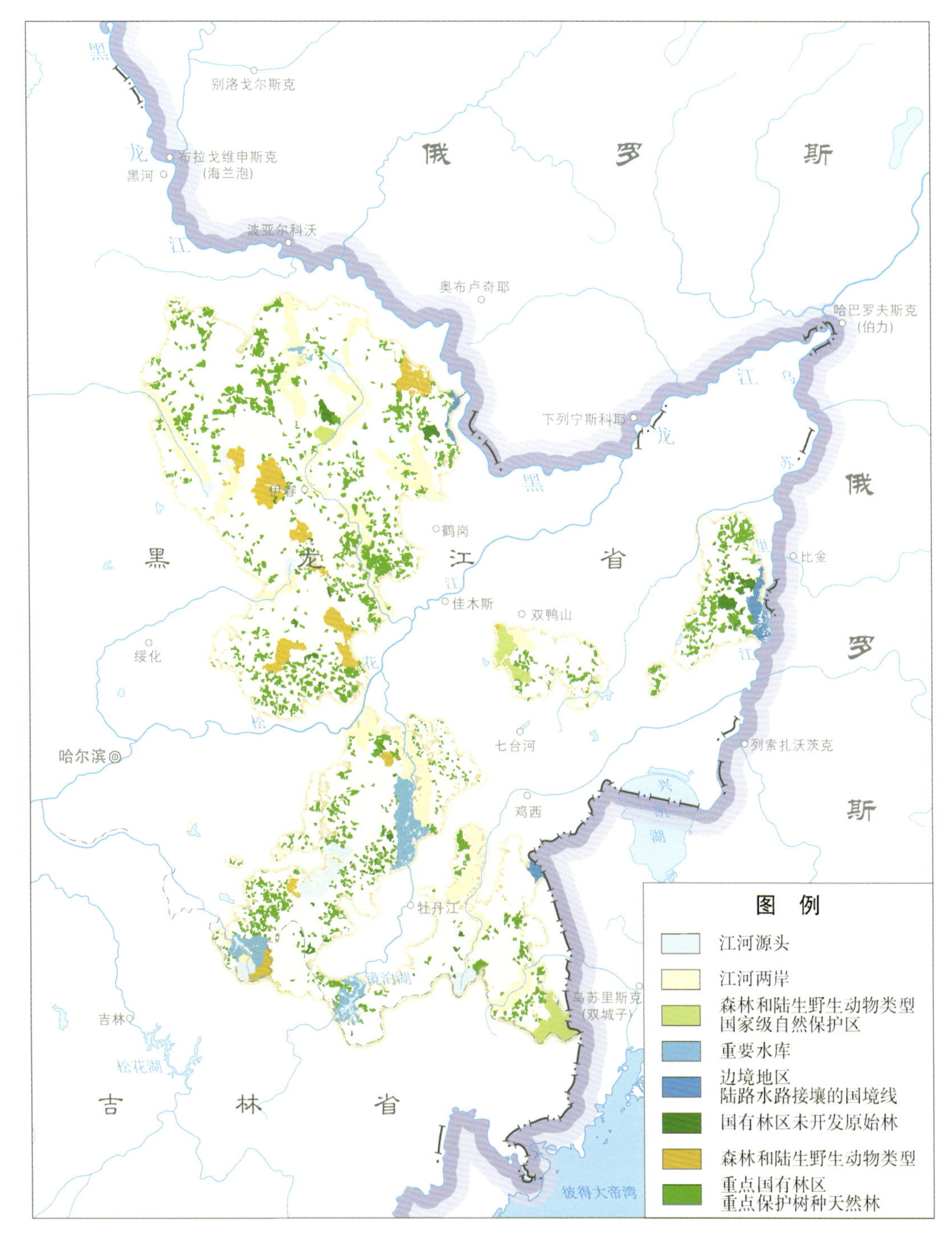

附图 3-3 黑龙江重点国有林区国家级公益林按生态区位分布图

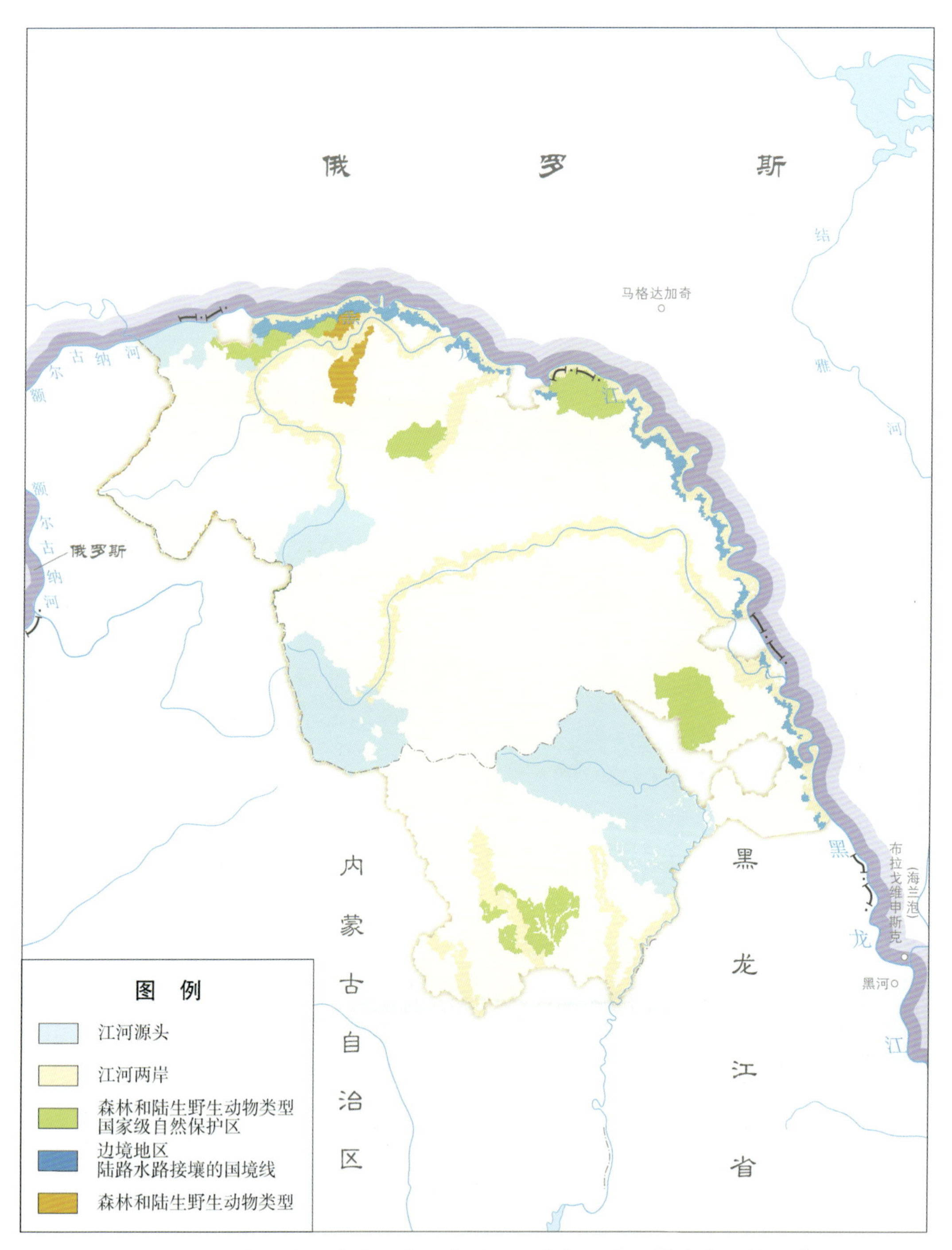

附图 3-4　黑龙江大兴安岭重点国有林区国家级公益林按生态区位分布图

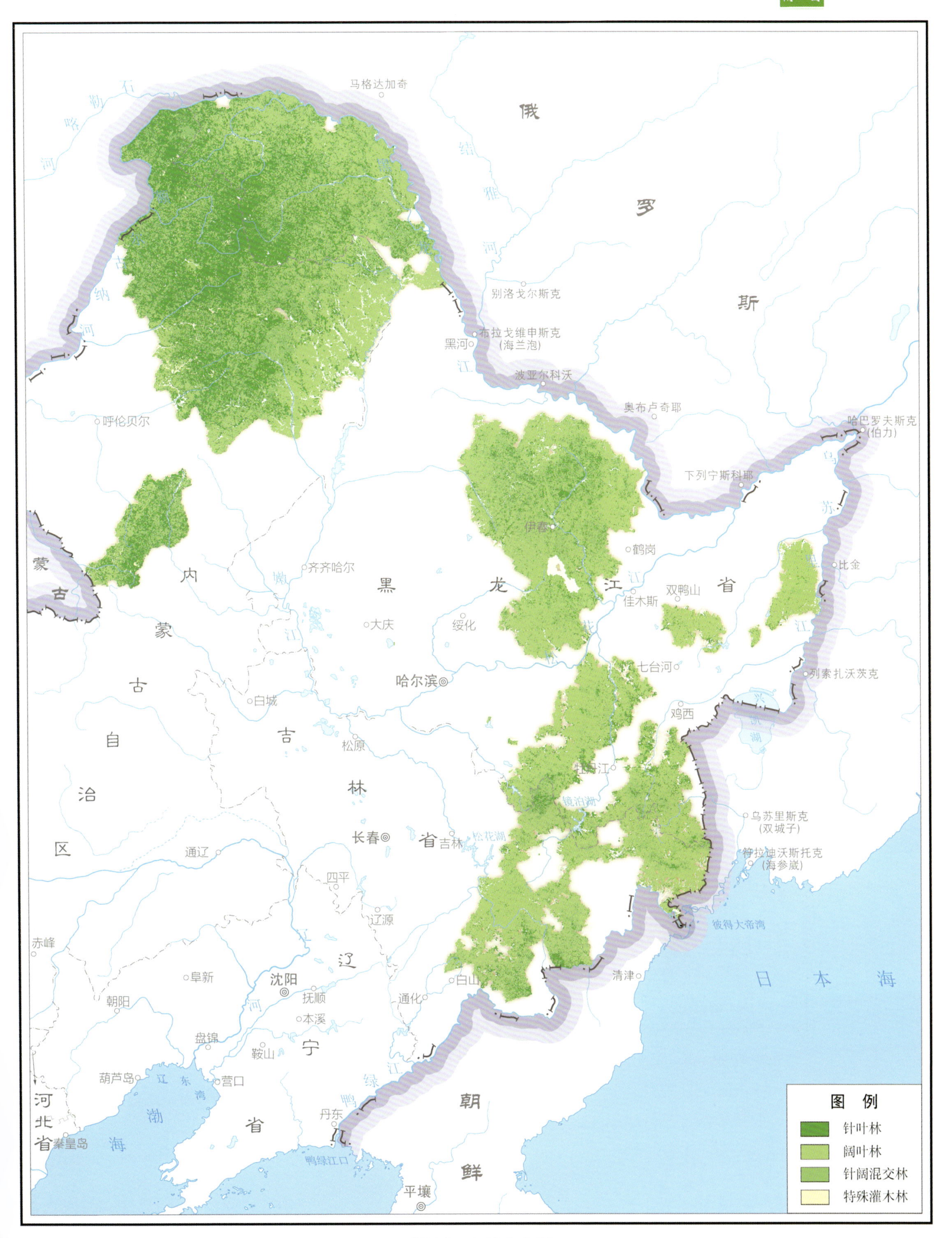
俄
罗
斯
马格达加奇
别洛戈尔斯克
布拉戈维申斯克
(海兰泡)
黑河
波亚尔科沃
奥布卢奇耶
哈巴罗夫斯克
(伯力)
下列宁斯科耶
呼伦贝尔
伊春
鹤岗
齐齐哈尔
黑
龙
江
省
双鸭山
佳木斯
比金
大庆
绥化
七台河
列索扎沃茨克
哈尔滨
鸡西
白城
松原
牡丹江
镜泊湖
乌苏里斯克
(双城子)
符拉迪沃斯托克
(海参崴)
长春
吉林
松花湖
四平
辽源
彼得大帝湾
蒙
古
内
蒙
古
自
治
区
吉
林
省
通辽
赤峰
阜新
沈阳
抚顺
本溪
通化
白山
清津
日
本
海
朝阳
辽
宁
省
盘锦
鞍山
葫芦岛
营口
辽东湾
渤
海
河
北
省
秦皇岛
丹东
鸭绿江口
朝
鲜
平壤
图例
针叶林
阔叶林
针阔混交林
特殊灌木林

附图 4　森林分布图

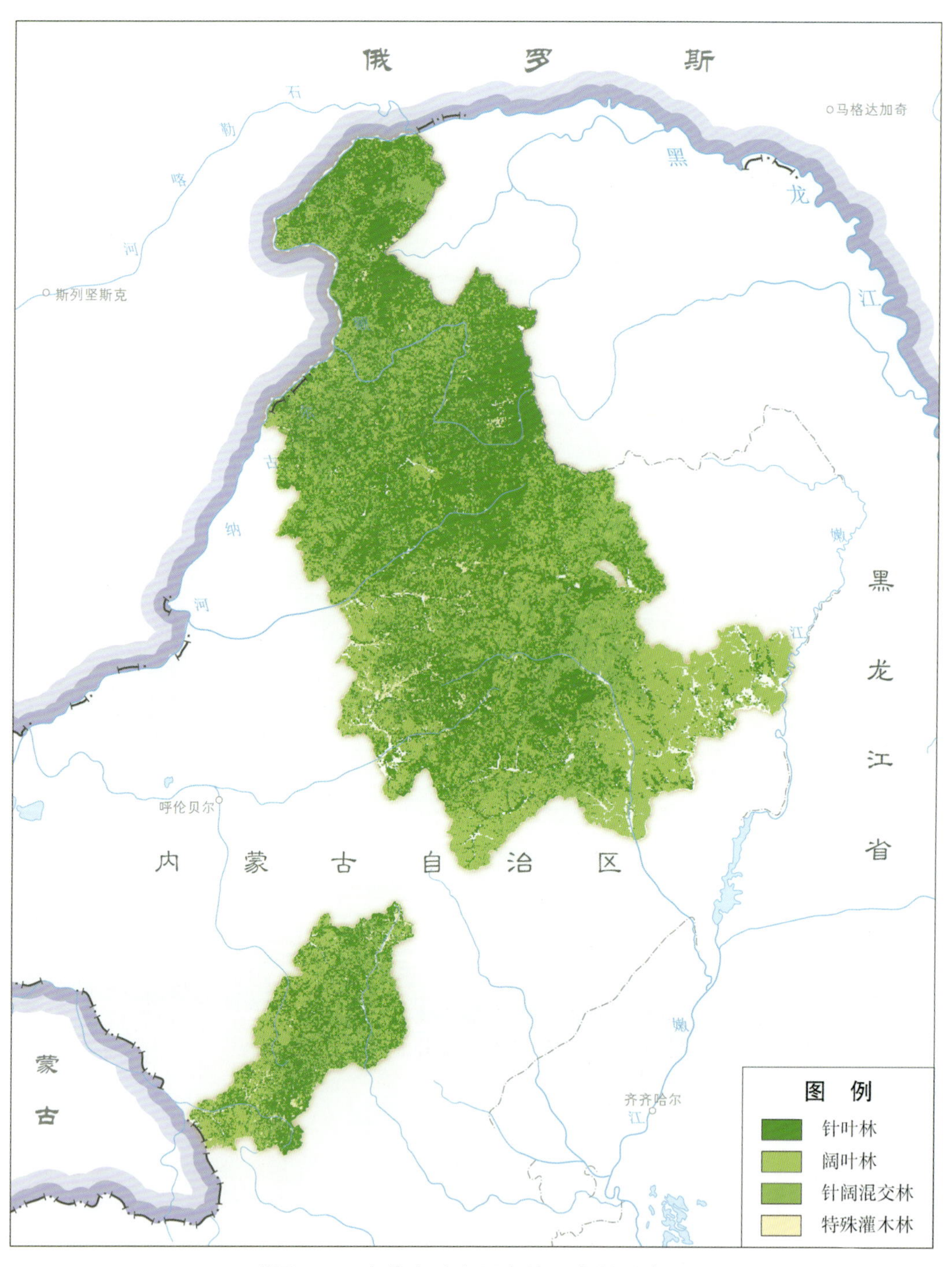

附图 4-1　内蒙古重点国有林区森林分布图

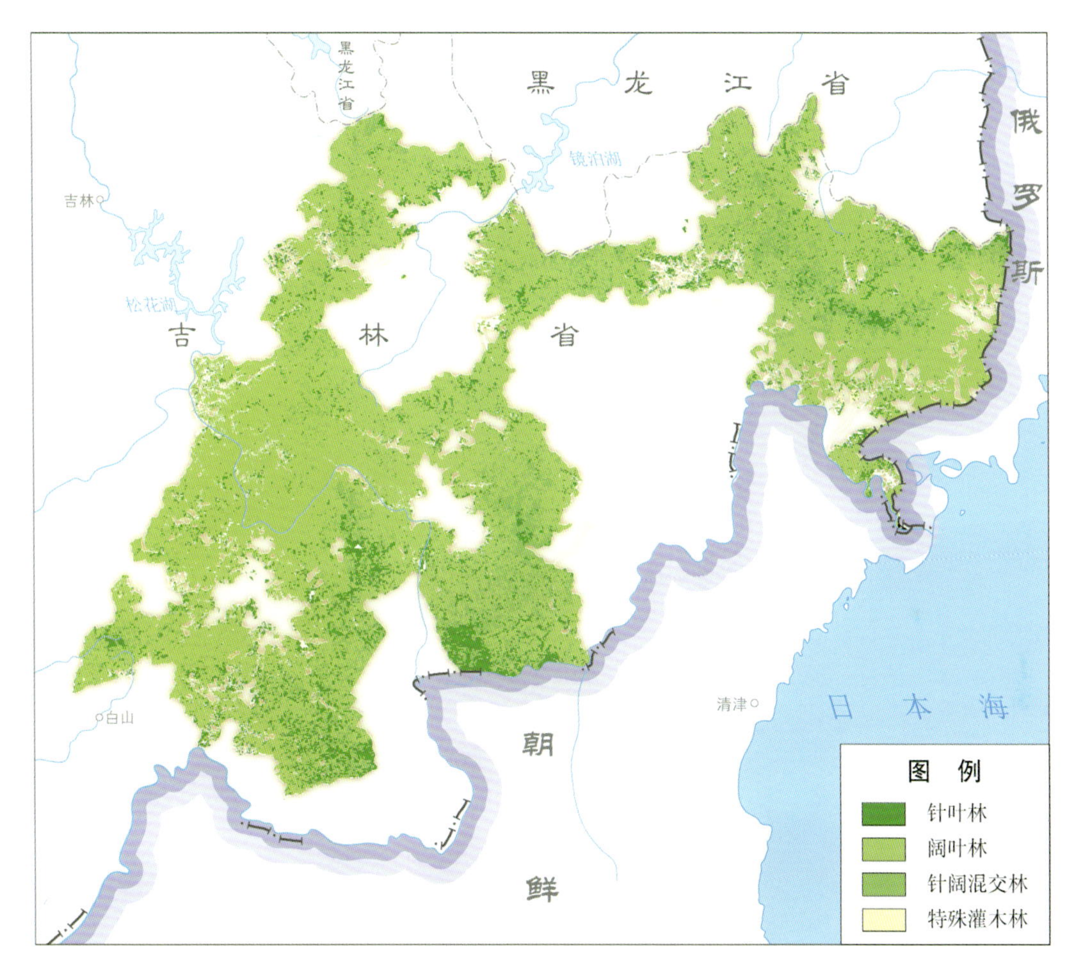

附图 4-2 吉林省重点国有林区森林分布图

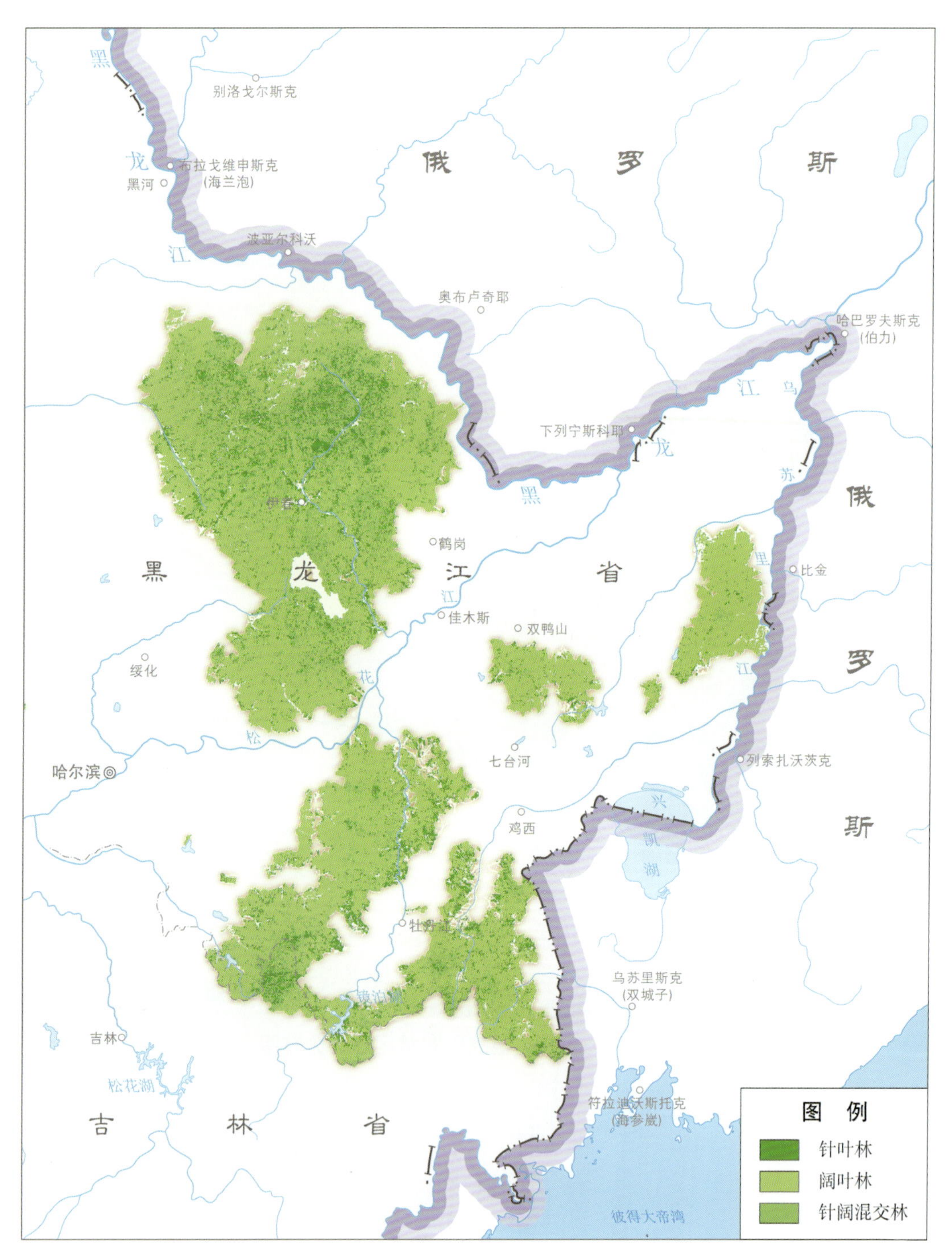

附图 4-3 黑龙江重点国有林区森林分布图

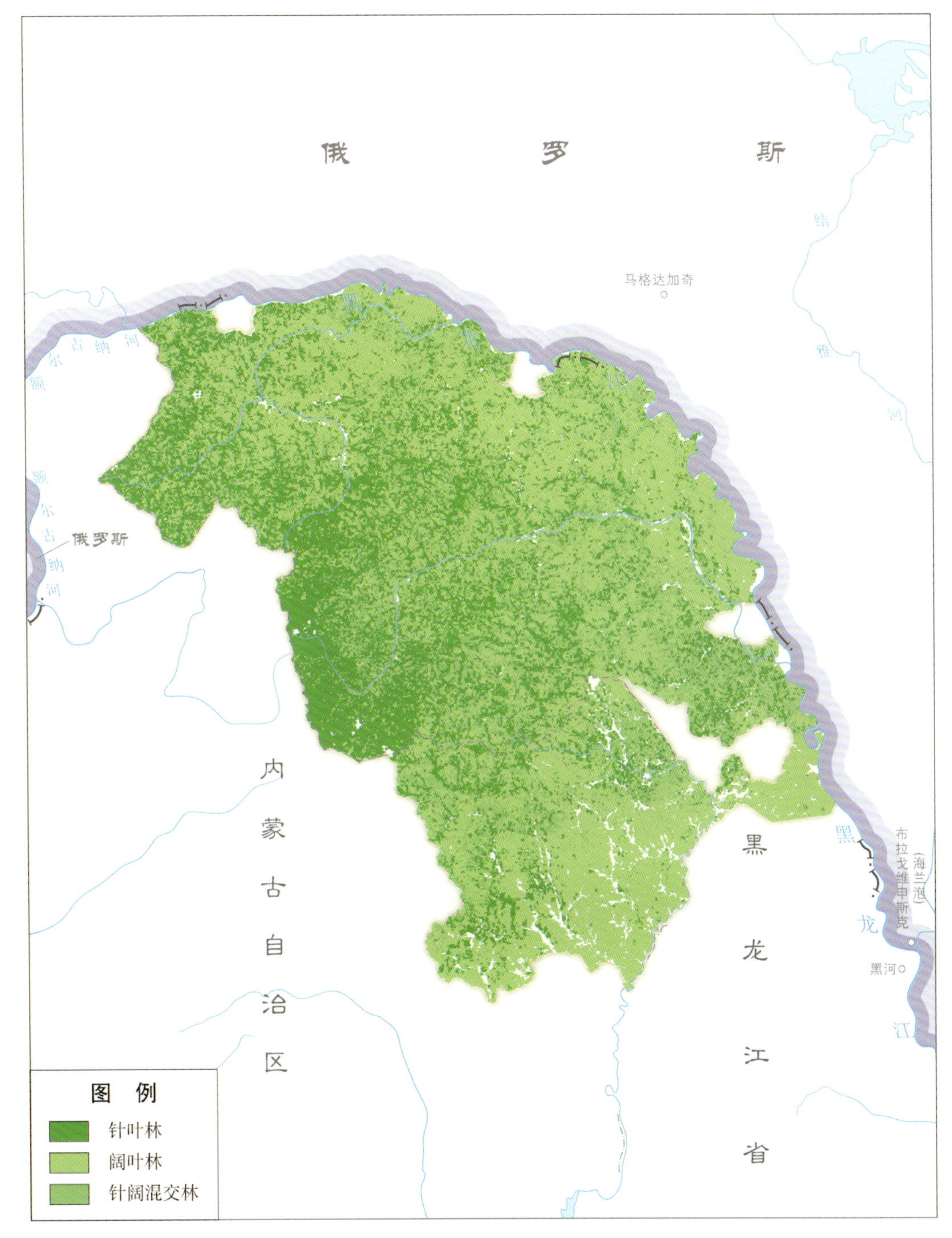

附图 4-4　黑龙江大兴安岭重点国有林区森林分布图

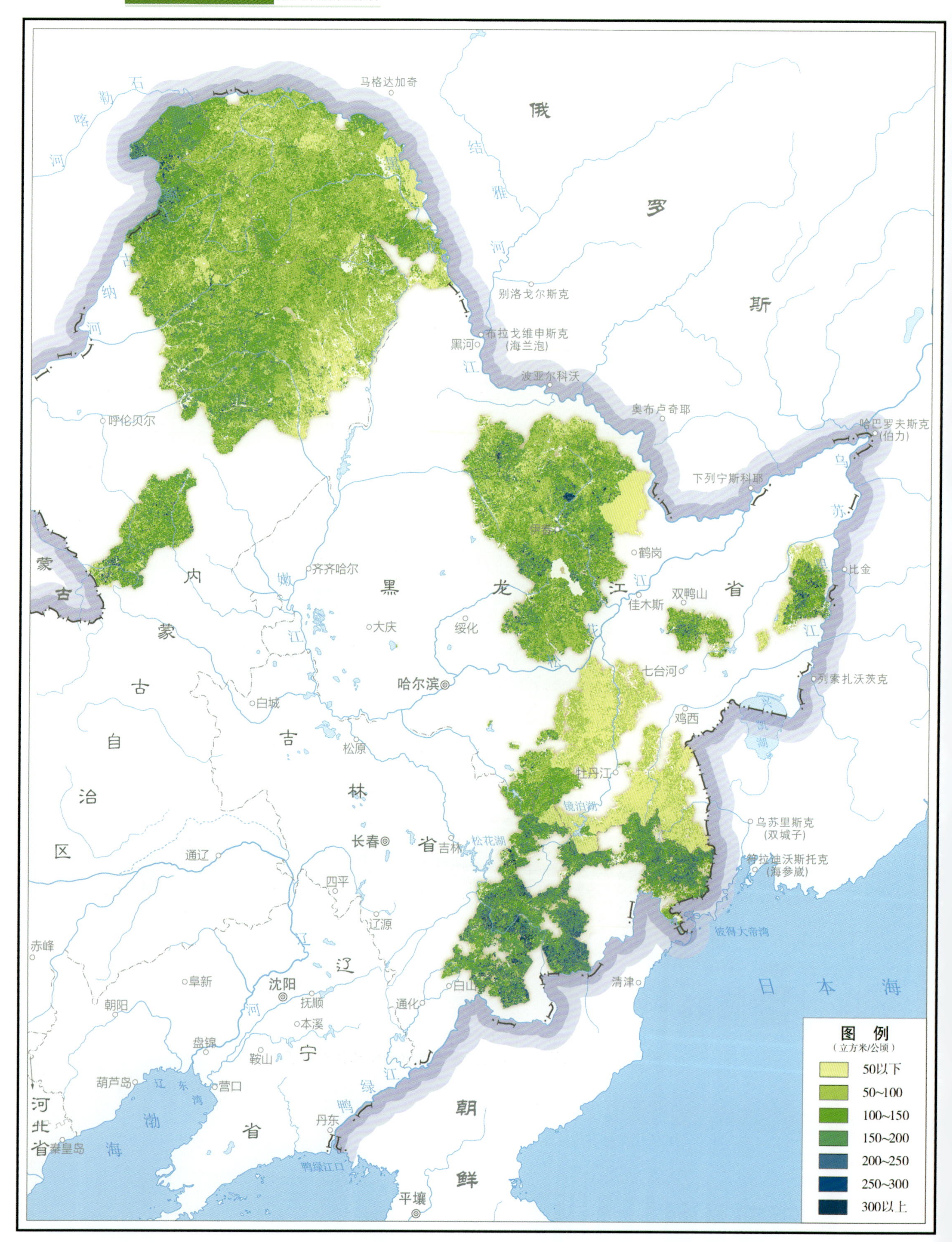

附图 5　森林蓄积等级分布图

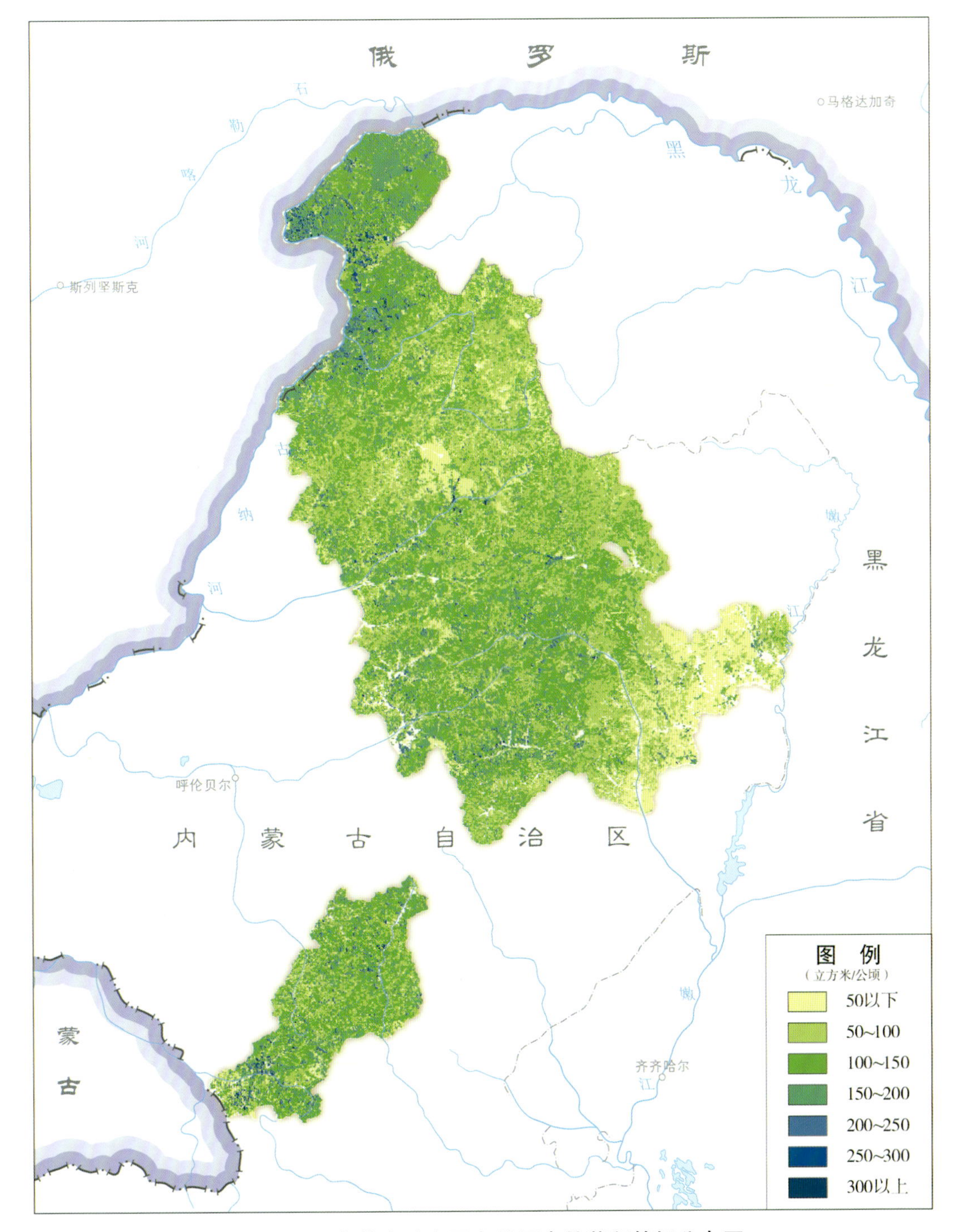

附图 5-1　内蒙古重点国有林区森林蓄积等级分布图

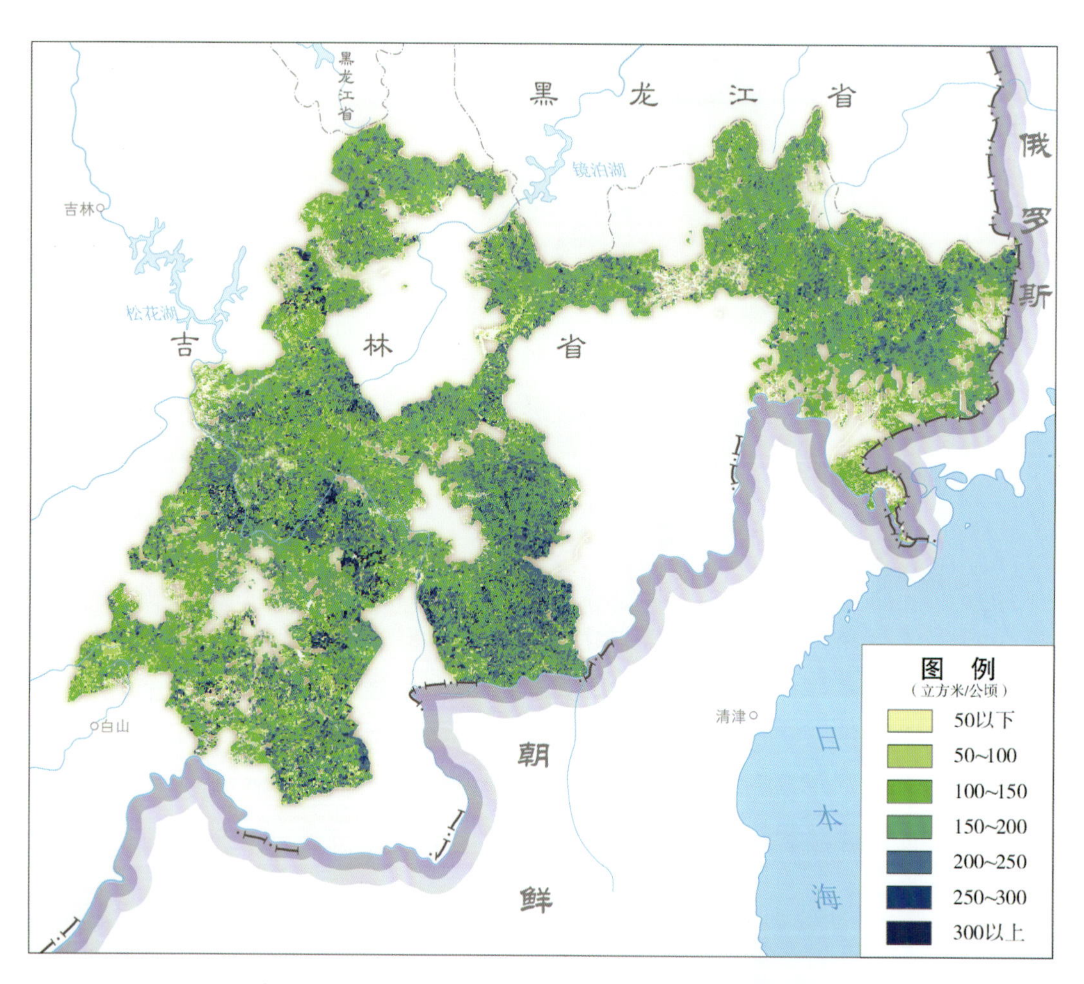

附图 5-2　吉林省重点国有林区森林蓄积等级分布图

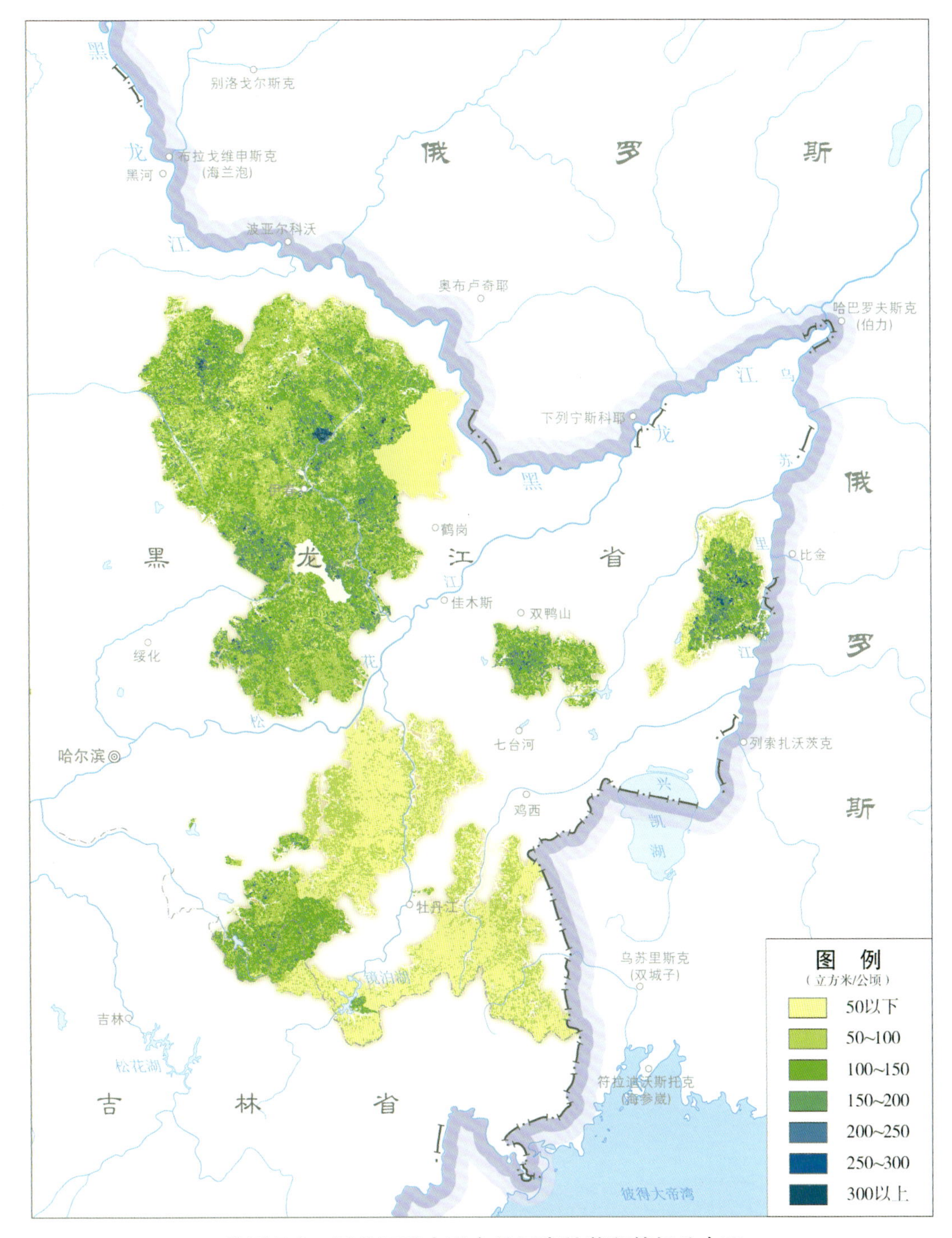

附图 5-3 黑龙江重点国有林区森林蓄积等级分布图

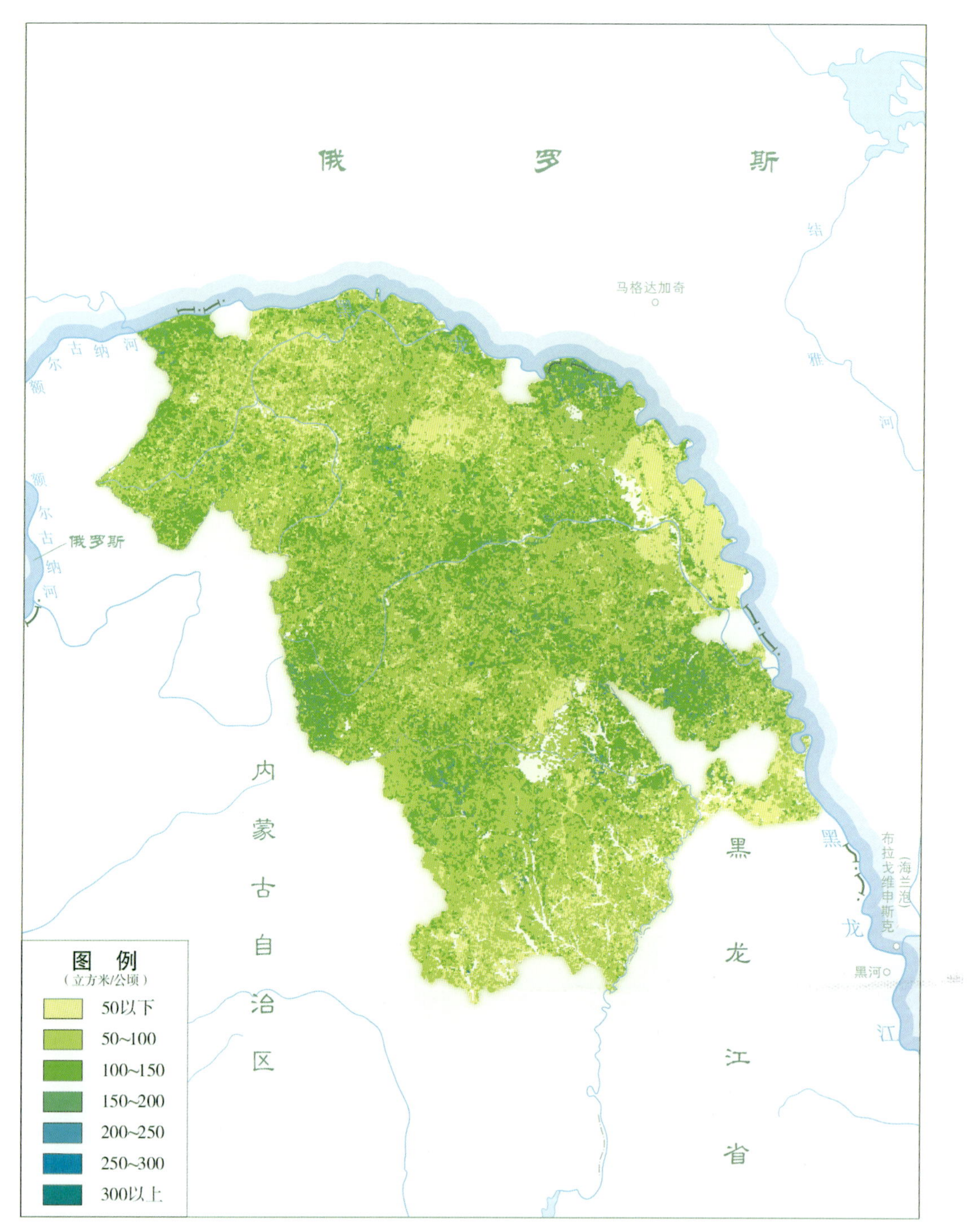

附图 5-4　黑龙江大兴安岭重点国有林区森林蓄积等级分布图

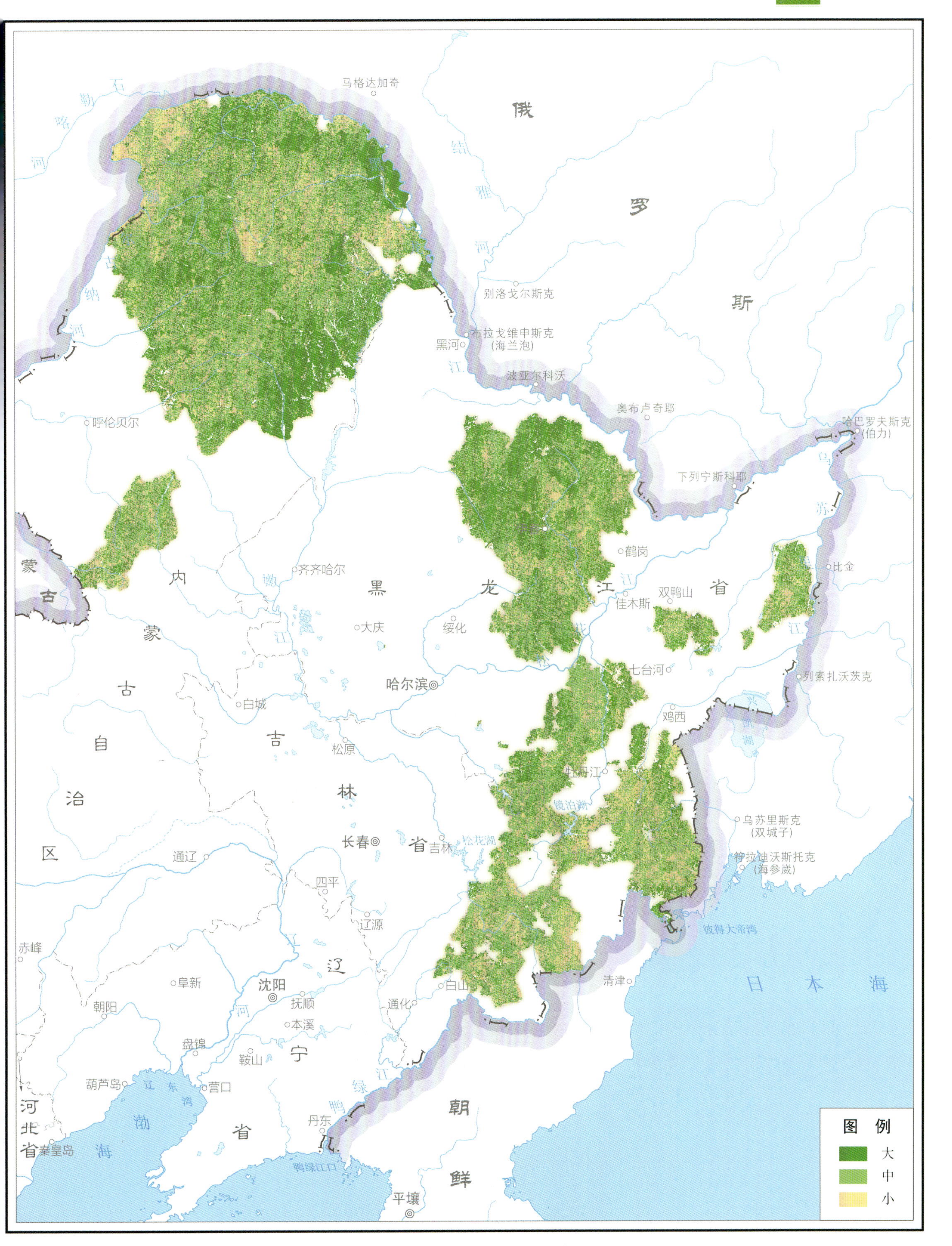

附图6　森林经营潜力等级分布图

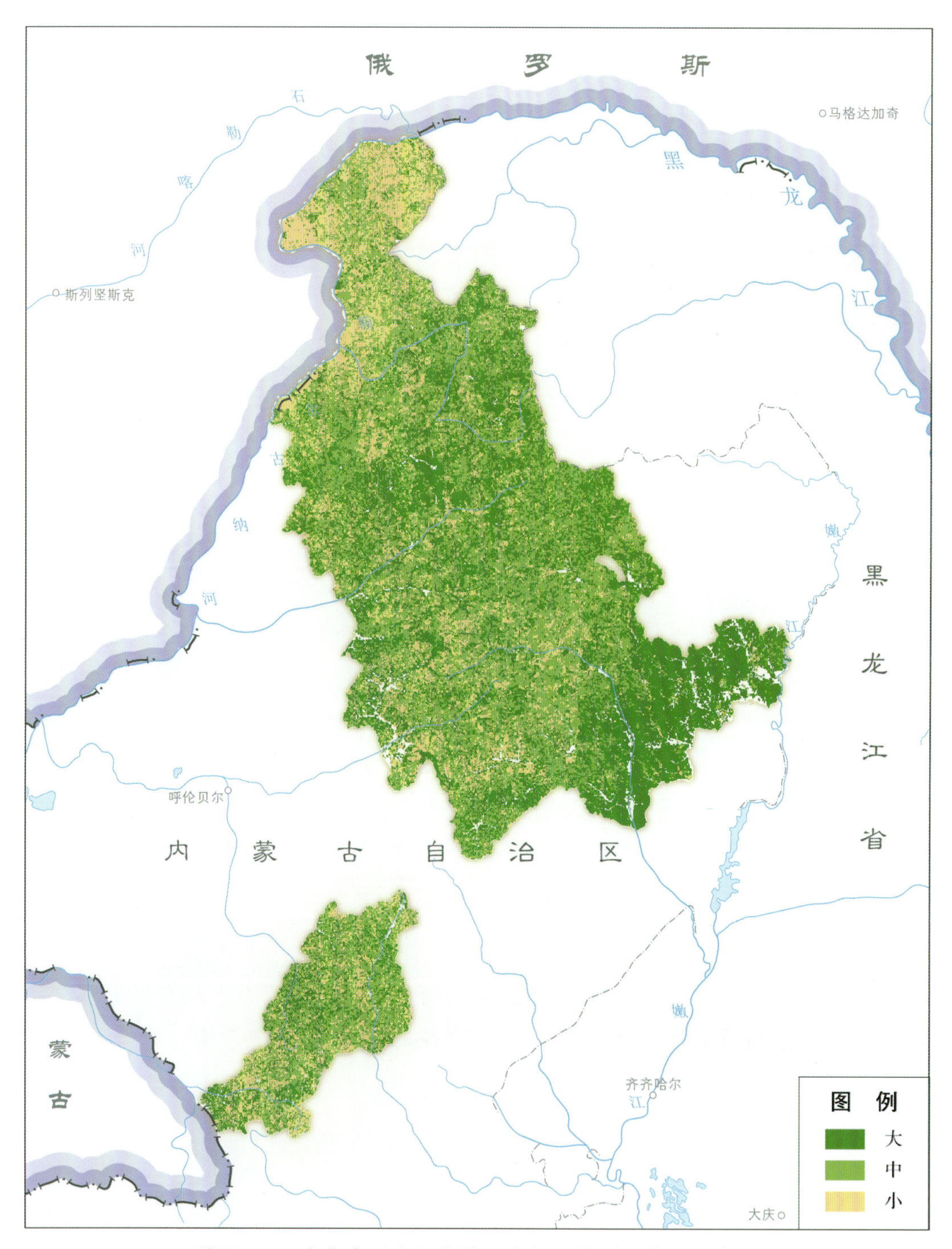

附图 6-1 内蒙古重点国有林区森林经营潜力等级分布图

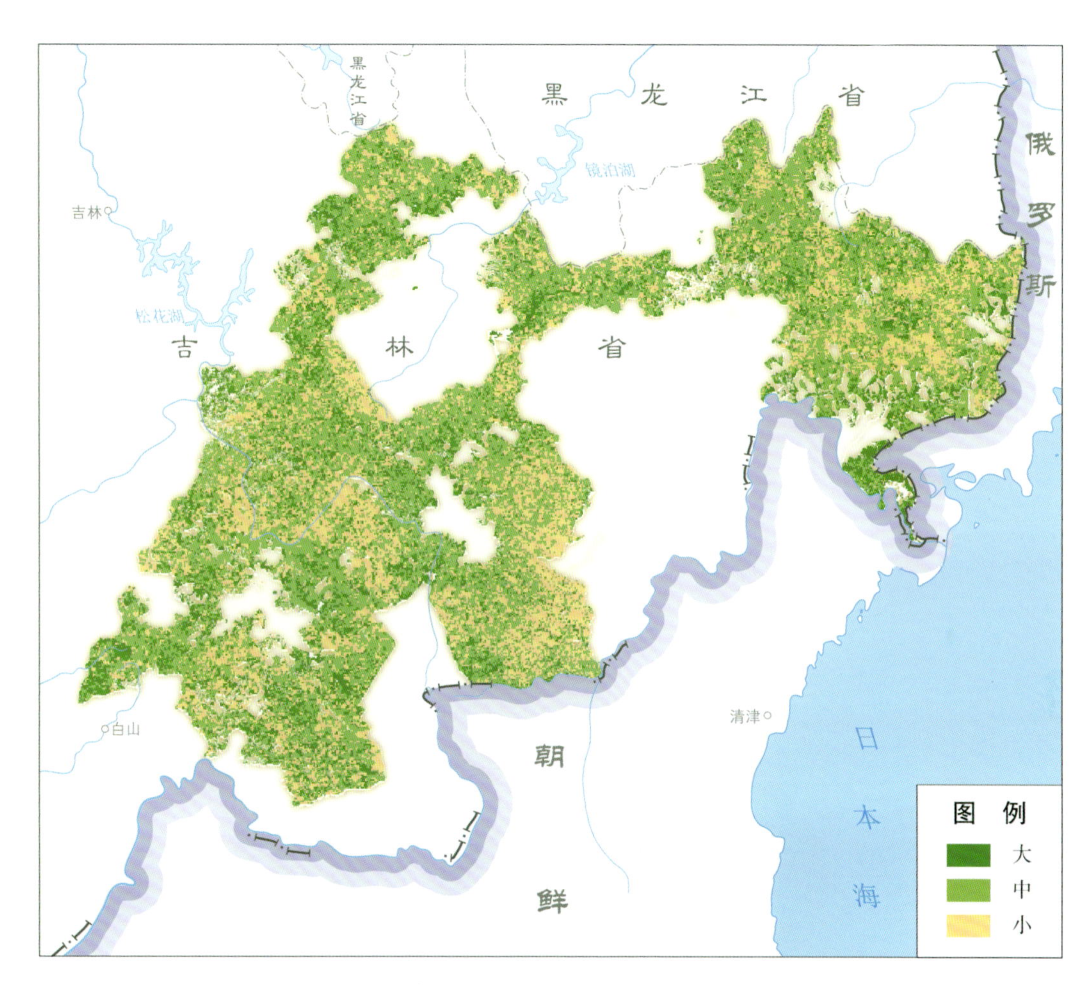

附图 6-2 吉林省重点国有林区森林经营潜力等级分布图

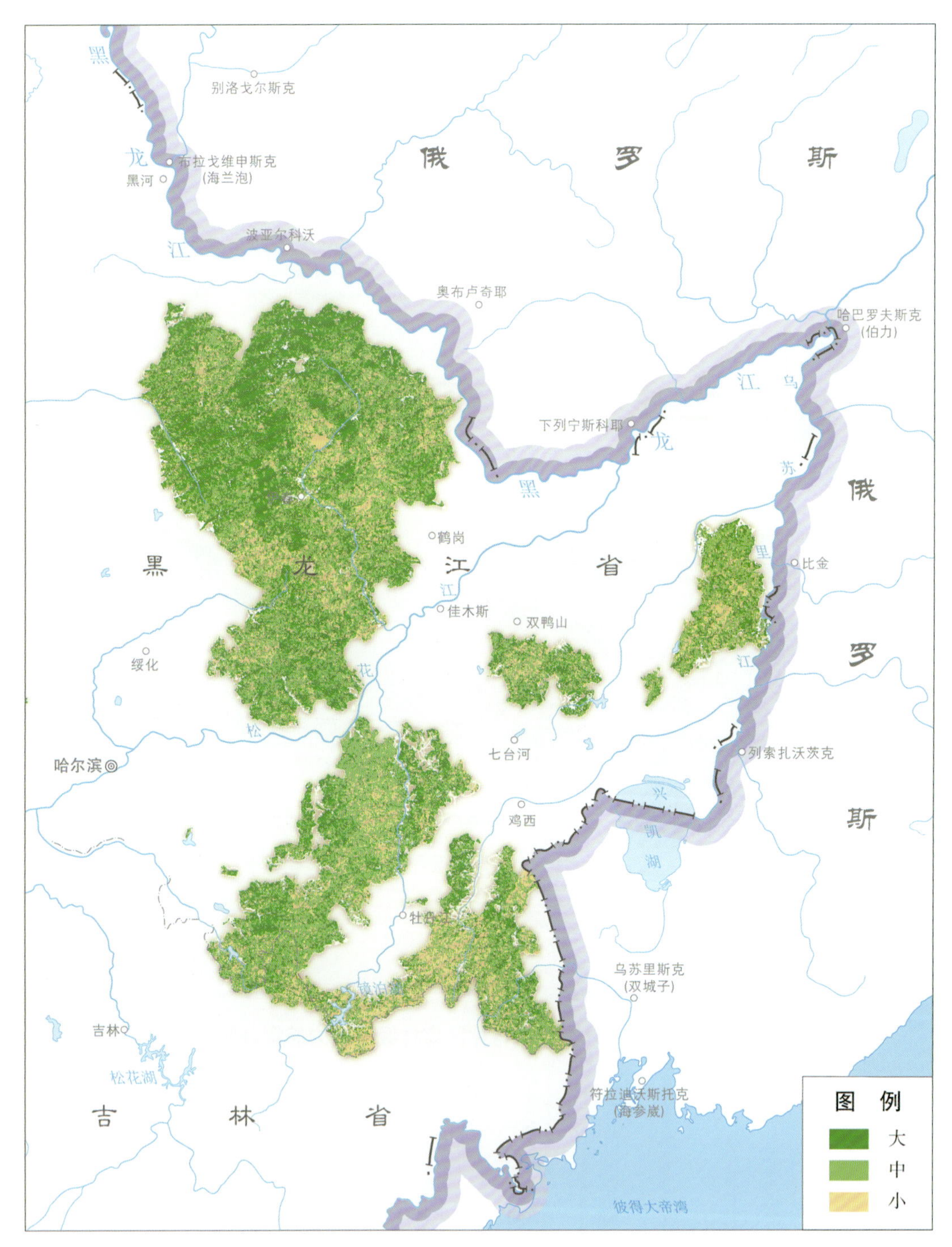

附图 6-3 黑龙江重点国有林区森林经营潜力等级分布图

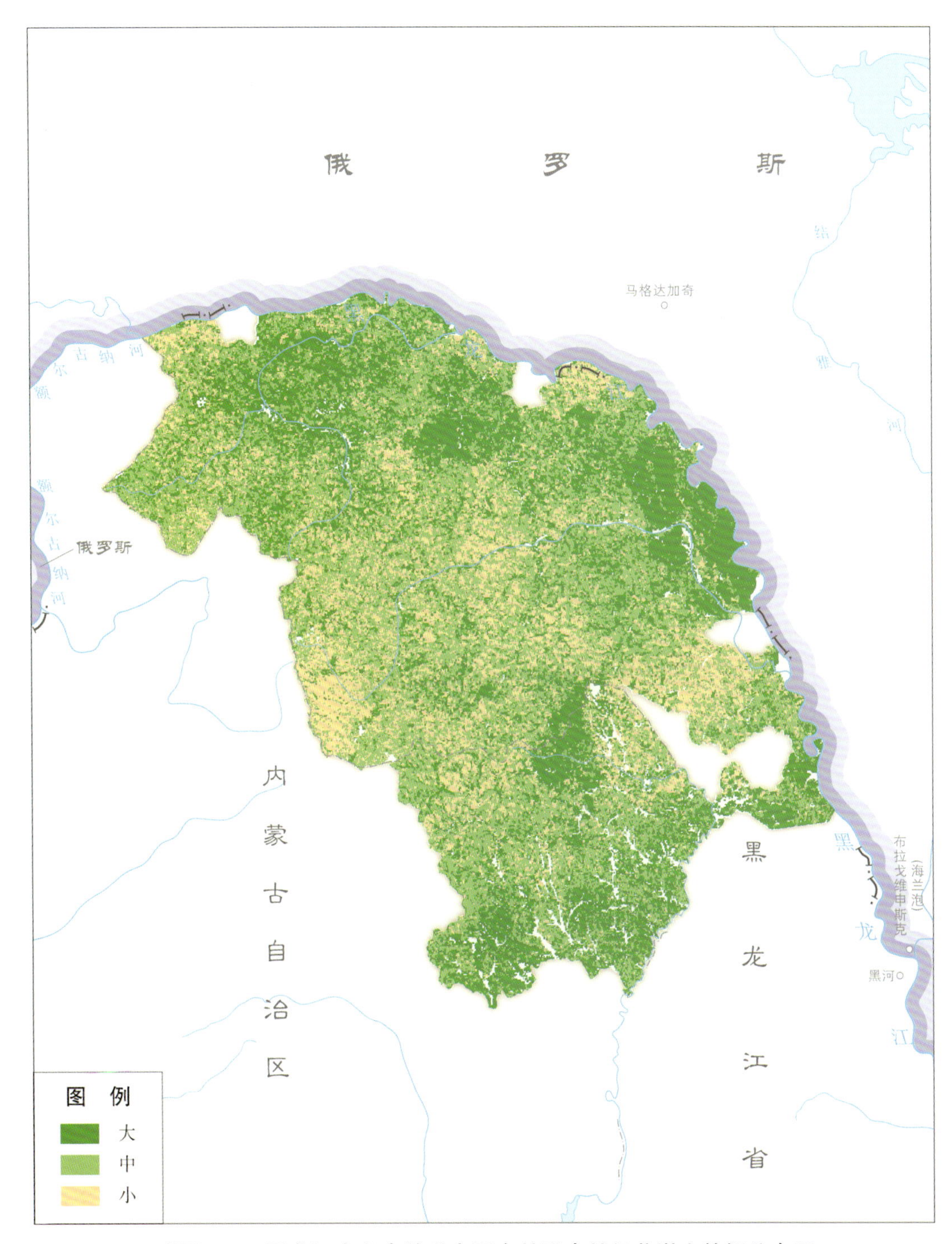

附图 6-4 黑龙江大兴安岭重点国有林区森林经营潜力等级分布图

附　件

林地质量等级评定方法

1. 评定方法

根据与森林植被生长密切相关的地形特征、土壤等自然环境因素，对林地质量进行综合评定。选取林地土壤厚度、土壤类型、坡度、坡向、坡位等 5 项因子，采用层次分析法，根据每个评价指标因子的权重值与等级分值进行加权计算求和，计算出林地质量综合评分值，计算式为：

$$EEQ = \sum_{i=1}^{n} V_i \cdot W_i / 10$$

式中：EEQ 为林地质量综合评分值（0 ～ 10）；V_i 为各指标评分值（0 ～ 10）；W_i 为各指标的权重（0 ～ 1）。根据林地质量综合评分值，将林地质量分为“好”（林地质量综合评分值≤ 0.4）、“中”（0.4 ＞质量指数≤ 0.6）、“差”（质量指数＞ 0.6）三个等级。

2. 相关因子数量化等级值（表 1）

表 1　相关因子数量化等级值表

因子	因子评分				
	2	4	6	8	10
土层厚度（厘米）	>100	51 ～ 100	31 ～ 50	16 ～ 30	≤ 15
土壤类型	黑土、棕色针叶林土、棕壤、黑钙土、黑毡土、褐土、暗棕壤	黑垆土、潮土、灰色森林土、灰褐土、草甸土、燥红土、黄壤、黄褐土	漂灰土、棕壤、栗钙土、栗褐土、黄绵土、砖红壤、赤红壤、火山灰土、黄棕壤	酸性硫酸盐土、风沙土、新积土、沼泽土、寒钙土、灰漠土、灌漠土、砖姜黑土、石灰（岩）土、水稻土、泥炭土、灰化土、紫色土、红壤、灰钙土、粗骨土、碱土	白浆土、棕漠土、棕钙土、滨海盐土、冷棕钙土、冷钙土、冷漠土、灌淤土、漠境盐土、草毡土、寒漠土、寒冻土、寒原盐土、灰棕漠土、石质土、草甸盐土、山地草甸土、磷质石灰土、红粘土、林灌草甸土、龟裂土
坡度	平	缓	斜	陡	急、险
坡向	无	阴坡	半阴坡	半阳坡	阳坡
坡位	平地、全坡	谷、下	中	上	脊

3. 相关因子权重系数

根据土层厚度、土壤类型、坡度、坡向、坡位等5项因子的林地宜林程度差异，确定各自权重分布为：土层厚度0.32、土壤类型0.22、坡度0.22、坡向0.12、坡位0.12。

后记 POSTSCRIPT

本次调查由国家林业和草原局森林资源管理司统一组织，东北内蒙古重点国有林区林业主管部门协助，内蒙古大兴安岭森林调查规划院、吉林省林业调查规划院、吉林省林业勘察设计研究院、黑龙江省林业和草原第一调查规划设计院、黑龙江省林业和草原第二调查规划设计院、黑龙江省林业和草原第三调查规划设计院、国家林业和草原局大兴安岭调查规划设计院等7个单位承担调查任务，国家林业和草原局调查规划设计院负责技术统筹，承担遥感影像处理以及技术指导、质量检查、成果验收入库等任务。调查工作任务分3个年度完成。2016年完成16个调查单位的任务，调查面积535.52万公顷，占总调查面积的17.08%；2017年完成59个调查单位的任务，调查面积1653.98万公顷，占总调查面积的52.74%；2018年完成37个调查单位的任务，调查面积946.61万公顷，占总调查面积的30.18%。

《东北内蒙古重点国有林区森林资源调查报告》（以下简称《报告》）的编写由国家林业和草原局森林资源管理司组织，国家林业和草原局调查规划设计院具体承担，内蒙古大兴安岭森林调查规划院、吉林省林业调查规划院、吉林省林业勘察设计研究院、黑龙江省林业和草原第一调查规划设计院、黑龙江省林业和草原第二调查规划设计院、黑龙江省林业和草原第三调查规划设计院、国家林业和草原局大兴安岭调查规划设计院等单位参与，共同完成了《报告》的编写工作。

在《报告》的编写过程中，对本次调查成果统计表的相关数据进行了一些处理，将起源为人天混的森林计入人工林统计，成果统计表数据按面积单位百公顷、蓄积单位百立方米进行了整化统计。在优势树种统计表中，将大青杨、香杨、甜杨合并成杨树，紫椴、糠椴合并成椴树，人天混中的蒙古栎归入“其他硬阔类”统计，黑桦、白桦、枫桦归入“其他软阔类”统计，将面积不足百公顷的针叶树种归入“其他针叶树种”统计，将面积不足百公顷的阔叶树种归入“其他阔叶树种”统计。《报告》中，有关森林生长量、生物量和碳储量以及森林灾害，采用重点国有林区一类清查的固定样地调查数据进行分析。

重点国有林区各林业主管部门、国家林业和草原局森林资源管理司的专家和领导，对《报告》内容进行了审核，为《报告》内容完善付出了辛勤努力。聂祥永教授、饶日光教授对《报告》的编写给予了精心指导并参与了部分内容的编写。唐守正院士、周昌祥教授、汪绚司长等专家对《报告》进行把关，并提出了许多修改完善的建议和意见，还有参加本次调查的人员共 2074 人的辛苦工作，在此一并表示衷心的感谢！

参加本次调查人员的名单：

国家林业和草原局调查规划设计院

刁鸣军　于晓光　马艳娥　王小昆　王六如　王　伟　王红春　王　林　王　倩
王博宇　王鹤智　王　耀　车　新　卞　斐　付安民　刘迎春　刘春晖　闫　平
阮向东　孙志超　孙忠秋　李宇昊　李利伟　杨学云　杨雪清　宋子刚　张广军
张占旭　张国红　张维军　张　璐　陈孟涤　陈新云　陈　静　欧阳君祥　周洁敏
周瑞铜　庞军利　郑　晨　郑焰锋　孟海丁　胡　鸿　姜洪波　祝令辉　贾　刚
翁国庆　高金萍　高显连　郭立新　涂　琼　桑轶群　黄国胜　覃鑫浩　智长贵
曾伟生　蒲　莹　慕晓炜　穆　通

内蒙古大兴安岭森林调查规划院

才宝臣　马　超　王文刚　王文彬　王东冉　王东江　王立双　王永成　王发志
王旭涛　王庆新　王安臣　王军女　王志才　王志勇　王　卓　王宝忠　王春勇
王春艳　王振玉　王晨伟　王翠敏　文　卫　尹　君　尹跃虎　石　岩　石　宪
卢　涛　田玉林　田海军　史超然　代宝成　白　冰　白莲池　包全伟　包金昌
包　健　包　海　包银香　邢玉宝　毕杰和　曲大力　曲治新　吕金娃　吕维新
朱兴安　朱志军　乔　继　任增光　刘乃波　刘文庆　刘文秋　刘召发　刘成讯
刘　伟　刘宇萍　刘　军　刘奇才　刘彦海　刘炳夫　刘　琰　闫吉海　汤春维
安丰利　祁利军　许　辉　孙长兴　孙江海　孙海波　孙　强　芦林涛　李云清
李文辉　李文斌　李玉柱　李吉祥　李志成　李迎秋　李金城　李宝国　李俊丽
李　哲　李桂芬　李晓璐　李铁军　李海峰　李雪梅　李焕兴　李　富　李新宇
李　蕾　杨玉林　杨　龙　杨　洋　吴　君　吴绪君　邱　枫　邱　鹏　何迎春
何秋利　佟　健　汪加力　沈良伟　宋伟波　张久义　张月新　张永欣　张永清
张传坤　张克华　张　明　张明迪　张金成　张　胜　张恩旗　张道光　陈洪儒
陈晓明（资源处）陈添宇　陈雅娟　陈程功　陈　磊　武玉栓　苑瑞龙　范文磊
范　玥　范建生　杭石头　明海军　罗霄鹏　金亚峰　周学光　郑文利　房剑锋
孟　雪　孟　然　赵丙林　哈斯巴干　侯彦涛　宫庆卓　费作为　贺万才　秦玉生
桥建瑞　贾应舍　夏振龙　顾景波　徐建华　徐冠伟　栾　皓　高友文　高雅楠

郭景春 黄义和 梅满坡 曹津语 曹盛国 曹景先 商文君 宿纪伟 尉 斌
斯钦毕力格 葛 巍 董中云 董素梅 蒋金伶 韩永彬 韩思伟 韩思远 韩振民
智 超 程冬云 焦井鸿 焦志刚 曾庆山 谢振东 霍振江 戴行正

吉林省林业调查规划院

兰世凯（资源处）闫晓旺 曹敬文 蔡志伟 陈桂彬 陈连栋 陈维建 崔玉涛
戴永义 丁 辉 丁 伟 范立国 方润善 高 威 葛树森 葛剑锋 韩再超
侯 闯 金政均 孔令军 李广志 李 奇 李 鑫 李寅彪 李友安 李长浩
李长浩 梁为玉 林起伟 蔺焕忠 刘航序 刘书胜 刘彦佟 刘玉伟 刘长海
刘兆军 娄 阳 吕哲洙 马 超 孟东阳 南学松 亓卫东 冉喜林 任 生
邵殿坤 眭彤宇 孙 刚 孙 桦 孙晓阳 孙亚峰 田 强 王春光 王海林
王 磊 王 群 王万峰 王晓龙 王永利 魏 来 魏万杰 谢振财 徐志文
杨军元 于 军 于世宏 余 刚 张聪聪 张海涛 张黎明 张伟东 张 野
张永君 赵昌盛 赵国辉 赵西哲 赵运涛 朱红波 宗 翔

吉林省林业勘察设计研究院

丁卫东 丁 洋 于浩然 于浩然 马广平 马晓龙 王 海 王 乾 王 敏
王 蕾 王大岭 王大勇 王大辉 王立仁 王羽鹏 王君海 王树伟 王韵涵
王德印 历胤男 牛世丹 艾 卓 左 江 叶 茁 付红伟 兰 博 毕海东
吕学燕 朱 伟 任鹏飞 刘 剑 刘 超 刘广兰 刘伟斌 刘延江 刘 欣
刘 思 刘海峰 刘新东 安太国 安文娟 许仕钊 许彬彬 孙 悦 孙亚东
孙丽萍 孙宏刚 孙忠全 孙铁铎 苏连辉 李 扬 李 博 李 辉 李永斌
李兴东 李守峰 李振刚 李晓杰 李海波 李培建 李雪岚 杨 赫 杨秉清
杨艳波 杨 彬 连方宇 邱英男 邱禹志 何振仲 谷万祥 宋玉涛 张 宇
张 军 张 鹏 张天祥 张元林 张国华 张 骁 张艳茹 张梦龙 张雪莹
陈立奇 陈 思 范连春 周 纯 周新江 郑 良 郑立军 郑明章 孟庆刚
孟得干 项 阳 赵 丹 赵玉飞 赵世奇 赵仲麒 赵继芝 贲 驰 胡 旸
胡文凯 胡晓峰 咸 坤 施 楠 施晓文 贺雨令 贺翔宇 贾志斌 顾志宏
徐 晶 栾忠平 高方莲 高旭翀 高 杨 高英琪 郭尔庆 郭冬杰 郭佳忱
黄俊汉 曹玉梅 曹 宇 曹晓光 崔宇荣 梁 启 梁 东 寇志伟 董 军
董 昊 窦广民 蔡 超 廖宇翔 穆文靖 魏佑海

黑龙江省林业和草原第一调查规划设计院

丁长廷 于建军 王 忠 王 峰 王宇滨 王运涛 王志会 王春迪 王继亮
王铸辉 王德才 尹雪峰 邓振海 龙广英 卢清秀 宁利国 任孝臣 刘 丹

刘　坤　刘文生　刘龙彬　刘亚斌　刘青山　刘雁飞　刘善喜　闫相辉　那海豹
孙玉英　孙成良　孙启波　孙宪军　孙福生　李　军　李　维　李　琦　李伟娟
李连军　李忠荣　李柏林　李冠林　李清宪　李清恩　李福森　李增宝　吴丽春
吴贤喆　宋桂香　张　涛　张世军　张兴伟　张迎平　张杰坤　张星云　张洪林
张淑丽　张敬馨　张德胜　陈庆昆　陈宝贵　陈修德　邵海燕　武荣贵　林治国
郁春余　周　爽　孟凡清　赵　薇　赵生顺　赵贵喜　赵朝立　柳　海　姜文军
娄文利　耿兴全　耿利华　贾清峰　夏　平　顾培倩　柴继学　高　林　唐卫东
曹慧茗　崔玉柱　梁志刚　彭　鹏　葛熙升　程　伟　曾　前　樊凤艳　戴小军
戴永平　戴新林

黑龙江省林业和草原第二调查规划设计院

广兴斌　马敬东　王　丹　王　闪　王　军　王　野　王　瑛　王　琳　王子乔
王子英　王伟明　王华章　王丽媛　王国武　王建明　王秋实　王洪君　王喜军
王鹏（大）　王鹏（小）　孔思静　叶丹丹　田苗苗　史延君　付　婷　邢丽娜　吕长伟
吕欣波　吕建军　朱立国　乔志刚　仲丛涛　刘　斌　刘　磊　刘玉敏　刘永影
刘传祥　刘国庆　刘国辉　刘忠君　刘学义　刘春亮　刘清宇　齐春丽　安　磊
许春菊　孙海波　杜东昌　杜海军　李　军　李　昕　李　海　李玉江　李玉新
李占峰　李延星　李汝峰　李秀春　李凯平　李金峰　李轶男　李俊明　李德权
杨　峰　吴月辉　沙洪亮　张　秀　张　松　张　亮　张　娜　张　野　张文龙
张秀梅　张松林　张金友　张思忠　张艳会　张晓群　张铁成　陈德明　岳增俭
金成林　周文成　周志鑫　周雨生　郑华祥　郑秀梅　郑沅琨　孟国栋　赵立东
赵立春　赵显波　赵洪来　赵艳伟　郝瑛秋　胡　友　姜志强　娄安健　索玉凯
夏　晨　钱　途　徐　强　高　宏　高　群　高文君　高秋爽　唐国庆　黄　丹
黄文刚　黄思明　常霁虹　常霁峰　崔厚忠　隋国友　隋明春　韩　伟　韩双双
韩福春　景照红　焦慧来　鲁康友　谢　超　谢欣欣　薛　洋

黑龙江省林业和草原第三调查规划设计院

于　航　于洪彪　于海滨　于海滨　马　牧　马晓辉　王　巍　王少杰　王冬雪
王成良　王会滨　王志勇　王丽媛　王利辉　王君华　王昊钦　王宝森　王贵海
王洪军　王道义　王婷婷　从修宝　尹奉月　孔令佳　卢丽华　田　萍　白　禹
成伊志　吕彦军　吕振刚　朱继国　刘　刚　刘　伟　刘　才　刘人维　刘长亮
刘文佳　刘汉民　刘永强　刘传龙　刘启安　刘宜楠　刘艳华　刘智峰　齐　冰
齐建立　江春鸣　许易真　孙东辉　孙加海　孙庆元　孙忠玉　孙德义　孙毅兵
李　丹　李　澎　李少钦　李旭光　李振东　李爱军　李凌川　李雪莹　杨　军
杨　洁　杨文忠　杨孔发　杨延国　杨振中　杨晓光　吴福田　何传才　沈　阳

沈迪湃　沈树柏　宋玉福　宋仲禹　张　昊　张　涛　张　超　张也林　张东升
张邦海　张兆利　张志鹏　张青润　张忠彬　张秋江　张洪伟　张振伟　张海君
陈　征　陈　聪　邵纪军　武丽娜　范中和　林　洪　果士杰　季　刚　金万民
金哲根　周渲滨　郑云霄　宗有生　孟凡强　赵　明　赵　鹏　赵海波　胡　光
茹凤林　柳向阳　侯庆友　姜　革　姜惠武　娄安石　姚宪伟　姚献伟　耿利华
贾云飞　夏　炎　夏白杨　夏建伟　原　帅　柴清友　候庆友　徐　猛　栾永斌
高敏杰　郭　旭　郭宝成　郭祥东　黄宏伟　菅永臣　常　杨　常　辉　崔洪健
崔遇奇　崔遇奇　康庆江　梁凤山　韩光滨　韩林杰　程立君　鲁劲松　鲁国辉
谢红艳　蔡　菊　翟宝民　翟锡联

国家林业和草原局大兴安岭调查规划设计院

丁　皓　于军信　于忠成　于顺龙　于跃辉　马　露　王　强　王久斌　王卫东
王凤柱　王立平　王立泉　王永胜　王汝林　王志明　王宝文　王宝良　王宝昌
王宜东　王晓巍　王靖平　毛云峰　孔德成　邓　勇　邓长贺　卢沫林　卢胜岐
田　丰　白书见　冯　云　毕殿玉　乔洪贵　任　伟　刘　福　刘泽锁　刘春江
刘星平　刘晓辉　刘海平　齐　伟　齐连权　齐亮亮　孙　平　孙　威　孙　奎
孙连文　孙国辉　牟延滨　牟宗云　苏永海　苏维国　苏富贵　杜井泉　李　斌
李　鹏　李子军　李文奎　李成军　李国强　李树庆　李树明　李洪文　杨　勇
杨　雷　杨光鑫　杨春涛　杨德勇　吴忠龙　吴德旺　余　鑫　谷志伟　邹家新
宋俭庭　宋桂林　初兴国　张　明　张　野　张　磊　张义国　张子龙　张天雄
张玉民　张玉宝　张世福　张跃明　张敬峰　张瑞富　陈汉江　陈树彪　陈爱伟
武士龙　范春林　林建军　林春芳　国玉君　周　宏　周加丰　单云鹏　孟庆军
赵　峰　赵烈斌　赵海林　郝力勇　胡忠范　钟　瑞　钮瑞杰　侯忠生　姜元举
娄延明　祝兴海　袁国兴　贾立军　倪化坤　徐英亮　徐昌发　殷建荣　栾兆平
栾国军　高希龙　郭　杨　郭　彬　郭俊峰　郭滨德　唐志强　唐怀树　唐树金
桑运通　黄文利　曹洪伟　龚忠祥　崔文慧　康　健　康文发　康文智　梁国峰
梁国祥　葛冬欣　葛庆田　董洪宇　蒋成东　韩风和　韩向峰　路连成　鲍丰军
蔡显海　谭洪涛　潘瑞生　魏利娟（资源局）

东北内蒙古重点国有林区各林业局

（一）内蒙古重点国有林区相关林业局

于　辉　于建岭　于栋华　于洪永　于洪勇　马大庆　马元辉　马宏福　马福林
王　斌　王仁会　王亚军　王守强　王希成　王宝柱　王树江　王树明　王树明
王德硕　牛伟山　史德华　付　卫　代长兴　包建国　邢金泽　毕永庆　华英林
刘志刚　闫世壮　孙立成　孙新建　李伟峰　李伟峰　李会彬　李志荣　李国文

李国栋　李春立　李树林　李树清　李洪军　杨文杨　杨绍坤　杨继雷　肖青林
吴凤林　何思友　张　立　张　涛　张小峰　张成林　张建立　张洪亮　张洪涛
张晓学　张裕刚　陈利民　邵衍林　范继厚　金　河　周恩宽　庞永福　庞永福
庞曙光　郑明瑶　赵宏智　赵冷堡　赵学明　赵续光　赵瑞星　赵瑞星　钟孝全
郜栋武　祖全涛　柴建安　钱立国　徐留海　高　文　高伟儒　高晓波　高群宝
郭贵岭　陶子军　陶子夜　梅昂宇　戚振岭　常宏文　常宏文　韩双斌　舒英健
翟庆利　樊东明　魏长才

（二）吉林省重点国有林区相关林业局

丁　勇　丁兆佳　丁明亮　丁宣文　丁嘉俊　刁玉林　刁望军　刁望春　于子亮
于长军　于文千　于宝权　于修平　于振民　于　哲　于　航　于　涛（露水河林业局）
于　涛（泉阳林业局）　于海军　于福生　于德洋　山　峰　山长民　马云龙
马全兴　马曾建　马新华　马　福　马福来　马福余　王　帅　王　刚　王　安
王　岩　王　勇　王　琳　王　磊　王　鑫　王　义　王长伟　王长武　王仁贵
王文武　王文杰　王文涛　王文斌　王玉良　王丙玉　王　龙　王立民　王立兴
王汉仁　王永军　王永金　王永强　王永鹏　王发亮　王圣元　王有才　王成辉
王　伟　王传志　王传胜　王兆君　王守先　王　军　王　欢　王运廷　王志富
王丽萍　王财生　王利成　王秀民　王秀峰　王宏林　王　良　王卓晖　王国泽
王　忠　王忠良　王忠艳　王金来　王　波　王　泽　王宝臣　王宝财　王　建
王建军　王春江　王春阳　王城军　王城威　王俊凯　王举成　王　贺　王笑思
王海民　王家亮　王跃民　王清海　王道成　王瑞忠　王新利　王新忠　王新崇
王　福　王殿福　王　慧　王耀平　王　巍　历建梅　尤玉民　牛和明　毛云兴
毛世彬　毛利义　毛利权　毛利军　仇传明　仇道伟　仇道喜　尹世强　尹传金
尹秀凤　尹建明　尹德强　孔令远　孔令奇　邓立军　艾军伟　厉昌春　石德武
卢　海　卢伟杰　叶　宏　田　颖　田延革　田　野　田绪美　代延春　丛晓龙
冯　陆　冯秀海　宁保昕　皮运满　边振刚　邢万国　邢东国　邢守亮　邢忠波
邢德军　成　君　成贵荣　师春山　曲　刚　吕永春　吕志刚　吕春雷　吕树军
吕衍鑫　吕殿国　朱　凯　朱立安　朱丽华　朱纯良　朱洪军　朱晓军　朱凌燕
朱献杰　乔志强　乔冠文　乔德江　伏广玉　伏广玲　仲维才　仲维海　任　光
任庆有　任国友　任宝山　任宪利　任　浩　华　君　华　峰　庄发明　庄金伟
庄乾泽　刘　义　刘　佳　刘　禹　刘广林　刘天华　刘云波　刘丹彤　刘文武
刘文勇　刘本军　刘本美　刘丛荣　刘立新　刘永吉　刘永刚　刘永智　刘　刚
刘伟龙　刘兆福　刘　冰　刘　军　刘志杰　刘芳春　刘含祺　刘茂成　刘　松
刘国玉　刘国君　刘国祥　刘明宇　刘佳萍　刘金发　刘金全　刘金海　刘诗洋
刘建国　刘春光　刘树森　刘顺堂　刘　俊　刘勉柱　刘　洋（三岔子林业局）

刘　洋（松江河林业局）　刘桂贤　刘晓东　刘晓明　刘晓琳　刘铁林　刘爱林
刘爱国　刘海涛　刘家奎　刘祥炜　刘继良　刘雪冰　刘维超　刘湘海　刘富有
刘　勤　刘雷国　刘　鹏　刘　新　刘煜鹏　刘殿义　刘静文　刘　磊　齐玉龙
齐成和　齐金辉　齐洪雁　闫　飞　闫　伟　闫兆财　闫志成　闫继福　关永春
关庆涛　关树伟　安长福　安继全　许世海　孙大海　孙凡强　孙天佑　孙玉庭
孙业胜　孙　立　孙伟胜　孙传巍　孙　旭　孙兴海　孙　阳　孙红军　孙丽娟
孙良军　孙　宠　孙彦和　孙洪羽　孙晓明　孙益民　孙益财　孙海涛　孙　涌
孙　萌　孙超群　孙善成　孙熙才　牟云鹏　牟建军　牟郭利　牟善臣　牟善军
纪玉山　苏　洋　苏宏娟　苏剑波　杜同友　杜欣鸿　李　夫　李　平　李　成
李　伟　李　军　李　妍　李　栋（黄泥河林业公司总经理）
李　栋（黄泥河林业局生产处副处长）　李大光　李太兴　李长友　李文渊
李玉春　李玉贵　李世辉　李本忠　李丕武　李永山　李永斌　李发春　李发振
李亚峰　李有祥　李延生　李　旭　李庆国　李红军　李红波　李志刚　李志庆
李志国　李秀丽　李迎伟　李君民　李英伟　李林儒　李国龙　李国权　李国兴
李国军　李国辉　李明志　李明骏　李忠江　李忠河　李忠鹏　李金云　李金源
李炜秋　李学林　李宝东　李宝金　李宗胜　李建顺　李荣水　李俊良　李剑波
李　胜　李洪涛　李宪英　李艳军　李振顺　李晓斌　李铁斌　李盛锋　李雪峰
李鸿锦　李　森　杨　光　杨　斌　杨义军　杨玉波　杨玉春　杨玉涛　杨正国
杨　宁　杨吉成　杨　尧　杨先智　杨全坤　杨庆海　杨　军　杨　坚　杨胜亮
杨洪淋　杨喜强　肖文海　肖明增　肖泽君　吴兴运　吴新建　邱元武　邱本图
邱守利　何茂龙　何英武　辛　影　辛　蔚　沈忠义　宋文义　宋兆乾　宋宇翔
宋述君　宋明伦　宋春生　宋春霖　宋晓斌　初和海　迟亚民　张　为　张　旭
张　冲　张　鹏　张　磊　张　巍　张　鑫　张士军　张日民　张凤吉　张文革
张书恒　张书鹏　张世民　张世传　张世军　张　立　张立新（白石山林业局）
张立新（泉阳林业局）　张永富　张西伟　张达斌　张则路　张伟娜　张延斌
张庆发　张庆荣　张庆海　张兴波　张兴录　张守元　张志德　张志镪　张克俭
张来福　张英如　张林生　张岩松　张依臣　张　念　张学新　张宝成　张春生
张衍民　张洪顺　张宪文　张宪权　张宪志　张艳强　张振国　张桐树　张晓东
张晓伟　张晓峰　张恩利　张钰锋　张笑玮　张爱民　张海峰　张海涛　张家文
张焕勇　张维全　张敬生　张　斌　张　鹏　陈广和　陈云广　陈凤丽　陈文海
陈龙海　陈立辉　陈　永　陈永学　陈吉祥　陈光伟　陈庆国　陈宇鹏　陈志生
陈丽华　陈明君　陈金城　陈建国　陈洪喜　陈　铁　陈敦福　陈德福　邵长江
邵洪生　武　勇　武敬轩　苗立友　苗亚峰　苑光远　苑贤鸿　范成祥　范金才
范　洪　林　健　欧喜刚　罗伟军　罗晓君　岳学武　金　铸　金寿汉　金春玉
金哲文　周万里　周长军　周成东　周国刚　周国惠　周海波　周　磊　庞宝全

庞宪民　庞圆春　郑永生　郑延举　郑兆森　郑关峰　郑　军　郑连平　郑家军
泥继华　宗　毅　官民强　房海伦　孟广宇　孟海军　孟祥陛　赵　丹　赵开根
赵友胜　赵公博　赵玉伟　赵　伟　赵宇彤　赵宏粮　赵　君　赵国志　赵　和
赵学斌　赵俊德　赵晓波　赵　峰　赵　彬　赵喜成　赵景全　赵震宇　荣垂涛
胡　义　胡本璇　胡东升　胡立平　胡国民　胡金刚　胡宗林　胡彦臣　相恒方
柳锦华　钟生林　修　松　侯文江　俞凤强　逄　伟　逄守君　姜升波　姜传东
姜兆杰　姜　来　姜利平　姜秀纯　姜金明　姜俊臣　姜　晶　祝丽娟　费鸿鹏
姚久阳　秦玉和　秦兆杰　聂　军　贾　琼　贾广军　贾召军　贾连庆　贾连军
贾　峰　夏立成　夏立明　夏在良　夏连营　夏培柱　柴雪峰　候锡辉　徐　光
徐　巍　徐士凡　徐大强　徐卫岩（天桥岭林业局）　徐卫岩（大石头林业局）
徐文生　徐立新　徐志坚　徐忠福　徐树成　徐贵刚　徐振国　徐清山　徐滨河
徐殿臻　徐德时　徐德林　殷文强　殷宝船　殷　雷　殷福合　奚　洋　翁春森
皱伟冬　栾忠余　高　祥　高　山　高元亮　高玉海　高永胜　高　成　高　军
高金友　高春凤　高桂成　高益勤　高鸿翔　高禄丰　高德民　郭　伟　郭文峰
郭发文　郭志学　郭荣志　郭恩杰　郭培辉　席学奎　展　旺　陶　毅　陶　宁
陶振国　姬广东　姬广林　桑广义　黄　成　黄兵军　黄昌严　黄佳琪　黄锐泽
梅立喜　曹　伟　曹长江　曹永合　曹　军　曹　钢　曹艳萍　曹静伟　盛世德
盛淑莲　常　云　常　利　常新成　崔云飞　崔世田　崔亚志　崔国华　崔明吉
崔鹏展　崔满森　矫东波　矫全波　康智超　鹿启斌　盖　坤　梁明模　隋　冬
隋建刚　续宗学　彭　宇　彭　东　董韦彤　董文涛　董文强　董世琪　董典宏
董晨源　董　雷　董殿民　蒋花萌　韩　锋　韩正军　韩会君　韩阳东　韩英奇
韩　国　韩国荣　惠兆庆　惠学安　程　强　程文忠　程允国　程永孝　舒　伟
温德峰　谢玉杰　谢有国　谢显东　靳琦宇　路军峰　解学军　廉　毅　褚丽娟
蔡成龙　蔡德华　臧传山　裴志成　管恩伟　管清刚　管清波　谭　宇　滕志宇
滕新泽　潘兴隆　潘武林　潘振海　潘维海　戴世宗　魏松亮　魏国莹　魏俊华
魏俊江　魏俊池　魏烽津　瞿洪波

（三）黑龙江重点国有林区相关林业局

于义柱　于占湖　于连军　于明乾　于春友　万　义　门广丰　马　凯　马宝林
马树平　王　哲　王　鑫　王月海　王为彬　王东海　王冬利　王礼堂　王永东
王永德　王成伟　王伟军　王全波　王兴波　王志军　王宏伟　王国华（朗乡林业局）
王国华（桃山林业局）　王春明　王昱胜　王彦春　王振彪　王继会　王继俊
王培森　王维志　王喜民　王德印　亓祥仑　牛学银　尹东升　尹胜权　左正文
卢少林　叶发军　申庆海　田颜国　付国军　代雨仙　白　旷　丛　彪　冯　妍
邢如强　邢雁波　毕有志　毕连柱　曲林海　朱玉宝　朱启先　朱益申　伞桂林

刘　佳　刘广利　刘书宾　刘冬亮　刘伟东　刘希贵　刘劲松　刘佳奇　刘金晶
刘树礼　刘康清　刘锡山　刘福军　刘福新　刘殿清　闫国臣　汤国华　安　东
安凤刚　孙　涛　孙凤彬　孙丽平　孙国安　孙彦波　孙晓艳　孙景福　杜佳禹
李　石　李　君　李　波　李　功　李云杰　李文武　李守江　李志军　李严寒
李连彬　李灵川　李若林　李国武　李金刚　李学雷　李宝成　李宜华　李建军
李厚国　李海林　李培忠　杨　军　杨伟林　杨春海　杨贵强　杨振中　杨海洋
杨福伦　肖培福　吴伊森　何春艳　佟　威　谷铁成　邹广生　汪世革　沙广义
沈彦彬　宋纯彦　宋国华　宋宝金　宋树宝　宋峰波　迟金兰　张　云　张　强
张　巍（乌马河林业局）　张　巍（平山实验林场）　张凤琪　张亚彬　张有富
张传文　张兆奎　张军昌　张明璞　张忠平　张晓巍　张效林　张继海　张敬斌
张德鹏　陈　冬　陈　宁　陈　宇　陈　新　陈　默　陈广慧　陈立坤　陈宪鑫
陈清山　苗　凯　林本海　林青松　林树国　林维海　卓　雷　尚青胜　罗继宝
周宏斌　周昌东　周春莹　周荣阳　郑　昕　屈延锋　赵　阳　赵　勋　赵立新
赵廷广　赵志玉　赵明凤　赵俭超　赵洪林　赵银生　赵得强　赵福营　赵德利
胡　伟　胡元森　钟海涛　修运来　修运霞　侯伟勋　姜晓明　秦宝才　秦瑞强
聂永泉　顾正明　顾兆宝　柴红光　党长顺　徐义辉　徐方林　徐石基　徐茂盛
徐家祥　徐耀东　殷大勇　殷庆平　凌长伟　栾　宇　高　波　高云波　高印生
高建林　高雅丽　郭德胜　接伟秋　黄金龙　崔双革　崔保国　崔鹏彦　宿建军
葛廷勇　董玉春　董兴涛　蒋　衍　韩玉华　韩永富　韩丽霞　韩绍臣　韩春波
韩朝军　鲁统春　谢永玉　鲍洪江　蔡　禹　蔡景武　潘玉伟　潘志成　衡广志
鞠显武　魏学庆　魏景辉

（四）黑龙江大兴安岭重点国有林区相关林业局

马占中　王永和　王春生　尹连峰　尹树奎　艾文峰　冯建军　曲占峰　吕艳明
乔　德　任大权　刘延军　刘新文　杨忠江　何春生　宋玉春　宋国庆　张　凯
张占学　张艳忠　张雁冰　陈永贵　郝迎锦　侯宏伟　贾士民　倪喜文　郭　义
郭洪才　葛福军　薛俊革

编　者
2020年10月